試料分析講座

糖質分析

日本分析化学会 編

丸善出版

発刊の辞

　社団法人 日本分析化学会は，2011年に創立60周年を迎えるが，それを記念して2009年度理事会において60周年記念事業委員会を発足させ各種事業を企画・実行した．この度発刊する社団法人 日本分析化学会創立60周年記念出版『試料分析講座』もその一環であり，会長・副会長の全員が編集幹事となり企画・編集に当たったものである．

　社団法人 日本分析化学会は創立以来，基本的には理・工・農・医・歯・薬の各学部および業界に所属する個人会員と団体から構成されている．この分野横断的な会員構成こそが，本会の本質と社会的な使命を端的に表している．すなわち，社会のあらゆる分野・産業に実務としての"分析"とそれを支える学問としての"分析化学"が必須なのである．本会の60年の歩みを振り返ってみると，時代の要請あるいは現場のニーズに応える形で研究成果が生まれ，研究で生まれたシーズが現場に活かされるという，良好な相補関係の反復が化学分析と分析化学の双方にスパイラルな進歩を齎してきた．学会創設期から前半の30年はスペクトロスコピーをはじめとする検出科学が時代をリードし，1980年代以降の後半の30年はクロマトグラフィーや電気泳動などの分離科学が台頭し検出科学と拮抗・融合する時代となった．検出法は分析化学の歴史において常に主役であったが，検出法の高感度化が進むにつれ試料マトリックスの妨害が無視し得なくなり，前処理や分離の重要性が高まってきたのである．事実，実試料を分析する場合，サンプリング，前処理，（分離），検出という分析操作の流れの中で，上流に位置するサンプリングと前処理は殊の外分析信頼性を損なう恐れのある操作で不確かさが大きい．先端的な機器分析法が万能と思われる今日にあっても，実試料分析の多くの場合に何らかの前処理が不可欠なのである．

　大略，以上の背景を踏まえ，社団法人 日本分析化学会60年の集大成としての本講座10巻余に現代を代表する分析対象試料を選別し，その分野の第一人者を結集して試料前処理から測定に至るプロセスを記載して世に残すこととした．その結果，本講

座は日本を代表する200名以上の執筆者の協力を得て，試料分析に関する最高水準の内容を盛り込むことができた．2011年，日本は東日本大震災に見舞われ東北地方と関東地方は大きな被害を蒙り国際学会なども中止や延期を余儀なくされたが，幸い本講座の先陣をほぼ予定通りの時期に発刊できる運びとなった．関係各位のご協力に感謝申し上げる次第である．読者諸氏におかれては業務や研究に本講座を活用戴き，延いてはその成果が1日も早い震災復興に繋がることを祈念している．

最後に，膨大な原稿と格闘し面倒な編集の労を取って下さった丸善出版株式会社の小野栄美子さんと石川祐子さんに心より御礼申し上げる．

2011年7月4日 記

編集委員長　中　村　　　洋

はじめに

　生体内糖質は近年，エネルギー物質（デンプン，グリコーゲンなど）や構造物質（セルロース，キチンなど）としてのこれまでの役割に加え，多方面での生理的機能における細胞間情報伝達物質としての糖鎖が果たす多彩な役割が注目されている．このような状況下，糖鎖はDNA，タンパク質に次ぐ"第三の生命鎖"と表現されるまでに至っている．まさに，ゲノム（genome），プロテオーム（proteome）に続くグライコーム（glycome）あるいはグライコプロテオーム（glycoproteome）の時代に突入しているのである．糖タンパク質の糖鎖は，タンパク質の選別，免疫反応，受容体認識，炎症，病原性，がん転移などの細胞内プロセスで多様な生物学的機能を果たしている．例えば，細菌やウイルスの侵入を免疫細胞が排除することはよく知られているが，それらの外敵を察知するのは糖鎖である．また，発達障害，アトピー性皮膚炎，喘息，花粉症，不妊症，糖尿病，骨粗鬆症，がん，アルツハイマー病などの疾病が糖鎖異常で起きることも明らかとなっており，腫瘍をはじめとする病態指標マーカーの探索研究には熱い期待が集まっている．

　現在，糖鎖研究はおもに糖鎖機能，糖鎖構造，糖鎖合成の3領域で推進されているが，いずれの研究においても糖鎖解析技術が不可欠である．ここで，動物の糖鎖を構成するのは，一般にはわずか10種類（グルコース，ガラクトース，マンノース，フコース，キシロース，N-アセチルグルコサミン，N-アセチルガラクトサミン，シアル酸，グルクロン酸，イズロン酸）であるが，糖がどの順番で，また糖のどの位置で糖同士が結合しているのかを明らかにすることは容易ではない．さらに，細胞機能を介した生命現象への糖鎖の関わり方の解明においては，高感度・高選択的な方法論を用いた糖鎖の同定が不可欠である．一般には，レクチンマイクロアレイ，LC/MS，MS^n，キャピラリー電気泳動，ELISAなどの分析

法が目的に応じて使用されるが，各種分析手法の長所と短所を十分に理解したうえで分析法を選択するのが肝要である．例えば，レクチンアレイでは一度に多数のレクチンとの反応がみられる利点はあるものの，レクチンは構造認識能が特異的ではないため，物質の同定ではなく推定の段階に留まる．したがって，確実な物質同定能を有する LC/MS などに最終的な結論を譲る必要があると認識しておくことが重要である．

　それでは，適切な分析法を使用すれば問題がないかというと，そうではない．実試料の分析においては，一連の分析操作の上流ほど結果に大きく影響するので，測定にかけるまでの糖鎖の精製法と前処理法の選択が極めて重要となる．すなわち，糖タンパク質などの複合糖質からの糖鎖の切り出し方（化学的/酵素的）と糖鎖の精製法（イオン交換クロマトグラフィー，レクチンアフィニティークロマトグラフィー，シリカゲルカラムクロマトグラフィーなど）が分析値に大きく影響することに注意を払って戴きたい．本書は，糖質分析におけるステップごとに，ポイントとなる点を専門家に記述してもらったので，ご活用戴ければ幸いである．

　最後に，発刊までの間，辛抱強く編集の労を続けて下さった丸善出版株式会社企画・編集部の長見裕子氏に感謝申し上げる．

　　2019年　立　夏

　　　　　　　　　　　　　　　　　　　　編集委員　中　村　　洋

編 集 委 員 会

編集委員長

中　村　　　洋　　東京理科大学

編 集 幹 事

今　坂　藤太郎　　九州大学
加　藤　信　子　　株式会社ブリヂストン
酒　井　忠　雄　　愛知工業大学
升　島　　　努　　広島大学・理化学研究所
宮　村　一　夫　　東京理科大学

編 集 委 員

中　村　　　洋　　東京理科大学

（2011年7月現在，五十音順，敬称略）

執筆者一覧

荒川 秀俊	昭和大学名誉教授
伊藤 浩美	福島県立医科大学
植草 義徳	慶應義塾大学
掛樋 一晃	元 近畿大学
加藤 晃一	自然科学研究機構
川崎 ナナ	横浜市立大学
川島 育夫	東京都医学総合研究所
木下 充弘	近畿大学
佐藤 隆	産業技術総合研究所
鈴木 茂生	近畿大学
隅田 泰生	鹿児島大学, 株式会社 スディックスバイオテック
千葉 靖典	産業技術総合研究所
戸井田 敏彦	千葉大学
兎川 忠靖	明治薬科大学
中川 裕章	元 株式会社 日立ハイテクノロジーズ
中澤 志織	株式会社 日立製作所
中村 洋	東京理科大学名誉教授
成松 久	産業技術総合研究所
橋井 則貴	国立医薬品食品衛生研究所
矢木 真穂	自然科学研究機構

山　口　拓　実　　北陸先端科学技術大学院大学
山　本　智　代　　鈴鹿工業高等専門学校

（2019 年 5 月現在，五十音順，敬称略）

目　次

1　概　説 ･･･［中村　洋］･･････ *1*

 1.1　生体における糖質の役割 ･･ *1*
 1.2　糖質分析法の進歩 ･･ *2*
   1.2.1　第1期（古典的分析法時代）　*2*
   1.2.2　第2期（蛍光分析法＆ガスクロマトグラフィー時代）　*3*
   1.2.3　第3期（高速液体クロマトグラフィー時代）　*5*
   1.2.4　第4期（LC/MS & LC/MS/MS時代）　*7*
 1.3　糖鎖構造解析法 ･･ *7*
 参考文献 ･･ *8*

2　糖質分析のための試料前処理 ･･････････････････････････････［中村　洋］･･････ *9*

 2.1　試料前処理の目的と留意点 ･･ *9*
 2.2　遊離型糖質分析のための前処理 ･･･････････････････････････････････ *10*
   2.2.1　除タンパク　*10*
   2.2.2　固相抽出　*12*
   2.2.3　イオン交換　*12*
   2.2.4　誘導体化　*12*
   2.2.5　加水分解　*13*
 2.3　結合型糖質分析のための前処理 ･･･････････････････････････････････ *14*
   2.3.1　オリゴ糖，多糖，複合糖質の酸加水分解　*15*
   2.3.2　オリゴ糖，多糖，複合糖質のシアル酸のメタノリシス　*15*
   2.3.3　オリゴ糖，多糖，複合糖質のシアル酸の酵素加水分解　*15*
   2.3.4　糖タンパク質からの糖鎖の切り出し　*16*
   2.3.5　糖脂質からの糖鎖の切り出し　*17*
   2.3.6　エキソグリコシダーゼによる糖鎖の逐次遊離　*17*

  2.4 糖鎖の精製 ··· *19*
    2.4.1 陰イオン交換クロマトグラフィー *19*
    2.4.2 レクチンによるアフィニティークロマトグラフィー *19*
    2.4.3 サイズ排除クロマトグラフィー *20*
  2.5 おわりに ·· *20*
  参考文献 ·· *21*

3 単純糖質の分析 ··[鈴木茂生]······· *23*

  3.1 単 糖 ··· *26*
    3.1.1 単糖の種類と存在状態 *26*
    3.1.2 比色定量 *27*
  3.2 オリゴ糖 ·· *47*
    3.2.1 結合様式解析 *47*
    3.2.2 高速液体クロマトグラフィー *52*
    3.2.3 核磁気共鳴（NMR）法 *55*
    3.2.4 質量分析法 *58*
    3.2.5 酸加水分解 *61*
  3.3 多 糖 ··· *63*
    3.3.1 多糖の分離・抽出 *64*
    3.3.2 前処理 *66*
    3.3.3 分子量測定 *68*
    3.3.4 構造解析 *69*
  参考文献 ·· *72*

4 複合糖質の分析 ··· *73*

  4.1 糖タンパク質 ······························[掛樋一晃・木下充弘]······· *73*
    4.1.1 糖タンパク質の構造と特徴 *73*
    4.1.2 呈色反応を利用する糖タンパク質の検出 *77*
    4.1.3 糖タンパク質の単糖組成分析 *79*
    4.1.4 糖タンパク質糖鎖の分離分析 *82*
    4.1.5 グリコシダーゼを利用する糖タンパク質糖鎖の構造解析 *90*
    4.1.6 レクチンを利用する糖タンパク質の分析 *96*
    4.1.7 質量分析法による糖タンパク質の分析 *104*

		4.1.8　ゲル電気泳動法により分離された糖タンパク質検出　*108*
		4.1.9　生体試料中糖タンパク質の大規模解析　*110*
	4.2　プロテオグリカン ……………………………………………[戸井田敏彦]……*115*
		4.2.1　グリコサミノグリカンの抽出　*116*
		4.2.2　グリコサミノグリカン鎖の切り出しと単離精製　*116*
		4.2.3　グリコサミノグリカンの分離法　*118*
		4.2.4　グリコサミノグリカンの化学組成分析　*122*
		4.2.5　グリコサミノグリカンの ^{1}H-NMR スペクトル　*126*
		4.2.6　ヒアルロン酸　*129*
		4.2.7　コンドロイチン硫酸　*131*
		4.2.8　デルマタン硫酸　*134*
		4.2.9　ケラタン硫酸　*135*
		4.2.10　ヘパリンとヘパラン硫酸　*136*
	4.3　糖脂質 ………………………………………………[川島育夫・兎川忠靖]……*138*
		4.3.1　中性スフィンゴ糖脂質　*142*
		4.3.2　酸性スフィンゴ糖脂質　*153*
		4.3.3　グリセロ糖脂質　*156*
	4.4　リポ多糖 ……………………………………………[川島育夫・兎川忠靖]……*159*
		4.4.1　LPS の測定（エンドトキシン測定法）　*159*
		4.4.2　LPS を構成するリピド A および O 抗原，コア多糖の分析　*161*
	4.5　ペプチドグリカン ……………………………………………[戸井田敏彦]……*165*
		4.5.1　ペプチドグリカンの抽出　*166*
		4.5.2　総アミノ糖の分析　*167*
		4.5.3　アミノ糖の分離定量　*167*
		4.5.4　修飾されたアミノ糖の分析　*168*
	4.6　リン酸-フェニルヒドラジンを用いた糖の HPLC-ポストカラム分析法
		 ………………………………………………………………[中川裕章]……*169*
		4.6.1　遊離糖の分析　*169*
		4.6.2　糖タンパク質解析研究への応用　*170*
		4.6.3　配糖体分析への応用　*173*
	参考文献 ………………………………………………………………………*175*

5　糖鎖工学における基本技術 ……………………[荒川秀俊（冒頭の概説）]……*179*

	5.1　糖鎖遺伝子ライブラリーの構築
		 ……………………………[伊藤浩美・佐藤　隆・千葉靖典・成松　久]……*180*

　　　　5.1.1　糖鎖遺伝子　*180*
　　　　5.1.2　糖鎖遺伝子ライブラリーの構築　*182*
　　　　5.1.3　おわりに　*187*
　5.2　糖鎖切り出し技術……………………………………[掛樋一晃・木下充弘]……*188*
　　　　5.2.1　*N*-グリコシド結合型糖鎖の切り出し技術　*188*
　　　　5.2.2　*O*-グリコシド結合型糖鎖の切り出し技術　*191*
　5.3　糖鎖解析技術………………………[鈴木茂生（5.3.1, 5.3.5）・川崎ナナ・中澤志織・
　　　　　　　　　　　　　橋井則貴（5.3.2）・加藤晃一・矢木真穂・山口拓実（5.3.3）・
　　　　　　　　　　　　　　　　　　　　掛樋一晃・木下充弘（5.3.4）]……*194*
　　　　5.3.1　蛍光分析　*194*
　　　　5.3.2　遊離糖鎖のLC/MS　*201*
　　　　5.3.3　核磁気共鳴（NMR）法　*209*
　　　　5.3.4　キャピラリー電気泳動法　*214*
　　　　5.3.5　マイクロチップ電気泳動法　*220*
　参考文献……………………………………………………………………………*227*

6　糖質をめぐる最近の話題 ……………………………………………*229*

　6.1　糖鎖チップ…………………………………………………[隅田泰生]……*229*
　　　　6.1.1　シュガーチップ　*230*
　6.2　レクチンアフィニティーマイクロチップ電気泳動法…[鈴木茂生]……*233*
　　　　6.2.1　ACE法による糖鎖のプロファイリング　*235*
　　　　6.2.2　マイクロチップ電気泳動法とレクチンアフィニティー電気泳動法　*236*
　6.3　多糖誘導体による光学分割………………………………[山本智代]……*240*
　　　　6.3.1　HPLC用キラル固定相　*241*
　　　　6.3.2　多糖誘導体型市販キラル固定相　*241*
　　　　6.3.3　多糖誘導体型キラル固定相の新しい展開　*241*
　　　　6.3.4　多糖誘導体の不斉識別機構　*246*
　　　　6.3.5　おわりに　*246*
　6.4　NMRによる糖鎖-タンパク質相互作用の解析
　　　　…………………………………[植草義徳・加藤晃一・矢木真穂]……*246*
　　　　6.4.1　解析の原理と得られる情報のあらまし　*247*
　　　　6.4.2　飽和移動差スペクトル法　*248*
　　　　6.4.3　転移NOE法　*249*
　　　　6.4.4　安定同位体標識　*249*

  6.4.5　発展的手法　*250*
参考文献 …………………………………………………………… *252*

索　引 ………………………………………………………… *253*

第 1 章

概　　説

　糖質（carbohydrate）は，かつては英語名を直訳した炭水化物，より古くは含水炭素と呼称され，一般式 $C_n(H_2O)_m$ で表される化合物の総称であった．現在では，単糖類（アルデヒドやケトンのポリヒドロキシ同族体），その脱水縮合物であるオリゴ糖，多糖，還元誘導体（糖アルコール，デオキシ糖など），酸化誘導体（アルドン酸，ウロン酸など），脱水誘導体（アンヒドロ糖など），アミノ糖，チオ糖なども含めて糖質と総称している．糖質は，生物の骨格物質，貯蔵物質，代謝産物などとして，天然界では最も多量に存在する有機化合物である．初期には三大栄養素の一つとしておもに栄養学的な観点から注目を集めたが，最近では糖タンパク質（glycoprotein）や糖脂質（glycolipid）などの複合糖質（complex carbohydrate, glycoconjugate）の糖鎖（sugar chain）部分の細胞認識（cell recognition）などの機能に関する糖鎖生物学（glycobiology）という新しい学問領域が生まれている．糖質の機能解析研究の進歩に応じ，分析の対象となる試料の種類も分析種の種類も拡大し続けている．本章では，生体における糖質の役割・機能と分析種の分析法の進歩について概説する．

1.1　生体における糖質の役割

　糖質が初めて注目されたのは，糖が三大栄養素の一つといわれたように，生物にとってのエネルギー源としての存在であった．この視点からはおもに単糖類（グルコース，ガラクトース，フルクトースなど），二糖類（ラクトース，マルトースなど），多糖類（グリコーゲンなど）などが研究対象となった．やがて，生体構成成分としての糖質に興味が集まり，体液，組織，器官などに存在する複合糖質が続々と発見され，それらの機能解明についての研究が進展した．多くの基礎研究により，糖鎖が細胞間相互作用などを介し様々な局面で生命現象に深く関係することが明らかとなってきた．それ

表 1.1 糖質の生体内機能に関するおもな研究ターゲット例と解析手法

ターゲット	具体例	解析手法
機能解明	・糖タンパク質の機能発現・調節における糖鎖の役割解明	・糖鎖機能解析技術
	・糖鎖の遺伝子発現の改変	・糖鎖遺伝子改変細胞・マウスの開発
	・酵母などによる糖タンパク質の大量生産	・同上の表現型解析技術
	・遺伝子改変による糖鎖構造・機能変化の解明	・グライコプロテオミクス技術
創 薬	・生体内疾病マーカーの発見	・質量分析
	・診断薬の開発	・レクチンアレイ分析
再生医療	・ヒト標準幹細胞の開発	・ヒト幹細胞分化誘導技術

らの中で特筆すべき成果は,糖鎖と疾病,特に腫瘍との関係が明らかにされつつあることである.胃がんにおける症状の進行と糖鎖不全との関係,診断マーカーの発見と診断薬開発への展開などは,国民の健康福祉に貢献する成果として期待されている.最近行われている糖鎖に関連するおもな研究動向を表 1.1 に示す.

1.2 糖質分析法の進歩

糖質の定性・定量法は,他の分析種と同様,時代の要請と歩調を合わせて進歩してきており,第 1 期(古典的分析法時代),第 2 期(蛍光分析法&ガスクロマトグラフィー時代),第 3 期(高速液体クロマトグラフィー時代),第 4 期(LC/MS & LC/MS/MS 時代)の 4 期に分類することができる[*1].

1.2.1 第 1 期(古典的分析法時代)

初期の糖質分析法は,現在から判断すると比較的高濃度の糖質に対応したものであ

[*1] 大学などのアカデミアでは HPLC は高速液体クロマトグラフィー,MS は質量分析(法)と認識して使用することが多い.しかし,分析機器業界では HPLC は高速液体クロマトグラフ,MS は質量分析計を意味する.このように,学界と業界で略号に関する意味合いが異なるが,本書では HPLC/MS を高速液体クロマトグラフィー質量分析法(分析法同士の組み合わせ),HPLC-MS を高速液体クロマトグラフ質量分析計(分析装置同士の組み合わせ)と区別して使用する.なお,略号としての LC は HPLC に限らず薄層クロマトグラフィー(TLC)や沪紙(ペーパー)クロマトグラフィー(PC)をも意味するのが正確であるが,最近では分析法としての使用頻度から LC が HPLC を指す場合が圧倒的に多い.このような事情で,本来は HLPC/MS,HPLC-MS と正確な表記をすることが望ましいが,現在一般に使用されている LC/MS や LC-MS の表現を本書でも許容することとする.

表 1.2 糖質の比色定量法

糖　質	キー物質	おもな方法
還元糖	銅(Ⅱ)試薬	Somogyi 法
		Somogyi-Nelson 法
	鉄(Ⅲ)試薬	Hanes 法（滴定法）
		Park-Johnson 法
	ニトロ試薬	3,5-ジニトロサリチル酸（DNS）法
		3,4-ジニトロ安息香酸（DNBA）法
アルドース	ヨード試薬	Willstätter-Schudel 法
2-デオキシ糖	過ヨウ素酸	2-チオバルビツール酸法
全　糖	硫　酸	アンスロン-硫酸法
アルドヘキソース		カルバゾール-硫酸法
フルクトース（果糖）		オルシン-硫酸法
ケトース	塩　酸	レゾルシン-塩酸法
フルクトース（果糖）		スカトール-塩酸法
2-ケト糖酸		o-フェニレンジアミン-塩酸法
還元糖	酢　酸	ベンチジン-酢酸法
ヘキソサミン	アルカリ	Tracey 法
グルコサミン	Ehrlich 試薬	Elson-Morgan 法
N-アセチルヘキソサミン		Morgan-Elson 法
グルコース	酵　素	グルコースオキシダーゼ法
ガラクトース		ガラクトースオキシダーゼ法

［福井作蔵（瓜谷郁三ら 編）："生物化学実験 A．一般分析法 1．還元糖の定量法"，東京大学出版会（1969）を要約改変］

り，滴定法や比色分析法が主力であった．この時代を代表する糖質のおもな定量法を表 1.2 に示す．

1.2.2　第 2 期（蛍光分析法＆ガスクロマトグラフィー時代）

　日本に臨床化学が導入されたのは 1960 年代であるが，臨床試料を分析する必要性の高まりで臨床化学分析が誕生し，生体試料を扱う生体成分の分析が大きな需要となった．生体成分は少数の分析種を除けば一般に存在濃度が低く，場合によっては痕跡量を分析しなければならない場合もある．そこで，感度・選択性を具備する分析法が必要となり，比色分析法が蛍光分析法に発展し，新たに分離分析法として沪紙（ペー

表 1.3 糖質のおもな蛍光検出反応

分析種	試薬	発蛍光団	応用例	文献
ヘキソース	5-ヒドロキシ-1-テトラロン	ベンゾナフタレンジオン	血中グルコース	1~3)
2-デオキシ糖	3,5-ジアミノ安息香酸			4, 5)
2-デオキシグルコース		5-カルボキシ-7-アミノキノリン		6)
ヘキソサミン	ピリドキサール+Zn		酸性ムコ多糖中のヘキソサミン	7)
ペントース	アントロン/70%硫酸			8)
ケト糖	ジメドン/85%リン酸			9)
			イヌリンの定量	10)
	$ZrOCl_2$/pH 2.5			11)
グルコ糖酸	過ヨウ素酸酸化後,4′-ヒドラジノ-2-スチルバノール			12)
糖	強酸でフルフラールに変換後, o-アミノチオフェノール			13)

1) T. Momose, Y. Ohkla：*Chem. Pharm. Bull.*, **6**, 412 (1958).
2) T. Momose, Y. Ohkla：*Chem. Pharm. Bull.*, **7**, 31 (1959).
3) T. Momose, Y. Ohkla：*Talanta*, **3**, 155 (1959).
4) L. Velluz, M. Pesez, G. Amiard：*Bull. Soc. Chim. Fr.*, **15**, 680 (1948).
5) L. Velluz：*Bull. Soc. Chim. Fr.*, **32**, 701 (1950).
6) M. Blecher：*Anal. Biochem.*, **2**, 30 (1961).
7) M. Maeda, T. Kinoshita, A. Tsuji：*Anal. Biochem.*, **38**, 121 (1970).
8) R. Sawamura, T. Koyama：*Chem. Pharm. Bull.*, **12**, 706 (1964).
9) S. Adachi：*Anal. Biochem.*, **9**, 224 (1964).
10) G. G. Vureck, S. E. Pegram：*Anal. Biochem.*, **16**, 409 (1969).
11) H. Trapmann, V. S. Sethi：*Z. Anal. Chem.*, **248**, 314 (1969).
12) 岡田正志,松井道夫,渡辺糸妥与,鰐部多満江,安部福雄：生化,**39**, 554 (1967).
13) 中野三郎,谷口寛一,古橋崇子,御子柴和雄：薬誌,**93**, 350 (1973).

パー）クロマトグラフィーや薄層クロマトグラフィー（TLC）に代わってガスクロマトグラフィー（GC：gas choromatography）が利用され始めた．この時代に開発された糖質の蛍光分析法は多くはないが，それらを表1.3に示す．

さて，糖質は分子内にヒドロキシ基が多数存在することが多いため，そのままでは揮発性がなくGCの対象にはならない．その理由は，分子間で水素結合し，見掛けの分子サイズが大きくなるためである．そこでヒドロキシ基を誘導体化して揮発性を付与する試薬類がいくつか考案され，ピリジン触媒と無水酢酸を用いるアセチル化［式(1.1)］，クロロトリメチルシランを用いるトリメチルシリル（TMS：trimethylsilyl）

化［式(1.2)］，無水トリフルオロ酢酸を用いるトリフルオロアセチル（TFA：tri-fluoroacetyl）化［式(1.3)］などが開発された．

$$R\text{-}OH + (CH_3CO)_2O \longrightarrow R\text{-}O\text{-}COCH_3 + CH_3COOH \quad (1.1)$$
$$R\text{-}OH + (CH_3)_3SiCl \longrightarrow R\text{-}O\text{-}Si(CH_3)_3 + HCl \quad (1.2)$$
$$R\text{-}OH + (CF_3CO)_2O \longrightarrow R\text{-}O\text{-}COCF_3 + CF_3COOH \quad (1.3)$$

糖質のアセチル誘導体と TMS 誘導体は水素炎イオン化検出器（HFID：hydrogen flame ionization detector）で検出・定量するが，高感度分析には感度が足りず適さない．これに対して，TFA 誘導体は電子捕獲検出器（ECD：electron capture detector）で検出できるので，高感度分析が可能である．

ところが，五炭糖（ペントース；アラビノース，キシロースなど．分子式は一般に $C_5H_{10}O_5$）や六炭糖（ヘキソース；グルコース，ガラクトースなど．分子式は一般に $C_6H_{12}O_6$）などの単糖類は水溶液中で環状構造をとっているため，1 位のヒドロキシ基の立体配置が異なる α-エピマーと β-エピマーの 2 種類のエピマー（epimer）の混合物として存在する．そのため，上記いずれの誘導体化によっても，単一の単糖からエピマーに由来する二つのピークがクロマトグラムに現れる．この現象は，試料に複数種類の単糖が含まれている場合には，定性分析には便利であるが，定量分析には不利となる．そこで，1 位のヘミアセタール構造（アルデヒド基）をホウ素化水素ナトリウム（$NaBH_4$）で還元して対応する糖アルコールに変換した後に誘導体化することにより，単糖を単一ピークとして検出する工夫がなされた．この還元手法は還元末端をもつ二糖類やオリゴ糖にも適用可能であり[1]，臨床試料中の単糖類や二糖類の定量にも適用することができた[2,3]．

1.2.3 第 3 期（高速液体クロマトグラフィー時代）

米国の DuPont 社の研究員であった J. J. Kirkland が 1969 年に創始した高速液体クロマトグラフィー（HPLC：high performance liquid chromatography）は 1970 年代初頭に日本に導入され，HPLC 装置（高速液体クロマトグラフ，high performance liquid chromatograph）の国産化が間もなく達成されたことから，1970 年代の半ばには日本でも主要な研究室に HPLC 装置が設置され，全国に一気に普及した．GC を実施するには，糖質のように揮発性がない分析種には誘導体化して揮発性を付与する手間が必要であり，あるいは熱分解しやすい物質や抱合体，あるいは多糖，タンパク質，核酸などの巨大生体分子には適用できない欠点があったが，HPLC は試料や分析種が何ら

かの液体に溶解できれば適用可能である．

　GC 時代には生体内のステロイドには非抱合体と硫酸抱合体が存在することが知られていたが，GC では両者をそのまま同時定量することが不可能であった．その理由は，GC では抱合体を揮発性誘導体に導くことができないため，加水分解して総量を定量し，加水分解前の値から得られる非抱合体（遊離型）の量を差し引いて抱合体の量を推定するしかなかったのである．また，体内に入った医薬品のような疎水性化合物には様々な代謝過程があるが，未変化体についてはグルクロン酸抱合，硫酸抱合などのいわゆる解毒機構による抱合を受け，極性が高い物質に変換されて体外に排出される．ところが，疎水性化合物の分子内に複数の抱合位置がある場合には，加水分解法では抱合位置に関する情報が失われてしまうことになる．このような不都合を解決したのが HPLC であり，遊離型と抱合体を同一のクロマトグラム上に描出し同時定量することが可能となった．

　J. J. Kirkland が HPLC を開発した当時は，紫外可視吸光光度検出器や感度は極めて低いものの示差屈折率検出器（refractive index detector）が利用できる検出器であった．ところが，HPLC の有用性が一般に認識されるにつれ，分析対象が生体試料や環境試料などにも拡大され，感度と選択性に優れる蛍光検出器（fluorescence detector），電気化学検出器（electrochemical detector），化学発光検出器（chemiluminescense detector），質量分析計（MS：mass spectrometer）などが次々に開発されてきた．HPLC 装置に様々な検出器が利用される時代の到来により，それらの分離分析法を総称する複合化技術（hyphenated technique）と称する用語が生み出された．その範疇には，使用頻度は多くはないが HPLC-IR（赤外検出器），HPLC-NMR（核磁気共鳴装置），HPLC-ESR（電子スピン共鳴装置）など，HPLC と本格的な機器分析法との一体化も試みられている．2004 年には HPLC をさらに高性能化した超高速液体クロマトグラフィー（UHPLC：ultra high performance liquid chromatography）を達成できる装置が市販され，分離能を維持したまま分離時間を 1/8 ないし 1/10 に短縮できるようになった．

　なお，この時期の分離分析法として特筆すべきものは，寺部　茂によって開発されたキャピラリー電気泳動（CE：capillary electrophoresis）である[*2]．CE はフューズドシリカキャピラリーを使用した場合，内壁のシラノール基が解離して生成した不動性陰イオンの対となる電解質溶液中の可動性陽イオンが電圧印加により負極方向に向

[*2] キャピラリー電気泳動（CE）の呼称については，その高性能さを冠した高性能キャピラリー電気泳動（HPCE）あるいは高性能毛細管電気泳動（HPCE）と表現される時期もあったが，現在ではキャピラリー電気泳動（CE）の表現が一般的である．

かって発生する電気浸透流（EOF：electroosmotic flow)[*3] を利用して解離性物質を分離する手法である[4]．EOFはクロマトグラフィーの移動相と同様，物質移送の役割を担うが，クロマトグラフィーの場合の移動相が層流であるのに対し，EOFは栓流であるため，糖質も含めて多くの分析種についてCEがHPLCより1桁ないし2桁高い理論段数を与える．1981年にCE装置が市販されたことから，日本でもしばらくはCEがブームとなったが，実試料の分析においてはキャピラリー内壁の平衡化状態が再現的に達成できないことから，現状では現場分析に使用される例は稀で研究室レベルの分離法に留まっている．

1.2.4 第4期（LC/MS & LC/MS/MS時代）

HPLCは実試料の分析には多くの場合に最適な実用的分離法であるが，HPLCもUHPLCもそれら自身では物質の同定ができない．そのため，様々な検出法と組み合わせて多くの複合化技術が開発された．その中でも，検出法として最も感度が高く，かつ最も情報量が豊富なMSとの組み合わせによる高速液体クロマトグラフィー質量分析（LC/MS）法が日本では1990年代以降に急激に普及した．CEについても事情は似ており，紫外可視吸光光度検出器や蛍光検出器との結合を軸として発展したが，LC/MS時代の到来に若干遅れてCE/MS時代が到来した．HPLC時代には，マトリックスが複雑な試料の定量分析には内標準物質（internal standard）が利用されていたが，MS時代には同じ目的に重水素（D）などの安定同位体で標識した分析種がその役割を担うこととなった．これは，一般的な質量分析計でも質量数が1違うイオンを識別できる性能を有することに基づくが，前処理操作過程などにおける分析種と内標準物質との類似性に対する信頼性をいっそう確実にし分析値に対する信頼性を高めることとなった．LC/MS時代の進行とともに，質量分析を二度行うタンデム質量分析（MS/MS）を利用するLC/MS/MSあるいは質量分析をn回行うMS^nが糖鎖構造解析などに利用されている．

1.3　糖鎖構造解析法

糖質分析は，初期には還元糖の総量をグルコース換算量で表す場合や，試料中の遊

[*3] フューズドシリカキャピラリーの内壁をアミノプロピルシリル化するなどして陽イオンが発生する状況[5]では，電解質溶液中の可動性陰イオンが正極方向に移動する電気浸透流が発生する．

離糖を沪紙(ペーパー)クロマトグラフィー,沪紙電気泳動などで分離後に発色させ,発色帯を抽出することにより定量することが行われていた．その後，糖質化学がしだいに進歩するにつれ糖質が果たす多彩な生理的役割が解明され，細胞表面の糖鎖の一次構造と結合位置の決定が重要な命題となった．このような目的に対して，ペプチドの構造決定で採用されていた，N 末端（Edman 分解）や C 末端からアミノ酸を 1 残基ずつ，あるいはジペプチダーゼで 2 残基ずつ切断後，切断されたアミノ酸を同定する方法をイメージして，糖鎖を還元末端から化学的に 1 つずつ切断する試み[6]もあったが，現在では LC/MS や LC/MS/MS が糖鎖構造解析の一般的な解決法となっている[7〜9]．

なお，糖鎖の構造決定に先立ち，細胞から特異的な酵素を用いて糖鎖を切り出す操作が不可欠であるが，それについては 2 章で詳細を記載する．

参 考 文 献

1) H. Nakamura, Z. Tamura：*Chem. Pharm. Bull.*, **18**, 2314 (1970).
2) H. Nakamura, Z. Tamura：*Chem. Pharm. Bull.*, **20**, 1070 (1972).
3) H. Nakamura, Z. Tamura：*Clin. Chim. Acta.*, **39**, 367 (1972).
4) 中村 洋：ファルマシア，**32**, 1281 (1994).
5) N. Nagamine, H. Nakamura：*Anal. Sci.*, **14**, 405 (1998).
6) S.-P. Hong, H. Nakamura, T. Nakajima：*Anal. Sci.*, **10**, 647 (1994).
7) 中村 洋 企画・監修："LC/MS, LC/MS/MS Q & A 100 龍の巻", p.225, オーム社 (2017).
8) 中村 洋 監修："第 2 回 LC/MS 分析士三段試験解説書", p.28, 29, 日本分析化学会 (2019).
9) 文献 7), p.249.

第 2 章

糖質分析のための試料前処理

　糖質は生体構成物質あるいは細胞間情報伝達物質などとして，多彩な形態で生物界に普遍的に存在している．したがって，一口に糖質といっても生体における存在状態も濃度も千差万別であり，それらの分析に当たって採るべき前処理法は目的とする糖質ごとに異なり，ケースバイケースといっても過言ではない．本章では，糖質の存在状態を遊離型と結合型とに分け，それぞれの代表的な前処理法を以下に解説する．

2.1　試料前処理の目的と留意点

　試料の前処理は，分析種の検出法に大きく依存し，一般に分析種濃度の増加（前濃縮，エンリッチメント）と妨害成分の除去が二大目的となる[1]．質量分析（法）（MS：mass spectrometry）が検出に使用されるまでは，使用する検出法で検出されなければ妨害しないとする考えが主流であった．例えば，蛍光検出高速液体クロマトグラフィー（HPLC）では，分析種と共溶出する非蛍光物質は一般に妨害成分とはみなされなかった．しかし，MS時代に入ると，分析種のイオン化を妨害する物質（イオン化抑制物質）が妨害成分となるというパラダイムシフトがあったことは注目に値する．すなわち，MSで検出する分析法においては，分析種と共溶出する物質のすべてが妨害する可能性があるため，検出する時点では可能な限り物質的に純化しておくことが重要になった．また，実試料の前処理に当たっては分析種の精製・純化と濃縮に腐心することに加えて，実験器材や容器などへの分析種の非特異的吸着，操作中の分解や化学修飾，環境からの汚染などを避けるための細心の注意が必要である[2]．

　さて，糖質分析では遊離の単糖から多糖まで分子量が様々であり，また，もともとは親水性の糖質が誘導体化により疎水性の度合いが増すため，前処理法は分子サイズや極性に応じて適正に選択する必要がある（表2.1）．

表 2.1 糖質に対するおもな前処理法

分子量	水溶性	解離性	分類	分析種の具体例	おもな前処理法
低分子	高	なし	中性糖, アミノ糖	リボース, グルコース, ラクトース, スタキオース, N-アセチルグルコサミン	除タンパク, 固相抽出（順相, イオン交換）, 誘導体化
		あり	アルドン酸, ウロン酸	グルコン酸, グルクロン酸, イズロン酸, ガラクツロン酸	除タンパク, 固相抽出（イオン交換）, 誘導体化
	中	なし	誘導体化中性糖	TMS化糖, TFA化糖	固相抽出（逆相）
		あり	誘導体化酸性糖	TMS化酸性糖, TFA化酸性糖	有機溶媒抽出
高分子	高	なし	中性多糖	アガロース, グルコマンナン	加水分解, 脱塩
		あり	ムコ多糖（グリコサミノグリカン）	ヒアルロン酸, コンドロイチン硫酸, ヘパリン, ケラタン硫酸	加水分解, 糖鎖の切り出し
	低		不溶性糖質	セルロース, キチン, デンプン	加水分解

TMS：トリメチルシリル, TFA：トリフルオロアセチル.

2.2 遊離型糖質分析のための前処理

2.2.1 除タンパク

　糖質分析の対象となる試料は，食品，飲料などの人工的な製品もあるが，糖質が生体成分である性格上，生体試料，臨床試料が圧倒的に多い．そのような場合，分析法が何であるかを問わず，試料中に大量に存在するタンパク質が分析の障害となる場合が多い．そこで，生体試料などを扱う場合は，分析種が酵素などのタンパク質である場合を除き，最初に行うべき前処理が除タンパク（deproteinization）である．これまで，除タンパク法には様々な方法が開発されてきたが，現在も使用されている代表的な方法の要点を以下に述べる．

a. 有機溶媒変性法

　生体内で水系環境にあるタンパク質は，一次構造によって規定される固有の高次構造（二次構造，三次構造）を保ちつつ，遊離したタンパク質は内部に疎水領域を隠し，外表面を親水性領域で覆った状態で水に溶解している．有機溶媒変性法は，三次構造の維持に貢献している疎水性アミノ酸残基間の疎水結合を，有機溶媒で開裂させることによりタンパク質の三次構造を破壊して内部の疎水領域を曝け出すことによりタンパク質を不溶化させ，遠心分離して除去するのが原理である．本法で使用する有機溶

表 2.2 数種の有機溶媒の血漿試料に対する相対的除タンパク率（%）

有機溶媒	血漿 1 容量に対する有機溶媒の容量								
	0.2	0.4	0.6	0.8	1.0	1.5	2.0	3.0	4.0
メタノール	17.6	17.4	32.2	49.3	73.4	97.9	98.7	98.9	99.2
エタノール	10.1	11.2	41.7	74.8	91.4	96.3	98.3	99.1	99.3
アセトン	1.5	7.4	33.6	71.0	96.2	99.1	99.4	99.2	99.1
アセトニトリル	13.4	14.8	45.8	88.1	97.2	99.4	99.7	99.8	99.8

［中村 洋 監修，菊谷典久，藤原祺多夫，古野正浩 編："分析試料前処理ハンドブック"，p.181，丸善（2003）を改変］

媒は水に混和して一層となる，アセトニトリル，エタノール，アセトンなどであり，目的に応じて選択する必要がある．表 2.2 に示すように，タンパク質を含む水系試料に対し，1.5 倍容以上の有機溶媒を加えれば，ほぼ完全にタンパク質が不溶化するので，遠心分離してその上清をそのまま，あるいは蒸発乾固後に適当な溶液として使用する．なお，アセトンは第一級アミノ基（RNH_2）と反応してシッフ塩基を生成するので注意を要する．

b. 酸変性法

本法は，タンパク質の三次構造の維持に寄与している，塩基性アミノ酸残基と酸性アミノ酸残基との間で形成されているイオン結合を，嵩張る陰イオンを添加して酸性アミノ酸残基に取って代わって三次構造を破壊することにより，タンパク質を不溶化することを原理とする．この目的には過塩素酸（PCA：perchloric acid, $HClO_4$）やトリクロロ酢酸（TCA：trichloroacetic acid, Cl_3COOH）が使用され，水溶液中での最終濃度が PCA では 0.4 mol L^{-1}，TCA では 25%（v/v）程度となるように添加するのが一般的である．変性したタンパク質を遠心分離により沈殿とし，その上清を分析に使用するが，上清が強酸性となっているので通例はそのままでは使用できない．PCA 法の場合は，除タンパク上清に炭酸カリウムまたは水酸化カリウム水溶液を加えて中和し，PCA を水に難溶の過塩素酸カリウムとして沈殿させ，その遠心上清を試料とする[*1]．また，TCA 法の場合は除タンパク上清中の TCA をジエチルエーテルで数回抽出して除去し，液性が中性付近となってから使用する．

[*1] 過塩素酸ナトリウムは水に難溶ではないので，炭酸ナトリウムや水酸化ナトリウム水溶液で中和すると液量が増大する．

2.2.2 固相抽出

固相抽出（SPE：solid phase extraction）は，溶媒抽出（SE：solvent extraction）で用いられる有機溶媒の代わりに固体を利用して分析種の保持・濃縮あるいは妨害成分の保持・除去を行う前処理である．分析種が修飾されていない生の糖質である場合には，シリカゲル，フロリジルなどの親水性充填剤を詰めたカートリッジやミニカラムが使われるが（順相モード），蛍光試薬などで誘導体化した糖質が分析種となる場合にはODS（オクタデシルシリルシリカ，octadecylsilyl silica）などの疎水性充填剤が使用され（逆相モード），いずれの場合も充填剤に分析種を保持した後に溶離・回収する．

2.2.3 イオン交換

ウロン酸やデルマタン硫酸などの酸性糖質は，陰イオン交換カラムに保持させる方法が優れた精製法となる．中性糖やアミノ糖は，そのままの形態ではイオン交換性がないが，ポリオキシ化合物がホウ酸塩と速やかに反応して錯陰イオンを形成することを利用すれば，陰イオン交換カラムに保持させて精製することができる．例えば，QAE-Sephadex（ホウ酸塩型）のカラムに糖質をホウ酸キレートして保持する一方，通常の中性物質や酸性物質を素通りさせ，水で洗浄した後，濃塩酸-メタノール（1：24, v/v）で溶出し減圧乾固する[3]．残査にはホウ酸塩が大量に含まれているが，ホウ酸エステルは揮発性が高いので，残査にメタノールを加えて濃縮乾固を繰り返すことにより，ホウ酸塩を揮発性のホウ酸エステル（ホウ酸トリメチル）として除去して［式(2.1)］，糖質を回収することができる．

$$B(OH)_3 + 3\,CH_3OH \longrightarrow B(OCH_3)_3 + 3\,H_2O \tag{2.1}$$

2.2.4 誘導体化

現在の誘導体化（derivatization）に該当する行為は，古くは沪紙（ペーパー）クロマトグラフィーや薄層クロマトグラフィーを行った後，スプレー試薬を噴霧して発色や蛍光でスポットを検出することで行われており，標識化，ラベル化などの用語が充てられていた．また，ガスクロマトグラフィー（GC：gas chromatography）分析では，誘導体化操作は必須であり，前処理という感覚は希薄であったが，1970年代初頭に始まった高速液体クロマトグラフィー（HPLC：high performance liquid chromatography)時代の到来により,前処理という概念が顕在化した*2.分離分析における誘導体化の詳細はハンドブック[4]を参照願いたい.

a. GCにおける誘導体化

糖質には揮発性がないため,GCを適用するにはヒドロキシ基の親水性を誘導体化により疎水性に変える必要がある.この目的には,メチル化,アセチル化,トリメチルシリル(TMS)化,トリフルオロアセチル(TFA)化などが開発されている.メチル化やアセチル化は最近ではほとんど利用されず,TMS誘導体化が一般的である.TMS誘導体は,水素炎イオン化検出器(HFID:hydrogen flame ionization detector)で検出するのが普通である.高感度分析が必要な場合には,TFA誘導体化し,電子捕獲検出器(ECD:electron capture detector)で検出する.

【TMS化の操作手順例】[5]

① 乾固した試料に無水ピリジン 50 μL,ヘキサメチルジシラザン(HMDS)10 μL,トリメチルクロロシラン(TMCS)5 μLを加え,室温で 30 min 放置する.
② 3000 回転で 10 min 遠心分離する.
③ 上清を小さいガラス試験管に移す.
④ 窒素気流で乾固する.
⑤ ヘキサン 50 μL を加えて溶かし GC で分析する.

b. HPLCなどにおける誘導体化

GCにおける誘導体化の最大の目的は分析種の揮発性化であるが,HPLCやキャピラリー電気泳動(CE:capillary electrophoresis)においては,感度向上が多くの場合に一番の目的である.高感度化を志向した誘導体化としては,蛍光検出,電気化学検出,化学発光検出,レーザー励起蛍光検出(LIF:laser-induced fluorescence)などを目的とするものがある.表4.3に代表的な誘導体化試薬と用途を示しているので参照されたい.

2.2.5 加水分解

a. 化学的加水分解

遊離状態にある糖質には一般に加水分解は必要がないが,生体に取り込まれた疎水性物質(アグリコン)のグルクロン酸抱合体にはアルカリ加水分解が行われ[式(2.

---

*2 HPLC時代よりも前には,融点や保持時間などの物理化学的性状を標準物質と比較することにより,物質を同定するために合成された化合物を誘導体(derivative)と称することは行われていたが,その行為そのものを誘導体化と称することはなかった.

2)]．これには，カルボン酸エステルの加水分解条件（0.5 mol L^{-1} の水酸化ナトリウムまたは水酸化カリウム水溶液中，室温で 1 時間以内）が使用される[6]．

$$\text{グルクロン酸抱合体} + \text{OH}^- \longrightarrow \text{グルクロン酸} + \text{アグリコン} \tag{2.2}$$

b. 酵素的加水分解

代表的なものとしては，グルクロン酸抱合体に対する β-グルクロニダーゼ処理，硫酸化糖に対するアリルスルファターゼ処理などがある[7]．

2.3 結合型糖質分析のための前処理

結合型糖質は，低分子アグリコンのグルクロン酸抱合体と複合糖質（糖タンパク質，糖脂質など）をさす．このうち，複合糖質に存在する糖質は糖鎖とよばれる．糖タンパク質の糖鎖には，タンパク質のアスパラギン残基のアミド基に結合した Asn 結合型糖鎖（N-結合型糖鎖）とセリンまたはトレオニンのヒドロキシ基に結合した Ser/Thr 結合型糖鎖（O-結合型糖鎖）の 2 種類がある（図 2.1）．ここで，Asn 結合型糖鎖は Asn に近いコア構造（図 2.1 の四角で囲った部分）にマンノースを三つ，N-アセチルグルコサミンを二つ共通して持っており，その先につながる側鎖とよばれる糖鎖の違いにより，高マンノース型（high mannose-type），混成型（hybrid-type），複合型（complex-type）の三つに分かれる．すなわち，高マンノース型は側鎖がマンノースのみで構成され，混成型はコア構造の二つの α-マンノースの一方に高マンノース型の側鎖が付き，他方に複合型の側鎖が付くもの，複合型は側鎖が複数の糖（例えば，N-アセチルグルコサミン，ガラクトース，フコース，N-アセチルノイラミン酸）で構成されるものをさす（図 4.1 参照）．一方，Ser/Thr 結合型糖鎖は Galβ1→3GalNAc が基本骨格

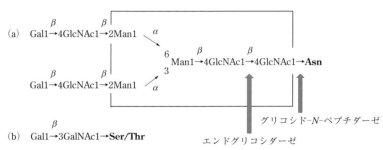

図 2.1　糖タンパク質の糖鎖
(a) Asn 結合型糖鎖　　(b) Ser/Thr 結合型糖鎖

となり，これに N-アセチルノイラミン酸や N-アセチルラクトサミンが結合したものが存在するが，基本骨格中のガラクトースが欠けたものも知られている．

2.3.1 オリゴ糖，多糖，複合糖質の酸加水分解

単糖以外の糖質については，それらの構成糖と組成を知るために加水分解が行われる．このような目的には，すべてのグリコシド結合が完全に切断されなければならないので，酵素による加水分解は適しておらず，化学的加水分解が採られる．目的とする糖質の種類によって，以下のように加水分解条件が異なる[6]．

(1) 中性糖：1～2 mol L^{-1} 塩酸またはトリフルオロ酢酸中，100 ℃，1～数時間
(2) アミノ糖：4 mol L^{-1} 塩酸またはトリフルオロ酢酸中，100 ℃，数～10 時間．加水分解液を減圧乾固して酸を除去し，残査に水を加えて溶解し，AmberliteCG-120(H$^+$) カラムに通す．十分に水洗後，アミノ糖を 2 mol L^{-1} 塩酸で溶出し，減圧乾固して酸を除去する．
(3) シアル酸：0.01 mol L^{-1} 塩酸，80 ℃，1 時間

2.3.2 オリゴ糖，多糖，複合糖質のシアル酸のメタノリシス

メタノリシス（methanolysis）は，メタノールまたは酸（塩酸，硫酸など）を含むメタノールで，オリゴ糖や多糖などを分解する操作である．通例，2.5～5％ 塩化水素を含むメタノール中で試料を 80～100 ℃ で数～24 時間加熱することにより，メチル化された構成糖（メチル配糖体）が遊離する．フラノース，ピラノースの α-アノマーと β-アノマーの平衡混合物を与えるので，定性・定量が困難を伴う一方，酸加水分解と比較して，遊離した構成糖が分解し難い長所がある．

【メタノリシスの操作手順例】[5]
① 試料のグリカン（1～10 μg）にミオイノシトール（内標準物質，1～10 μg）を加え，ロータリーエバポレーターで乾固し，P$_2$O$_5$ 入りのデシケーターに保管する．
② 0.5 mol L^{-1} HCl-メタノール 0.5 mL を加え，65 ℃ で 16 h 加熱する．
③ エバポレーターで乾固し，メチル化糖を P$_2$O$_5$ 入りのデシケーターに保管する．

2.3.3 オリゴ糖，多糖，複合糖質のシアル酸の酵素加水分解

シアル酸の遊離には酸加水分解では収率も定量性も高くないので，通例基質特異性が低い *Arthrobacter ureafaciens* や *Clostridium perfringens* 由来のシアリダーゼが用いられる．

2.3.4 糖タンパク質からの糖鎖の切り出し

a. N-結合型糖鎖の化学的切り出し

無水ヒドラジンを用いて糖タンパク質のアスパラギン残基と N-アセチルグルコサミンの間のアミド結合を切断する（ヒドラジン分解）．ヒドラジン分解は化学反応であるため特異性に欠け，タンパク質のペプチド結合も同様に切断され，マンノース 6-リン酸などのリン酸エステルの切断や，シアル酸の一部が切断されて失われたりするなどの欠点が避けられない．なお，後述のアルカリ還元法では Asn 結合型糖鎖はアスパラギンに結合したまま回収できる．

b. N-結合型糖鎖の酵素的切り出し

この目的には，一連のエンドグリコシダーゼ（正確には endo F, endo H などのエンド β-N-アセチルグルコサミニダーゼ）や N-グリカナーゼに代表されるグリコシド-N-ペプチダーゼが使用される．エンドグリコシダーゼは，Asn 結合型糖鎖のコア構造中の 2 分子の N-アセチルグルコサミン間の結合を切断し，グリコシド-N-ペプチダーゼはタンパク質から伸びる糖鎖の付け根を切断する（図 2.1）．

c. O-結合型糖鎖の化学的切り出し

強アルカリ条件下，水素化ホウ素ナトリウム（$NaBH_4$）で還元しながら糖鎖を切り出すアルカリ還元法が使用される．なお，上述のヒドラジン分解でも糖鎖の切り出しが可能であるが，加水分解時に水が混入しているとアルカリ条件下となり，Ser/Thr 結合型糖鎖が β 脱離を起こして分解してしまうので注意が必要である．

d. O-結合型糖鎖の酵素的切り出し

この目的には，O-グリカナーゼとよばれるエンド α-N-アセチルガラクトサミニダーゼが使用されるが，ガラクトース残基にシアル酸が置換されている場合はほとんど糖鎖が切れない欠点がある．

e. プロナーゼによる糖ペプチドの切り出し

上記の a.～d. は糖鎖のみを切り出す方法であるが，プロナーゼで糖タンパク質のタンパク質を徹底的に消化して糖鎖を糖ペプチドの形態で回収する方法もある．しかし，本法はプロナーゼ消化が不完全な場合には，回収された糖ペプチドのペプチド鎖の長さがまちまちになり，構造解析の支障になるため，最近では稀にしか使用されない．

表 2.3 に糖鎖の切り出しに使用される代表的な酵素とその特異性を示す．

2.3 結合型糖質分析のための前処理　17

表 2.3　糖鎖遊離酵素の例

酵　素	特異性
N-結合型糖鎖の遊離	
ペプチド-N^4-(N-アセチル-β-グルコサミニル)-アスパラギンアミダーゼ（EC 3.5.1.52）	ペプチド-N^4-(N-アセチル-β-D-グルコサミニル)アスパラギン残基（グルコサミン残基はさらに糖残基が付加されている）を加水分解し，（糖残基が付加された）N-アセチル-β-D-グルコサミニルアミンとアスパラギン酸残基を含むペプチドに加水分解する．
・ペプチド N-グリコシダーゼ F（PNGase F）	N-結合型糖鎖を遊離する．ただし，(α1,3)-結合したコアフコースを含む N-結合型糖鎖は遊離しない．
・ペプチド N-グリコシダーゼ A（PNGase A）	N-結合型糖鎖を遊離する．(α1,3)-結合したコアフコースを含む N-結合型糖鎖も遊離する．
・マンノシル-糖タンパク質エンド-β-N-アセチルグルコサミニダーゼ（EC 3.2.1.96）	[Man(GlcNAc)$_2$]Asn 構造を含む高マンノース型糖ペプチド/糖鎖の N,N'-ジアセチルキトビオースの間を加水分解する．N-アセチルグルコサミン残基がタンパク質に残る．残りの部分の糖鎖が遊離する．
・エンド-β-N-アセチルグルコサミニダーゼ F（endo F）	高マンノース型，混成（ハイブリッド）型および複合型糖鎖を遊離する．
・エンド-β-N-アセチルグルコサミニダーゼ H（endo H）	高マンノース型，および混成（ハイブリッド）型糖鎖を遊離する．
O-結合型糖鎖の遊離	
グリコペプチド α-N-アセチルガラクトサミニダーゼ（EC 3.2.1.97）*	セリン/トレオニン残基に α-結合した D-ガラクトース-(β1,3)-N-アセチルガラクトサミンを遊離させる．

＊　本酵素は特異性が限られているため使用は限られる．
［第十七改正日本薬局方：参考情報 単糖分析及びオリゴ糖分析/糖鎖プロファイリング法，p.2372，厚生労働省（2018）］

2.3.5　糖脂質からの糖鎖の切り出し

　糖脂質（glycolipid）は糖タンパク質ほど研究が進んではいないが，スフィンゴ糖脂質に対するエンド β-ガラクトシダーゼ[8]やエンドグリコセラミダーゼ（EGCase：endoglycoceramidase）[9] による酵素消化例がある（図 2.2）．

2.3.6　エキソグリコシダーゼによる糖鎖の逐次遊離

　エキソグリコシダーゼ（exoglycosidase）は，糖鎖の非還元末端にある糖残基を単糖として遊離する酵素であるので，基質特異性が担保されていれば糖鎖配列解析に利用することができる．糖鎖逐次遊離に有用なエキソグリコシダーゼには，ノイラミニダーゼ，α-ガラクトシダーゼ，β-ガラクトシダーゼ，α-フコシダーゼ，β-N-アセチ

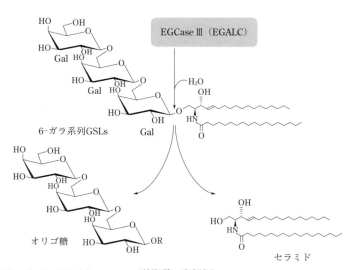

図 2.2 EGCase I, II, III によるスフィンゴ糖脂質の酵素消化
[Y. Ishibashi, M. Ito：*GlycoPOD* 日本糖鎖科学統合データベース, https://jcggdb.jp/GlycoPOD/protocolShow.action?nodeId=t175（2019 年 5 月現在）]

ルヘキソサミニダーゼ，α-マンノシダーゼ，β-マンノシダーゼなどがある[10]．糖鎖構造解析に利用される酵素の例を表 2.4 に示すが，そのうちのエキソグリコシダーゼは糖鎖の逐次構造解析に使用できる．

表 2.4 糖鎖構造解析に利用される代表的なエキソグリコシダーゼの例

試薬名	由来	基質特異性
エキソ-α-シアリダーゼ (EC 3.2.1.18)	Arthrobacter ureafaciens Vibrio cholerae Clostridium perfringens Newcastle disease virus Streptococcus pneumoniae	α2-3,6,8,9 α2-3,6,8 α2-3,6,8 α2-3 α2-3
β-ガラクトシダーゼ (EC 3.2.1.23)	Bovine testes Streptomyces pneumoniae	β1-3,4 β1-4
α-L-フコシダーゼ (EC 3.2.1.51)	Almond meal Xanthomonas sp. Bovine kidney	α1-3 α1-3,4 α1-2,3,4,6
α-マンノシダーゼ (EC 3.5.1.24)	Jack Bean	α1-2,3,6
α-ガラクトシダーゼ (EC 3.2.1.22)	Green coffee beans	α1-3,4,6
ケラタン硫酸-エンド-β-ガラクトシダーゼ (EC 3.2.1.103)	Bacteroides fragilis	β1-3,4/poly LacNAc

［第十七改正日本薬局方：参考情報 単糖分析及びオリゴ糖分析/糖鎖プロファイリング法, p.2375, 厚生労働省（2018）］

2.4 糖鎖の精製

複合糖質から切り出した糖鎖類は，組成分析や逐次配列解析に先立ち，以下の方法で精製する必要がある．

2.4.1 陰イオン交換クロマトグラフィー

例えば，DEAE-セルロース，QAE-セルロースなどを充填したカラムを用いることにより，糖鎖中のシアル酸，リン酸，硫酸などの種類と数を知ることができる．

2.4.2 レクチンによるアフィニティークロマトグラフィー

レクチンは特定の糖鎖構造を認識して結合するタンパク質の総称であり，様々なものがある（表4.5参照）．

【レクチンアフィニティークロマトグラフィーの操作手順例】[11]
① 市販のレクチン固定化ゲルを充填したカラムを，カラム容積の5倍容のハプテン糖質を添加したTB（0.02% NaN$_3$含有 10 mmol L^{-1} トリス塩酸緩衝液，pH 7.4）で洗浄する．

② カラム容積の 20〜50 倍容の TB でカラムを平衡化する．
③ レクチンカラムを 10 mL チューブにセットする．
④ ^{3}H 標識した試料を 200 µL の TB に溶解し，カラムにアプライする．
⑤ 10 min 放置後，800 µL の TB を加え，チューブに溶出液を回収する．
⑥ レクチンカラムを別なチューブに移し，1 mL の TB を添加する．
⑦ 上記のステップ⑥を 3〜8 回繰り返す．
⑧ レクチンカラムを次のチューブに移し，当該ハプテン糖質を含む TB を 1 mL 添加し，チューブに溶出液を回収する．
⑨ 10 min 放置後，上記のステップ⑧を 4 回繰り返す．
⑩ 各画分の一定量をカウンティングバイアルにとり，シンチレーションカクテルを加え，液体シンチレーションカウンターで放射能を測定する．
⑪ 素通り画分（−），遅滞画分（r），結合画分（＋）を集め，それぞれ別々に真空遠心濃縮器で乾固する．
⑫ 高度に濃縮された塩がそれ以後の分析を妨害する場合は，プール画分を AG-50W(H^+) と AG-4(OH^-) 樹脂を充填した使い捨てカラムで脱塩する．

2.4.3 サイズ排除クロマトグラフィー

分子サイズを考慮し，排除限界分子量を適切に選択することにより，糖鎖の逐次酵素分解の進行状況をゲル沪過クロマトグラフィーでモニターすることができる．例えば，構造未知の糖鎖をエキソグリコシダーゼ処理し，非還元末端から 1 分子ずつ単糖を切り出しては Bio-Gel P-4 カラムで溶出位置を観察することにより，βGal-βGlcNAc 糖鎖と αMan3 モルの側鎖をもつ糖鎖であることが推定されている[12]．また，図 2.3 はヘパリンをヘパリチナーゼで酵素消化して得たオリゴ糖を，1.0 mol L^{-1} NaCl-10% エタノールを溶離液として Bio-Gel P-10 カラムで分離したクロマトグラムである．二糖単位で切断されたオリゴ糖の分離が達成されている．

2.5 おわりに

本章の冒頭でも述べたように，生体における糖質の機能が解明されるにつれ，分析対象となる試料・分析種ともにますます多様化の一途であり，信頼できる高感度分析法の必要性には議論の余地がない．この意味で，物質の分離能・解析能ともに優れる LC/MS あるいは LC/MS/MS への依存度が高まっている．実験に当たっては，これらの

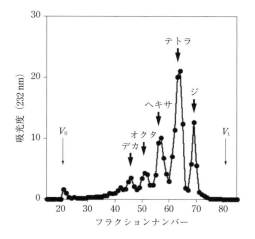

図 2.3　ヘパリンの酵素消化物のゲル沪過クロマトグラム
[S. Yamada：*GlycoPOD* 日本糖鎖科学統合データベース, https://jcggdb.jp/GlycoPOD/protocolShow.action?nodeId=t18（2019 年 5 月現在）]

分析法に関する原理・装置・試料前処理・トラブルシューティングなどに関する知識と情報が不可欠であるので，最近の実用書[13〜17]を活用戴きたい．また，実験や研究を成功させるためには，目的に適った実験操作を正確かつ再現性よく行えるスキルを身に付けることも大事である．このような観点から，本章では実験操作とその意味を具体的にできるだけ解説したかったが，紙面の制約から割愛せざるを得なかった．日本糖鎖科学統合データベースに多数の具体的な操作例が掲載されているので，参照戴きたい．

参　考　文　献

1) 中村　洋 監修, 菊谷典久, 藤原祺多夫, 古野正浩 編：“分析試料前処理ハンドブック”, p.7, 丸善（2003）．
2) 文献 1), p.4.
3) 荒川泰昭, 松永　功, 中村　洋：臨床病理．臨時増刊特集号, **20**, 9（1972）．
4) K. Blau, J. M. Halke 編, 中村　洋 訳：“分離分析のための誘導体化ハンドブック”, 丸善（1996）．
5) C. Sato, K. Kitajima：*GlycoPOD* 日本糖鎖科学統合データベース, https://jcggdb.jp/GlycoPOD/protocolShow.action?nodeId=t223（2019 年 5 月現在）．
6) 中村　洋 監修：“ちょっと詳しい液クロのコツ　前処理編”, p.69, 丸善（2006）．
7) 文献 6), p.70.
8) M. N. Fukuda：*GlycoPOD* 日本糖鎖科学統合データベース, https://jcggdb.jp/GlycoPOD/protocolShow.action?nodeId=t136（2019 年 5 月現在）．
9) Y. Ishibashi, M. Ito：*GlycoPOD* 日本糖鎖科学統合データベース, https://jcggdb.jp/GlycoPOD/protocolShow.action?nodeId=t175（2019 年 5 月現在）．
10) 糖鎖工学編集委員会 編：“糖鎖工学”, p.20, 産業調査会バイオテクノロジー情報センター（1992）．
11) T. Ohkura：*GlycoPOD* 日本糖鎖科学統合データベース, https://jcggdb.jp/GlycoPOD/protocolShow.action?nodeId=t143（2019 年 5 月現在）．
12) 山本一夫：血液と脈管, **20**, 265（1989）．

13) 中村　洋　監修："LC/MS，LC/MS/MS の基礎と応用"，オーム社（2014）．
14) 中村　洋　企画・監修："LC/MS, LC/MS/MS のメンテナンスとトラブル解決"，オーム社（2015）．
15) 中村　洋　企画・監修："LC/MS，LC/MS/MS Q & A 100 虎の巻"，オーム社（2016）．
16) 中村　洋　企画・監修："LC/MS，LC/MS/MS Q & A 100 龍の巻"，オーム社（2017）．
17) 中村　洋　企画・監修："LC/MS，LC/MS/MS Q & A 100 獅子の巻"，オーム社（2018）．

第 **3** 章

単純糖質の分析

　糖類は単糖類の他に単糖がいくつも結合したオリゴ糖，さらに重合度の大きな多糖類などに分類される．糖分析が難しいといわれるのはその構造多様性にある．図 3.1 に代表的な中性糖である D-グルコースの構造とその互変異性体を示す．

　グルコースを水に溶解すると，温度にも依存するが数分から数十分の時間をかけて，これら 4 種類の異性体の混合物となる．また，単糖やオリゴ糖が遊離状態で存在することは少なく，複合糖質としてタンパク質や脂質と結合したり，あるいは構造プロテオグリカンのように複数の多糖鎖がペプチドに結合した構造体として存在していることもある．

　単糖は水に溶けやすい結晶性化合物であり，アルデヒド基あるいはケトン基と一つ以上のヒドロキシ基をもち，骨格の炭素数に応じてペントース，ヘキソースなどとよ

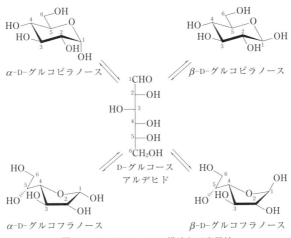

図 3.1 D-グルコースの構造と互変異性

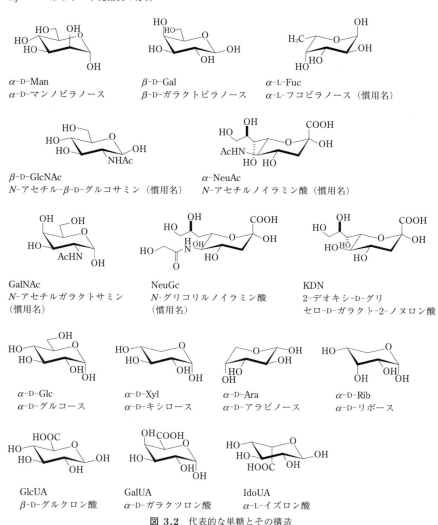

図 3.2 代表的な単糖とその構造

ばれる．さらにヒドロキシ基の一部がアミノ基に置換されたアミノ糖，カルボキシ基をもつウロン酸など，官能基に基づく呼称もあり，その種類は多い．代表的な単糖類の構造を図3.2に示す．

これら単糖のアルデヒド性ヒドロキシ基が別の糖のアルコール性ヒドロキシ基と縮合した構造をグリコシド結合といい，多種多様な結合構造を構築する．この際，構成

単糖の数に応じて二糖などとよぶが，およそ 20 糖までをオリゴ糖，20 糖以上を多糖とよぶ．多糖にはデンプン，キチンのように単一の単糖から構成されるホモ多糖とガムやペクチンのように複数の単糖から構成されるヘテロ多糖に分かれる．糖がタンパク質と結合したものは，糖タンパク質，脂質と結合したものは糖脂質とよばれる．グリコサミノグリカン（GAG：glycosaminoglycan）とよばれる二糖単位の繰返し構造からなる多糖鎖がタンパク質（コアタンパク質）に共有結合したものはプロテオグリカン（PG：proteoglycan）とよばれ，コンドロイチン硫酸鎖を 1 本もつデコリンや 2 本もつビグリカン，ヘパラン硫酸鎖をもつシンデカン，グリピカンのように構造が非常に均一なものから，巨大な GAG 鎖からなる構造体まであり，これらの構造は細胞の種類や状態によって異なる．このように糖質の存在状態は多様であり，対象となる糖の種類に応じて，それぞれ固有の分離精製法ならびに分析法が利用される．

　糖類を分析するうえで考慮すべき因子は多い．オリゴ糖や多糖の構造を決めるためには，構成単糖の同定とそれぞれの単糖の含量または存在比，単糖の環構造は五員環（フラノース）か，あるいは六員環（ピラノース）か，グリコシド結合の位置と様式（α-/β-），単糖の結合順序や分岐構造，糖以外の置換基の存在の有無（リン酸化，硫酸化，アセチル基），さらに複合糖質ではタンパク質や脂質など他の生体成分との結合様式の解析も必要となる．さらに立体構造（単糖間の結合角度，単糖の配向，高次構造や多重らせんの形成の有無など）も調べる必要がある．これら構造解析に必要な情報は多岐にわたるので，様々な分析法を上手く組み合わせる必要がある．

　糖の存在は，後述するフェノール硫酸法などの比色反応を使えば容易にその存在が予測される．糖の存在が確認できれば，次に試料に含まれる構成単糖の種類と量を決める必要がある．対象物の物性から構成糖の種類がある程度推定できている場合は，比色定量法を組み合わせることで，ヘキソース，ウロン酸，およびヘキソサミンの総量を推定できる．ただし，これらの方法の特異性は高くないので，ある程度の誤差が含まれる．また糖の種類を決めることは難しい．レクチンブロッティング法や酵素処理法を用いれば，より正確な構造解析が可能となる．構成単糖の組成がわかれば起源となる糖質の構造を推定できることがある．糖組成分析では，糖の分解を極力抑えた条件でグリコシド結合を加水分解し，得られた単糖類を分離・定量する．この目的のために 1960 年代はガスクロマトグラフィー（GC：gas chromatography）が用いられた．GC では単糖類を揮発性の誘導体に変換する必要がある．単糖類は完全アセチル化あるいは完全トリメチルシリル化し，さらにアルデヒド基などもアノマーに基づくシグナルの分裂を防ぐために化学修飾して分析することが多い．当初は検出に水素炎

イオン化検出器が用いられたが，その後は質量分析計（MS：mass spectrometer）を検出器に用いることが多くなった．糖のD,L-決定は困難とされたが，$\alpha[-]$-2-ブチル基を導入してジアステレオマーに変換すれば，分析が可能となる．単糖やオリゴ糖の分離手段として高速液体クロマトグラフィー（HPLC：high performance liquid chromatography）は有効である．1990年にパルスアンペロメトリー検出を用いた高速陰イオン交換クロマトグラフィー（HPAEC-PAD：high performance anion exchange chromatography-pulsed amperometric detection）法が開発され，単糖類を誘導体化することなく高い感度で分析することが可能となった．また，2-アミノピリジンやアミノピレントリスルホン酸（APTS：aminopyrenetrisulfonate）など様々な蛍光試薬が開発され，感度が向上し，HPLCやキャピラリー電気泳動（CE：capillary electrophoresis）分析に利用されるようになった．なかにはFACE（fluorophore-assisted carbohydrate electrophoresis，蛍光支援糖鎖電気泳動）装置としておもに糖タンパク質糖鎖や構成単糖の分析専用のシステムも市販されている．蛍光試薬を用いることで感度が向上するとアクリルアミドゲル電気泳動法で分離した糖タンパク質をポリフッ化ビニリデン［PVDF：poly（vinylidene fluoride）］膜に転写し，その単糖組成の分析を行うことが可能となった．しかし，これらの分離分析法は試料に関してある程度の情報が得られていることが前提である．構造解析の段階では，質量分析法を用いて分子サイズと配列を予測するとともに，様々な核磁気共鳴（NMR）スペクトル法を駆使し，糖の構造を決定することが多い．本章では糖質を構造で分類し，それぞれの分離・精製法，化学分析および機器分析法を通じて，糖分析の概要を述べる．

3.1 単 糖

3.1.1 単糖の種類と存在状態

単糖はアルドースとケトースに分類される．代表的な単糖の構造を図3.2に示した．グルコースは自然界にもっとも豊富に存在し，α-グルカンであるグリコーゲンやデンプンは栄養源として重要であり，自然界に最も豊富に存在するアルドヘキソースである．ガラクトースとマンノースも糖タンパク質の構成単糖として重要である．キシロースやアラビノースは植物に広く存在する．酸性糖のうち，ウロン酸はガムなど酸性多糖やグリコサミノグリカンを構成する．グルクロン酸やガラクツロン酸，イズロン酸などが構成糖として重要である．アミノ糖としてはグルコサミンとがラクトサミンが広く存在する．しかし，遊離のアミノ糖として存在することは希で，アミノ基は常に

アセチル化あるいは硫酸化されている．比較的分子量の大きな単糖としては九炭糖のシアル酸がある．アミノ基の置換基によって N-アセチルノイラミン酸や N-グリコリルノイラミン酸，さらに骨格構造の異なるデアミノノイラミン酸（KDN：2-deoxy-D-glycero-D-galacto-2-nonulopyranosonic acid）などが知られ，これらは，哺乳類の糖タンパク質，魚卵，細菌酸性多糖などに広く存在する．KDN を除くシアル酸はアルドラーゼで処理すると N-アシルマンノサミンとピルビン酸になる．これらの構成単糖の構造的な特徴に基づいた比色法がそれぞれ開発されており，これらを上手く組み合わせることで糖の構造や種類を推定することができる．

3.1.2 比色定量

糖は銅イオンや銀イオンを還元する性質をもつ．糖に濃硫酸を加えると反応性の高いフルフラールを生成し，フェノールなどの様々な発色試薬と反応し，有色の生成物を与える．また，過ヨウ素酸で酸化すると隣接したヒドロキシ基をもつ炭素結合間が特異的に酸化・開裂されるので，糖の構造に応じたユニークなジアルデヒド性化合物が生成する．アルデヒドも反応性に富むので，様々な呈色反応に利用される．本項ではこれら糖類の比色分析法の中からよく利用されるものを，用途や糖の種類に分類してまとめる．なお，それぞれの反応で夾雑物によって発色が妨害を受けることがあることを考慮されたい．

a. 糖の総量推定法

比色定量のおもな目的は糖類の分離精製のモニタリングである．例えば，クロマトグラフィーを用いると糖のサイズや種類に応じて分離できるが，糖の検出が問題となる．沪紙クロマトグラフィー（paper chromatography）では沪紙が多糖なので呈色法は限られるが，薄層クロマトグラフィー（TLC：thin-layer chromatography）では様々な呈色試薬を利用できる．また，カラムクロマトグラフィーを行っている場合，それぞれの分画の糖含量を測定する必要がある．試料に含まれる糖の種類に応じて比色分析を行う．例えば，糖含量の測定はもっぱらオルシノール硫酸法，フェノール硫酸法が用いられる．さらに，シアル酸量はチオバルビツール酸法，中性糖はオルシノール硫酸法，アンスロンによるヘキソースの分析，カルバゾールを使ったウロン酸の分析，レゾルシノールによる結合型シアル酸の定量法などがよく利用される．

b. 比色定量法

（ⅰ）銀染色法（糖全般：沪紙クロマトグラフィー用）

試　薬：(A) 飽和硝酸銀水溶液（用時調製，0.1 mL をアセトン 20 mL に加え，少量

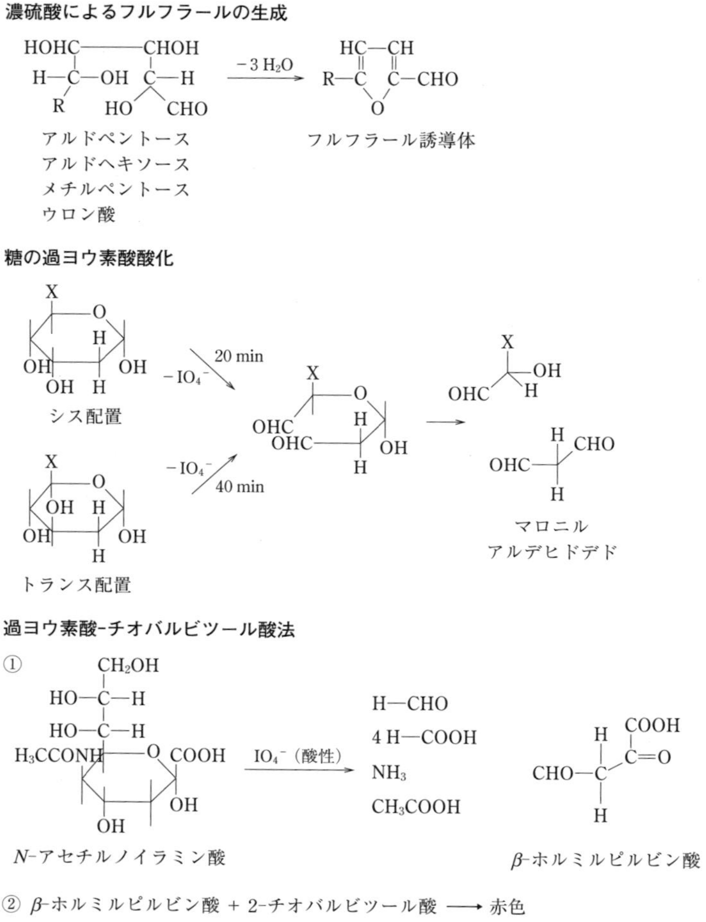
濃硫酸によるフルフラールの生成
−3 H_2O
アルドペントース
アルドヘキソース
メチルペントース
ウロン酸
フルフラール誘導体
糖の過ヨウ素酸酸化
20 min
40 min
シス配置
トランス配置
マロニル
アルデヒドデド
過ヨウ素酸-チオバルビツール酸法
①
IO_4^-（酸性）
H—CHO
4 H—COOH
NH_3
CH_3COOH
N-アセチルノイラミン酸
β-ホルミルピルビン酸
② β-ホルミルピルビン酸 + 2-チオバルビツール酸 ⟶ 赤色

図 3.3　比色定量に用いられる反応

の水を加えて溶解させる)，(B) 0.5 mol L^{-1} 水酸化ナトリウム-エタノール溶液，(C) 5% チオ硫酸ナトリウム水溶液．

操　作：展開後に乾燥させた沪紙を (A) 液に浸し，乾燥させたら，ただちに (B) 液に浸し，糖の発色が落ち着いたら (C) 液に浸して，バックグラウンドの着色を抑える．

(ii)　オルシノール硫酸法（中性糖：TLC 用）

試　薬：水 25 mL に濃硫酸 450 mL を冷却しながら加え，さらにオルシノール 0.9 g を加えて溶かす．

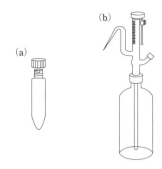

図 3.4 比色定量に使用するガラス器具
(a) ねじ蓋付試験管　(b) 試薬分注器

操　作：展開後の薄層板を乾燥し，上記の試薬を噴霧し，100～130℃で加温する．

以下の反応を行う際，反応容器には試験管あるいはスクリュー管を用いる（図3.4）．
　濃硫酸を用いる系では攪拌時に加熱を伴うので，傷のない試験管を用いる．試薬の添加にはマイクロピペットを用いてもよいが，恒常的に用いる場合はガラス製の自動分注器を用いるとよい．試薬添加後はただちにボルテックスミキサーを使って均一な溶液とし，所定の測定を行う．また，フラクションコレクターなどで採取した試料を連続して測定する場合は，測定間でセルを洗わずに，沪紙のような厚紙に伏せて，残った液を除くとよい（この場合，沪紙片が入ると発色する．セルの口をすばやく数回，重ねた厚紙に押し当てる）．

（iii）**オルシノール硫酸法**（中性糖：一般）

試　薬：(A) 蒸留水 35 mL に，氷冷下，濃硫酸 65 mL を徐々に加える．(B) オルシノール 1.6 g を蒸留水 70 mL に溶解後，氷冷下，濃硫酸 30 mL を加える．

操　作：試料 0.2 mL に (A) 液 1.4 mL を穏やかに加え，氷冷下で 10 min 混和し，(B) 液 0.25 mL を加え，混和した後，80℃で 20 min 加熱し，470 nm の吸光度を測定する．

（iv）**フェノール硫酸法**（還元糖一般）

試　薬：(A) 80% フェノール水溶液，(B) 濃硫酸．

操　作：試料 2.0 mL（グルコースとして 10～70 μg）に (A) 液 50 μL を加え，(B) 液 5 mL を速やかに加え，よく攪拌する．490 nm の吸光度を測定する（試料が 200 μL 以下の場合は 5% フェノール 1 mL を用いる）．

（v）**アンスロン硫酸法**（還元糖一般）

試　薬：水 25 mL に濃硫酸 95 mL を氷冷しながら加え，さらにアンスロン 0.2 g を加えて溶かす．

操　作：試料（糖として 5〜50 μg）1 mL に，上記の試薬 5 mL を加え，沸騰水浴上で 15 min 加熱し，冷却後，620 nm の吸光度を測定する．

（vi）　過ヨウ素酸-チオバルビツール酸法（2-デオキシ糖，シアル酸）

試　薬：(A) 2-チオバルビツール酸 0.71 g，1 mol L^{-1} 水酸化ナトリウム 0.7 mL を温水に加えて溶解し，100 mL とする．(B) 過ヨウ素酸 0.48 g を 0.0625 mol L^{-1} 硫酸に溶かして 100 mL とする．(C) 亜ヒ酸ナトリウム 2 g を 0.5 mol L^{-1} 塩酸に溶解し，100 mL とする．(D) イソアミルアルコール-濃塩酸（1：1，v/v）．

操　作：2-デオキシ糖（0.04〜2.5 μg）を含む試料 0.7 mL に (B) 液 0.1 mL を加えて室温で 20〜40 min 放置する．(C) 液 0.2 mL を加えて混合し，(A) 液 2.0 mL と混合して沸騰水浴上で 20 min 加熱する．(D) 液 5 mL を加えてよく混ぜ，上層の吸光度を 532 nm で測定する．

（vii）　Ehrlich 法（シアル酸）

試　薬：p-(N,N-ジメチルアミノ)ベンズアルデヒド 5 g を濃塩酸-水（1：1，v/v）100 mL に溶かす．

操　作：試料（シアル酸として 200〜400 μg）5 mL に上記の試薬 1.0 mL を加え，100 ℃で 30 min 加温する．冷却後，549 nm の吸光度を測定する*1．

（viii）　レゾルシン-Cu^{2+}-塩酸法（シアル酸，ケトース，Svennerholm 法とよばれる）

試　薬：(A) レゾルシン 0.2 g を水 10 mL に溶かし，濃塩酸 80 mL および 1 mol L^{-1} 硫酸銅水溶液 0.25 mL を加え，全量を 100 mL とする．(B) イソアミルアルコール．

操　作：試料 2.0 mL（シアル酸として 1〜30 μg）に (A) 液 2.0 mL 加え，沸騰水浴上で 15 min 加熱する．冷却後，(B) 液 5.0 mL を加えて混合・遠心分離し，上層の 580 nm の吸光度を測定する．ヘキソースが共存する場合は 450 nm の吸光度を使って補正する．

（ix）　カルバゾール法（ウロン酸）

試　薬：(A) 四ホウ酸ナトリウム（Na$_3$B$_4$O$_7$・10 H$_2$O）0.95 g を温水 2 mL に溶かし，氷冷下，濃硫酸 98 mL を穏やかに加える．(B) カルバゾール 125 mg をエタノール 100 mL に溶かす．

操　作：試料 125 μL（グルクロン酸*2 として 1〜6 μg）に (A) 液を 750 μL 加えてよく混和した後，氷冷し，さらに (B) 液を 25 μL 加え，沸騰水浴上で 10 min 加熱す

---

*1　感度は悪いが結合型，遊離型のシアル酸をともに測定可能である．
*2　注意：イズロン酸はグルクロン酸の 83% の感度を示す．ヘキソースやペントースも数% 程度の感度を示す．

る．氷冷した後，530 nm の吸光度を測定する．

(x) **Elson-Morgan 法**（アミノ糖）

試　薬：(A) アセチルアセトン 1.5 mL に 2.5 mol L^{-1} 炭酸ナトリウムを加えて全量 50 mL とする．(B) p-(N,N-ジメチルアミノ)ベンズアルデヒド 1.6 g を濃塩酸 30 mL に溶かし，エタノール 30 mL と混和する．(C) 96％ エタノール．

操　作：ヘキソサミン[*3]（10〜100 μg）水溶液 0.5 mL に (A) 液 1 mL を加え，沸騰水浴中で 1 h 加熱する．冷却後，(B) 液 1 mL および (C) 液 10 mL を加えて混和し，室温で 1 h 放置後，535 nm の吸光度を測定する．

(xi) **酵素法**　グルコース（Glc）/フルクトース（Fru）決定法ではヘキソキナーゼ/アデノシン三リン酸（ATP）を使って Glc をグルコース 6-リン酸（Glc-6-P）に変換する．これにニコチンアミドアデニンジヌクレオチドリン酸（NADP$^+$）と Glc-6-P-デヒドロゲナーゼを作用させて 340 nm の吸光度を測定する．Fru は Glc に酵素変換して同様に定量できる．また，あらかじめ α-グルコシダーゼで処理すればオリゴ糖であるマルトース（Mal）やスクロース（Suc）についても，それぞれ Glc, Fru と Glc に変換できるので，同様に定量が可能となる．酵素や免疫系を利用した測定法も数多く報告されており，特定の単糖やオリゴ糖の解析に有効である．

c.　旋光度

通常はナトリウム D 線（589.3 nm）を使い，20 ℃ で測定する．旋光度 $\alpha = [\alpha] l c/100$（$l$：層長 mm，$c$：試料濃度 g mL^{-1}）より定量可能である．各糖の比旋光度 $[\alpha]$ の一覧は生化学データブック[1]などに記載されている．

d.　糖の分離分析法

糖の分離法としては沪紙クロマトグラフィー，TLC，GC などが用いられてきた．TLC は糖を未標識のまま展開し，任意の方法で呈色できることから，日常的な分析に用いる．その後現れた高性能 TLC（HPTLC：hight performance TLC）では定量分析への応用も多く報告されている．簡便で分離能が高いが，分子量の小さなオリゴ糖や糖脂質などを除けば，分子量の大きな糖類の分離法として十分な分離能を得ることは難しい．一方，GC は分離能は高いものの，糖の揮発性を高めるためにトリメチルシリル化，アルキルエーテル化やエステル化などの誘導体化が必要となり，分析対象も単糖から三糖程度に限られる．

一方，HPLC や CE 法はその高い分離能から様々な糖類の分離に利用されている．ま

[*3]　ヘキソサミンは，通常 4 mol L^{-1} 塩酸で 100 ℃，4 h 加水分解し，乾燥させたものを使用する．

た,糖の分析キットとして様々な蛍光標識試薬のセットが市販されている.現在では糖分析に標準的に用いられる.本項では単糖分析に限って様々な分離分析法の概要を述べる.

（i） **沪紙クロマトグラフィー**　安価で再現性に優れた分離法であり,単糖やオリゴ糖の同定や分離・精製にも用いる.沪紙にはWhatman社のNo.1, No.3, 3MMやアドバンテック東洋株式会社のNo.50, No.51, No.53, No.54などが利用される.このうち,厚手の沪紙であるWhatman No.3や3MMあるいは東洋のNo.50などは糖の分離精製に適している.展開溶媒は分離対象によって次のようなものが利用される[ブタノール-ピリジン-水（5：3：2, 6：4：3）,酢酸エチル-ピリジン-水（12：5：4, 10：4：3, 2：1：2, 8：2：1）,ブタノール-酢酸-水（2：1：1, 5：1：2, 4：1：5）,酢酸エチル-酢酸-ギ酸-水（9：1.5：0.5：2）, 2-プロパノール-ピリジン-水-酢酸（8：8：4：1）,ブタノール-エタノール-水（4：1.1：1.9, 5：2：5）,酢酸エチル-プロパノール-水（5.7：3.2：1.3, 1：7：2）].なお,R_f値の低いオリゴ糖を分離する際には多重展開するか,下降法を用いる.また,発色には後述の銀染色などを利用する.本項では下降法の操作手順を述べる.

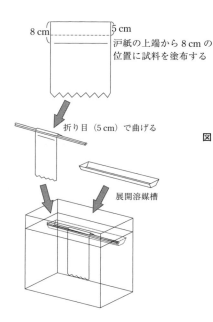

図 3.5　沪紙クロマトグラフィーの操作手順
［注意点］
・試料溶液は2%以下の濃度とし,希薄な試料溶液の場合はドライヤーで乾燥させながら繰り返しスポットする.
・試料の精製を行う場合は,バンド状に試料溶液を染み込ませるが,両端2 cmはスポットしない.
・特にオリゴ糖の精製など,数日にわたって溶媒を流し切りながら展開を行う場合は,沪紙の下端を鋸歯状に切り込みを入れておくと試料スポットの偏りが起こりにくい.
・展開中は直射日光が当たったり,温度変化がないように,居室内の一角で展開槽全体を布で覆うなどするとよい.

下降法（図 3.5）： 事前に沪紙のサイズに合った展開槽を用意する．市販品も利用できる．

① 展開前に展開槽を展開溶媒蒸気で飽和させておく．展開槽の底部に沪紙を敷き，少量の展開溶媒を染み込ませて一晩放置する．
② 沪紙の一端から 5 cm（展開溶媒に漬けるための折り曲げ線）および 8 cm（試料スポット線）に鉛筆で線を引く．
③ 汚さないように大きな紙の上で，マイクロピペットあるいは先端を細くしたパスツールピペットを用いて試料溶液をスポットする．
④ 折り曲げ線にそって沪紙を折り，2 本のガラス棒で挟み両端を輪ゴムなどで固定し，先端を展開溶媒槽に浸るようにセットし，蓋を閉める．
⑤ しばらく放置して平衡に達したら，展開溶媒槽に展開溶媒を注ぎ込み，展開を開始する．
⑥ 展開後は，ドライヤーの冷風あるいはドラフトの扉などに固定して，送風乾燥させる．
⑦ 前節で述べた硝酸銀発色法などを使って発色させる．

（ii）**高圧沪紙電気泳動法**　　従来，沪紙電気泳動はオリゴ糖や糖タンパク質糖鎖の分離に利用されてきた．分離は沪紙クロマトグラフィーよりもスポットの収斂がよく，オリゴ糖の分離も良好である．市販の装置を使うのが好ましいが，特に高い電圧で分離を行う場合は冷却機能が必要となる．泳動液に塩基性のホウ酸緩衝液や中性のフェニルボロン酸緩衝液を使用すると，中性の単糖やオリゴ糖を分離できる．検出は沪紙クロマトグラフィーに準じる．

（iii）**TLC**　　固定相にはシリカゲルの他にセルロースもよく用いられる．セルロースプレートを使うと沪紙クロマトグラフィーと同様の分離が得られる．シリカゲルプレートを用いる場合，ブタノール-2-プロパノール-水（6：7：2, v/v），クロロホルム-メタノール混合液やアセトニトリル-水混合液を使って分離する．さらに分離を向上させるために，シリカゲルプレートに 30 mmol L^{-1} ホウ酸，0.2 mol L^{-1} 酢酸ナトリウムなどを均一に噴霧し，風乾後，100～120 ℃で 1 h 加熱してから使用することもある．ホウ酸で処理した場合はメタノール-クロロホルム-アセトン-濃アンモニア水（42：16.5：25：16.5, v/v），酢酸ナトリウム処理ではアセトン-水（9：1, v/v）などを用いて展開する．シリカゲル TLC では呈色試薬には濃硫酸，オルシノール-硫酸試薬，ジフェニルアミン-アニリン試薬（セルロースにも利用可）など様々な方法を利用できるうえ，分離時間も短くなるが，R_f 値の再現性は悪い（表 3.1）．

表 3.1 中性糖の多重展開の例とアミノ糖の分離

	R_f 値				R_{Glc} 値
	1	2	4		
グルコース	0.35	0.56	0.75	グルコサミン	0.76
ガラクトース	0.31	0.50	0.70	ガラクトサミン	0.69
マンノース	0.41	0.62	0.79	マンノサミン	0.80
フルクトース	0.40	0.61	0.79	アロサミン	0.66
キシロース	0.47	0.68	0.84	タロサミン	0.75
アラビノース	0.41	0.62	0.79	グロサミン	0.77
セロビオース	0.23	0.38	0.56	フコサミン	1.00
イソマルトース	0.19	0.32	0.48	キシロサミン	1.00
ゲンチオビオース	0.19	0.31	0.49	ムラミン酸	0.76
ラクトース	0.18	0.30	0.47	N-アセチルグルコサミン	1.30
メリビオース	0.16	0.27	0.43	N-アセチルガラクトサミン	1.21
マルトース	0.25	0.41	0.60	N-アセチルマンノサミン	1.36
マルトトリオース	0.17	0.28	0.45	N-アセチルアロサミン	1.32
マルトテトラオース	0.10	0.19	0.31	N-アセチルタロサミン	1.45
マルトペンタオース	—	0.12	0.20	N-アセチルグロサミン	1.42
マルトヘキサオース	—	—	0.14	N-アセチルフコサミン	1.61
マルトヘプタオース	—	—	0.10	N-アセチルキシロサミン	1.62
				N-アセチルフルクトサミン	1.44

溶媒：ブタノール–ピリジン–水（6：4：3），R_f 値の欄の 1, 2, 4 の数字は多重展開の回数を示す．

糖アルコールとウロン酸の分離（Whatman No.1）

	R_f 値	
	ブタノール–酢酸–水 (4：1：5)	ブタノール–エタノール–水 (4：1：5)
グルコース	0.19	0.19
ソルビトール	0.18	0.17
マンニトール	0.21	0.20
アラビトール	0.22	0.26
キシリトール	0.20	0.24
リビトール	0.25	0.28
エリトリトール	0.35	0.31
グリセロール	0.48	—
エチレングリコール	0.64	—
イノシトール	0.09	0.07
ラムノース	—	0.35
グルクロン酸	0.12	—
ガラクツロン酸	0.14	—
グルクロラクトン	0.32	—

3.1 単糖

（iv）**HPLC**　単糖やオリゴ糖の分離分析を目的として様々な分析システムが開発された．糖をそのまま検出するには，(1) 示差屈折率計，(2) 蒸発光散乱検出器，(3) ポストカラム誘導体化，(4) 金電極を用いるパルスアンペロメトリーなどが用いられる．このうち，(1) はあらゆる物質を検出できるので選択性がなく，グラジエント溶出が困難なうえ，試料も移動相と同じ溶媒に溶解しなければならないなど制約が多い．(2) は (1) よりも感度が高く，揮発性移動相ならば何でも用いることができる．(3) は移動相の組成によっては発蛍光性が著しく阻害されることがある．

単糖やオリゴ糖を標識せずに分離すると，アノマー化によってピークが広がる．アノマーの分離を防ぐにはカラム温度を上げる，あるいはアノマー化の速度を高めるために強酸性の移動相を用いることが考えられる．単糖をヒドロキシ基の配向に従って分離するには，糖鎖と相互作用する官能基をもった固定相を用いる必要がある．(4) は HPAEC-PAD 法として，遊離の単糖やオリゴ糖を分析するための専用システムが販売されている．高感度ではあるが，移動相に強塩基を用いるので，ポンプを含めて専用装置を用いる必要がある．また，分離した糖を回収するとエピマー化などの異性化を伴うことが知られる．それぞれ長所短所があるので，目的に応じたシステムを選択しなければならない．その一方で，HPLC の汎用システム，すなわち，紫外部吸収や蛍光検出からなる装置を用いて糖を分析する場合，糖類に特異な発色性をもたせる必要がある．誘導体化を行って検出する方法は，微量の糖類を検出するには欠かせないうえ，誘導体化に伴ってほどよく疎水性が付与されるので，逆相系や順相系の分配モードによる分離が可能となる．しかし，操作が煩雑であるうえ，誘導体化時の反応効率や誘導体の回収率などによって定量性や再現性が悪くなることがあるので，操作に習熟が必要となる．そのため，一般にプレカラム誘導体化法はポストカラム誘導体化法に比べると再現性が劣る．

（1）**金属イオン型イオン交換カラムによる糖の配位子交換クロマトグラフィー**：
糖のヒドロキシ基はアルカリ土類金属イオンや種々の遷移金属イオンに配位する性質がある．したがって，陽イオン交換カラムをこれら金属イオン型として用いると糖類をその配位能に応じて分離できる．このモードでは移動相に純水を用いて分離が達成できるので，示差屈折率計や光散乱検出器と相性がよい．ただし，糖のアノマーが分離されるために，カラム温度を 60～80℃ で一定に保って用いる．また，分離中にカラムの金属イオンが若干，漏れるので，電気化学的検出に用いる場合は，分離カラムの直後に水素イオン型の同系列カラムを接続するなどの工夫が必要となる．

（2）**ホウ酸型イオン交換クロマトグラフィー**：　陰イオン交換カラムと移動相に

ホウ酸緩衝液を用いて，糖類を pH および濃度勾配によって分離する方法が知られる．糖はホウ酸と錯体を形成して強い酸性化合物を与えるので，移動相にホウ酸緩衝液を用いると，糖鎖を酸としてイオン交換カラムで分離できる．ホウ酸と糖の相互作用は pH が高くなるほど強くなる．また，環状の還元糖に比べて直鎖の糖アルコールなどはホウ酸に強く結合することが知られる．そこで，ホウ酸緩衝液の pH および濃度勾配をかけると単糖類の良好な分離が得られる．本モードは分析対象に応じて，移動相組成を調製し，最適な条件を設定できるメリットがある．また，ポストカラム誘導体化法と相性がよいので，単糖類の全自動分析装置として利用される．

【シアノアセタミドポストカラム誘導体化 HPLC】

分析システムの概要を図 3.6 に示す．カラムには高架橋度の水素型陽イオン交換カラム，移動相にはアセトニトリル-水を用いて糖タンパク質の構成単糖である単糖類を分離した例を図 3.7 に示す．なお検出には 2-シアノアセタミドによるポストカラム誘導体化を用いることで，nmol レベルの分析が可能である．

糖タンパク質の構成単糖には，この他に N-アセチルノイラミン酸と N-グリコリルノイラミン酸が知られるが，これらはこの方法では検出できないので，N-アセチルノイラミン酸アルドラーゼを用いて相当するマンノサミン誘導体に変換することで同等に分離できる．

2-シアノアセタミドはメタノールに溶解し，活性炭を加えて脱色した後，メタノー

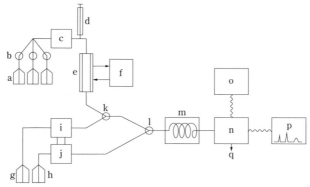

図 3.6 ポストカラム誘導体化 HPLC システム
a：溶離液，b：電磁弁，c：溶離液ポンプ，d：インジェクター，e：カラム，f：カラム恒温槽，g：10% 2-シアノアセタミド，h：0.6 mol L^{-1} ホウ酸 (pH 10.5)，i,j：試薬ポンプ，k,l：ミキサー，m：反応コイル (0.5 mm i.d., 10 m, 100 ℃)，n：検出器，o, p：データコントローラー，q：廃液．

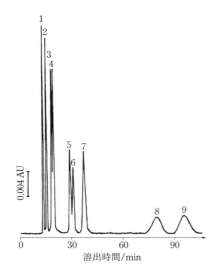

図 3.7 ポストカラム誘導体化 HPLC による単糖の分析例
分析条件 カラム：Shodex DC613, H^+ 型，カラム温度：30 ℃，移動相：92% CH_3CN 水溶液，流　速：0.6 mL min^{-1}，検　出：2-シアノアセタミド（280 nm），試料濃度：5 nmol.
ピーク　1：ラムノース，2：Xyl，3：Fuc，4：Ara，5：Glc，6：Man，7：Gal，8：GlcNAc，9：GalNAc.
[S. Honda, S. Suzuki：*Anal. Biochem.*, **142**, 167 (1984)]

ルから再結晶した．その 10 g を水 100 mL に溶解して用いる．pH 調整用緩衝液としては 0.5 mol L^{-1} ホウ酸カリウム緩衝液（pH 8.5）を用いる．これら 2 種類の試薬溶液をカラムからの溶出液にそれぞれ 0.5 mL min^{-1} の流速で混合し，100 ℃ の反応槽に設置したテフロンチューブ（内径 0.5 mm，長さ 10 m）内で反応させ，その 245 nm の吸光度を検出する．

（3）プレカラム誘導体化法： 後で述べる還元的アミノ化反応を目的とした様々な誘導体化試薬が利用可能である．単糖分析用に *p*-アミノ安息香酸エチル誘導体化キットなどが市販されている．すでに糖を蛍光誘導体化して，逆相系 HPLC で分離する方法もいくつか報告されている．ここでは 3-メチル-1-フェニル-5-ピラゾロン（PMP）を例に取り，誘導体化から実際の分析法を述べる．

【実験例 3.1】 単糖の PMP 誘導体化と HPLC（図 3.8）

試　薬[*4]：(A) 0.5 mol L^{-1} PMP メタノール溶液，(B) 0.3 mol L^{-1} 水酸化ナトリウム水溶液，(C) 0.3 mol L^{-1} 塩酸，(D) 30 mmol L^{-1} 塩酸，クロロホルム．

[*4-1]　PMP はメタノールから再結晶を繰り返し，無色結晶としたものを用いる．
[*4-2]　実験に先立って，(B) 液と (C) 液を同量混合し，中性から酸性を示すことを確認すること．
[*4-3]　糖試料は 5% 酢酸に溶解し，1.5 mL のスクリュー蓋式ポリプロピレン（PP）チューブを用いて凍結乾燥しておく．

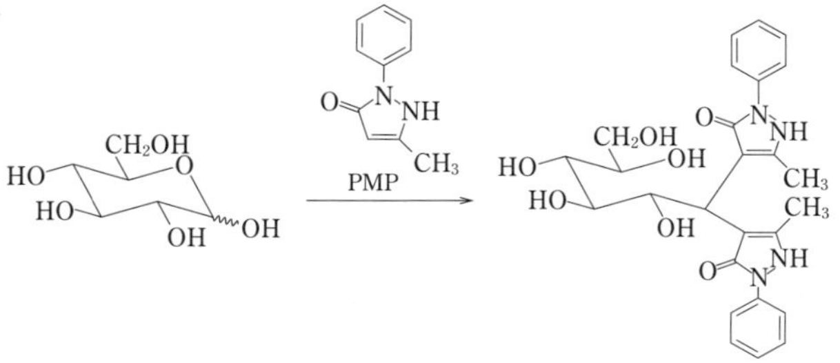

図 3.8 単糖の PMP 誘導体化反応

誘導体化操作：

① 試料に (A) 液および (B) 液をそれぞれ 25 µL 加え，よく撹拌した後，しっかりと蓋をして 70 ℃ のブロックヒーター上で 30 min 加熱する．

② 反応残査に (C) 液 25 µL を加え，撹拌して中和した後，遠心式乾燥機で試料を乾燥させる．なお，PMP は水に溶解しないので，乾燥中に液表面に皮膜をつくり，乾燥が妨害される．乾燥を開始したら，5 min 後に装置を止め，試料を冷却しながら撹拌して，PMP を析出させた後，再び完全に乾燥させる．

③ 残査にクロロホルム 200 µL および (D) 液 50 µL を加え，よく撹拌した後，注射器を用いて下層（クロロホルム層）を完全に吸引する．

④ クロロホルムを加えて撹拌混合，遠心分離，クロロホルム除去の操作をさらに 2 回繰り返す．

⑤ 水層は再び，凍結乾燥を行う．

HPLC（図 3.9）：分析条件　カラム：資生堂 Capcell Pak C18（内径 4.6 mm，長さ 250 mm），移動相：100 mmol L^{-1} リン酸塩緩衝液（pH 7.0）-アセトニトリル（82：18，v/v），流　速：1.0 mL min^{-1}，検　出：紫外部吸収 245 nm．

(4) HPAEC-PAD 法（図3.10～図3.12）：　多くの中性糖の pK_a は 12～13 の範囲にあり，高い pH 域では，電離して陰イオンとしての性質を示す（表3.2）．したがって，水酸化ナトリウム水溶液のように極めて高い pH の移動相を用いると，中性糖を陰イオンとしてイオン交換カラムで分離できる．Thermo Fisher Scientific-Dionex 社の HPAEC-PAD 装置は数少ない糖分析専用システムである．検出器にはもっぱら金電極を装着したパルスアンペロメトリーが用いられる．カラムにはラテックス型とよばれるスルホン酸型のペリキュラー樹脂に第四級アンモニウムをイオン結合させたものが用いられており，単糖やオリゴ糖に対して極めて高い分離能を示す．糖タンパク質

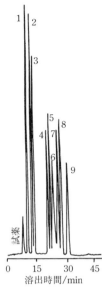

分析条件 カラム:資生堂 Capcell Pak C18(内径 4.6 mm, 長さ25 cm),
移動相:0.1 mol L^{-1} リン酸塩緩衝液(pH 7.0)-CH$_3$CN (82:18), 流 速:1.0 mL min^{-1},
検 出:245 nm, 試料濃度:2 nmol.
1:Man, 2:リキソース, 3:ラムノース, 4:GlcNAc, 5:Glc, 6:GalNAc, 7:Gal, 8:Ara, 9:Fuc.

図 3.9 PMP 誘導体化単糖の HPLC
[S. Honda, E. Akao, S. Suzuki, M. Okuda, K. Kakehi, J. Nakamura:*Anal. Biochem.*, **180**, 351 (1989)]

表 3.2 単糖の pK_a (25 ℃ 水中)

	pK_a		pK_a
D-グルコース	12.35	ラクトース	11.98
2-デオキシグルコース	12.52	マルトース	11.94
D-ガラクトース	12.35	ラフィノース	12.74*
D-マンノース	12.08	スクロース	12.51
D-アラビノース	12.43	D-フルクトース	12.03
D-リボース	12.21	D-グルシトール	13.57*
2-デオキシリボース	12.67	D-マンニトール	13.50
D-リキソース	12.11	グリセロール	14.40
D-キシロース	12.29		

*18 ℃ で測定.

を加水分解して得られる単糖 6 種類が完全に分離される(図 3.10).移動相には単糖の場合は 16 mmol L^{-1} の水酸化ナトリウム水溶液が用いられる.一方,キシロースを含む植物由来単糖の分離では 1 mmol L^{-1} 水酸化ナトリウム-0.03 mmol L^{-1} 酢酸ナトリウムが利用される.また,シアル酸のような酸性糖の分離溶出には高濃度のアルカリ溶液が必要であり,50 mmol L^{-1} 水酸化ナトリウム水溶液に 20~200 mmol L^{-1} 酢酸

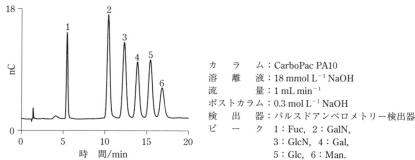

図 3.10 HPAEC-PAD による単糖の分析：中性糖とアミノ糖
[Thermo Fisher Scientific-Dionex 社提供]

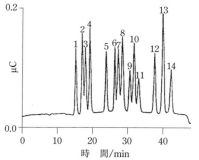

カ ラ ム：CarboPac MA1
溶 離 液：70 mmol L^{-1} NaOH, 5 min
　　　　　700 mmol L^{-1} NaOH, 30 min
流　　量：0.4 mL min^{-1}
検 出 器：パルスドアンペロメトリー検出器
ピ ー ク　1：フシトール　　　8：ガラクチトール
　　　　　2：GalNAc-ol　　　9：GlcNAc
　　　　　3：GlcNAc-ol　　　10：マンニトール
　　　　　4：Xyl　　　　　　11：GalNAc
　　　　　5：アラビトール　　12：Man
　　　　　6：Fuc　　　　　　13：Glc
　　　　　7：ソルビトール　　14：Gal

図 3.11 HPAEC-PAD による単糖の分析：糖アルコール
[Thermo Fisher Scientific-Dionex 社提供]

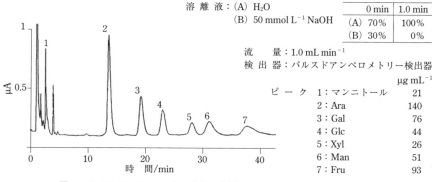

図 3.12 HPAEC-PAD による単糖の分析：インスタントコーヒー中の糖
[Thermo Fisher Scientific-Dionex 社提供]

ナトリウムの濃度勾配溶出が利用される．検出用の金電極の表面に塩基性で生成した酸化金が触媒となって糖の酸化が起こり，酸化に伴って発生する電流を測定することで糖が検出される．したがって，糖の種類に関係がなく，糖アルコールでも検出が可能である（図3.11）．検出感度は pmol オーダーである．

（v） CE 　　CE は，先に述べた HPLC とともに糖類の分離分析法として欠かせない．しかし，標準的な方法はなく，ユーザーが目的に応じて組み合わせて選択することになる．本項では，単糖の分離に利用される CE の分離モードと検出法を具体例とともに述べる．

（1） 分離モード： 　糖類のうち，ウロン酸やアルドン酸，シアル酸，アミノ糖，硫酸化糖のように，電荷をもつ糖類は電気泳動による分離の対象となるが，ほとんどの中性オリゴ糖はそのままでは分離できない．そこでキャピラリー内で動的に糖をイオンへと誘導し，分析する必要がある．様々な方法があるが，ホウ酸塩緩衝液を用いる方法は，糖のヒドロキシ基の配向に応じた分離が得られることから，単糖の分離でもっとも広範に利用されている．

（2） ホウ酸錯体としての分離： 　図3.13 に示すように，塩基性のホウ酸塩緩衝液中で糖類はホウ酸と結合して五員環ないし六員環構造の錯イオンを形成する．

　ホウ酸は極めて弱い酸であるが，生成した糖-ホウ酸錯イオンは強い酸性を示すので，電場の中ではホウ酸錯体の安定性が高い糖類ほど陽極へ強く泳動される．さらに，ホウ酸は pH やその濃度が高くなるとポリオキシ酸に変化するため，ホウ酸緩衝液の

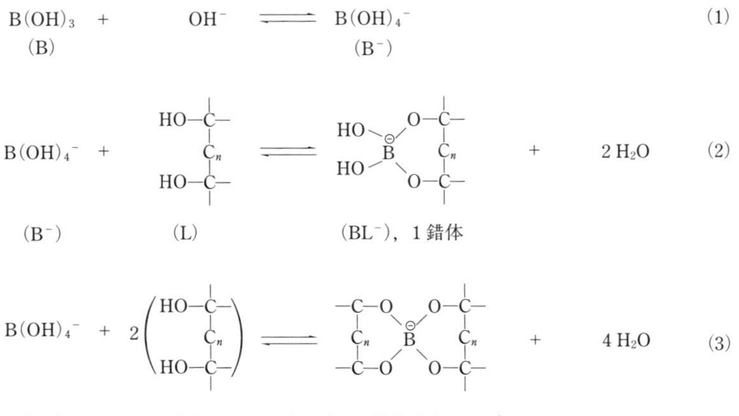

$$B(OH)_3 + OH^- \rightleftharpoons B(OH)_4^- \qquad (1)$$
$$(B) \qquad\qquad\qquad (B^-)$$

$$B(OH)_4^- + \underset{(L)}{\text{HO-C}\!\!-\!\!\underset{n}{\text{C}}\!\!-\!\!\text{C-OH}} \rightleftharpoons \underset{(BL^-),\,1\,錯体}{\text{HO}\!\!>\!\!\text{B}\!\!<\!\!\overset{O-C}{\underset{O-C}{}}\!\!-\!\!\underset{n}{\text{C}}} + 2\,H_2O \qquad (2)$$

$$B(OH)_4^- + 2\left(\text{HO-C}\!\!-\!\!\underset{n}{\text{C}}\!\!-\!\!\text{C-OH}\right) \rightleftharpoons \text{錯体} + 4\,H_2O \qquad (3)$$
$$(B^-) \qquad (L) \qquad\qquad (BL^-),\,2\,錯体またはスピラン$$

図 3.13　糖とホウ酸の反応

濃度やpHによって，糖類の分離も変化する．一般に200 mmol L^{-1}ホウ酸緩衝液（pH 9.5）のような，濃度とpHが高い緩衝液が単糖類の分離には適しているようである．ホウ酸との錯体の形成能は糖のヒドロキシ基の配向に依存する．特に直鎖のポリアルコール構造を有するソルビトールやシアル酸などはホウ酸と強く結合する．一方，環状糖とホウ酸の錯体形成能は糖アルコールに比べて弱い．しかし，後述のように還元的アミノ化反応を用いて糖類を誘導体化すると，還元末端の糖は開環するので，ホウ酸と相互作用しやすくなる．ホウ酸塩緩衝液を使った単糖類の分離例が数多く報告されている．ホウ酸と同様にフェニルボロン酸も糖と複合体を形成するが，ボロン酸は安定性や特異性が異なる．また，中性付近で複合体形成能が高いことも知られる．フェニルボロン酸は水に対する溶解度が低く，紫外部吸収のある化合物ではあるが，中性付近で糖を分離する場合には有効な選択肢である．

(3) ホウ酸モードによる糖の分離 前述のPMPで誘導体化した単糖混合物の分離例を図3.14に示す．200 mmol L^{-1}ホウ酸塩緩衝液（pH 9.5）を用いることで，すべてのアルドヘキソース混合物やアルドペントース類を分離できる．また，糖タンパク質の構成単糖も同様の条件で分離できる．塩基性の緩衝液を用いると電気浸透流が速くなるうえ，pHが10を超えると，キャピラリーの表面電荷もほぼ極大に達する．CEでは電気浸透流の再現性による泳動時間の変動が問題となることがあるが，本分離モードでは高い再現性が得られる．

(4) 高pH泳動液を使った分離 糖のヒドロキシ基は非常に弱い酸としての性質を有するので，強塩基性条件下では電離してアルコキシドイオンとなり，酸性を示す．糖鎖のアノマー炭素に結合したヒドロキシ基は比較的電離しやすく，そのpK_aは

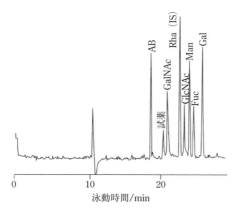

図 3.14 PMP誘導体化単糖のホウ酸塩緩衝液による分離
分析条件 キャピラリーサイズ：50 μm i.d., 78 cm，泳動液：200 mmol L^{-1}ホウ酸塩緩衝液（pH 9.5），印加電圧：15 kV，検出：245 nm
[S. Honda, S. Suzuki, A. Nose, K. Yamamoto, K. Kakehi：*Carbohydr. Res.*, **215**, 193 (1991)]

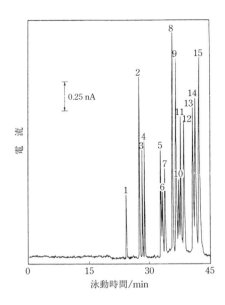

図 3.15 遊離糖の強塩基性条件下における分離
分析条件 泳動液：100 mmol L^{-1} 水酸化ナトリウム，キャピラリー：50 μm i.d., 73 cm, 印加電圧 11 kV. ピーク 1：トレハロース，2：スタキオース，3：ラフィノース，4：ショ糖，5：乳糖，6：ラクツロース，7：セロビオース，8：Gal, 9：Glc, 10：ラムノース，11：Man, 12：フルクトース，13：Xyl, 14：タロース，15：Rib.
[L.A. Colon, R. Dadoo, R.N. Zare: *Anal. Chem.*, **65**, 476 (1993)]

12〜13 程度である．糖アルコールは電離しにくく，pK_a は 13.5〜14.5 である．したがって，水酸化ナトリウム水溶液などの強塩基水溶液を泳動液にすると，糖類を酸として分離することができる．この方法は，電気化学的検出法と組み合わせて利用されることが多い．図 3.15 に示すように，非常に良好な分離例が報告されている．

(5) その他の分離モード： リン酸などのオキソ酸は糖のヒドロキシ基と相互作用する．多くの多価金属イオンも糖のヒドロキシ基と配位結合を形成し，陽イオン性錯体をつくる．糖類を蛍光性試薬などで誘導体化すると，疎水性が付与されるので，ミセル動電クロマトグラフィーによる分離が可能となる．

(6) 検出法：

1. 遠紫外部検出法：HPLC で述べたように，糖を誘導体化せずに検出することは難しいが，185〜200 nm の吸光度を利用すれば検出が可能となる．泳動液にホウ酸緩衝液を用いると糖-ホウ酸錯体が形成されて紫外部吸収が 2〜50 倍増大するといわれている．ただし，ウロン酸やアセチル化糖を含むオリゴ糖などを除けば，それほど高い感度は得られない．

2. 間接検出法：適切な発色団をもたない化合物群の分析に広く利用される．特に試料の誘導体化を必要としない簡便な検出法である．間接検出法では，試料と同符号の電荷をもつ蛍光性あるいは光吸収性化合物を少量含む泳動液を用いる．泳動に伴っ

て泳動液に一様に分布する検出用試薬が試料バンド域では排除され，部分的に検出試薬の濃度が低下し，これに伴って負のシグナルを与える．通常の検出装置は負のピークに対する応答幅が狭いが，市販の装置には，この間接検出用モードを備えているものもある．間接検出における感度は置換機構における交換効率や検出試薬の SN 比に比例することが知られる．よって，なるべく検出感度の高い検出試薬を用いるのがよい．

例えば，光源にヘリウムカドミウム（He-Cd）レーザー（442 nm），間接検出用泳動液に 1 mmol L^{-1} クマリン 343（pH 11.5）を用いた場合では，糖類は酸として分離され，検出感度は fmol レベルである．同様にアルゴン（Ar）レーザーを光源に用いる系では，検出試薬にフルオレセインが利用される．一方，間接紫外部検出法としてソルビン酸が多用される．ソルビン酸は吸光係数が大きく（$\varepsilon = 27800$ mol^{-1} L cm^{-1}，256 nm），糖質との置換効率も高い．6 mmol L^{-1} ソルビン酸（pH 12.1）を泳動液に用いたときの検出限界は pmol オーダーであり，酸性糖の分析に用いた例では，検出下限は amol オーダーである．

3. **電気化学的検出法**：糖類を誘導体化せずに検出することができ，アンペロメトリー検出およびパルスアンペロメトリー検出の 2 種類がある．糖類はそのままでは酸化されにくい．そこで，作用電極には金や白金，あるいはニッケルなどの金属電極を用いる．これら金属電極に電圧を印加した際にその表面に生成する金属酸化物が触媒となって糖を酸化し，この反応に伴う電流値の変化を測定し，検出する．金などは酸化されにくいが，強塩基性では電極の表面が酸化され，糖を検出する際の触媒として機能する．強塩基性泳動液と組み合わせて利用される．電気伝導度検出器はイオン分析でよく利用されるが糖類の検出にも利用されており，CE 専用の装置が市販されている．検出感度は fmol 程度である．

4. **蛍光および吸光検出用誘導体化法**：夾雑物の妨害が懸念される場合は，先に述べた HPLC の場合と同様，蛍光誘導体化などが利用される．市販の CE 装置にはレーザー光源を使った検出システムを採用した装置が多いので，波長を考慮した誘導体化が必要となる．本項では 8-アミノピレン-1,3,6-トリスルホン酸について紹介する．本試薬で誘導体化した糖は強い負電荷をもち，Ar レーザーの発振周波数で励起することから感度よく分析できる（図 3.16）．

一般に分離モードとしては，単糖ならば 200 mmol L^{-1} ホウ酸塩緩衝液（pH＞10）を，誘導体化後の単糖およびオリゴ糖誘導体では 50 mmol L^{-1} 硫酸ドデシルナトリウム（SDS）/30 mmol L^{-1} トリスホウ酸塩緩衝液（pH～7）などを用いたミセル動電クロ

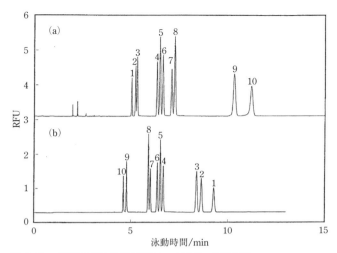

図 3.16 APTS 誘導体化単糖類のキャピラリー電気泳動
分析条件 キャピラリー：20 μm i.d., 27 cm, 泳動液：(a) 100 mmol L^{-1} 酢酸ナトリウム，pH 5.0, (b) 120 mmol L^{-1} MOPS (3-(N-モルホリノ)プロパンスルホン酸)，pH 7.0, 印加電圧：25 kV, 検　出：Ar レーザー励起蛍光検出.
ピーク　1：Xyl, 2：Ara, 3：Rib, 4：フコース, 5：ラムノース, 6：Glc, 7：Gal, 8：Mon, 9：GlcNAc, 10：GalNAc.
［F.T.A. Chen, R.A. Evangelista：*Anal. Biochem.*, **230**, 275 (1995)］

マトグラフィーが用いられる．

e.　修飾基の同定法

　糖に結合したリン酸基は細胞内輸送の特異的なシグナルであり，リソソーム酵素によって認識される．一方，硫酸基はグリコサミノグリカンなどに広く存在し，リンパ球ホーミングなどの高次機能発現など，多彩な役割が明らかとなっている．

　（ｉ）糖に結合した硫酸基の同定法　糖の硫酸基にはスルホアミノ基と硫酸エステルの２種類がある．前者は加水分解されやすく，0.04 mol L^{-1} 塩酸，100 ℃, 90 min の条件で遊離される．一方，硫酸エステルは安定性が高く，1 mol L^{-1} 塩酸，100 ℃, 5 h 程度の条件で加水分解される．これら酸に対する安定性から両者を区別することは容易である．質量分析法を使って反応前後のデータを比較することで硫酸基の種類や数を推定できる．一方，遊離された硫酸は次に述べる方法で比色定量される．

　【実験例 3.2】 ロジゾン酸法
　試　薬：(A) 2 mol L^{-1} 酢酸 10 mL, 5 mmol L^{-1} 塩化バリウム溶液 2 mL, 20 mmol

L^{-1} 炭酸水素ナトリウム溶液 8 mL にエタノールを加えて 100 mL とする．(B) 5 mg のロジゾン酸ナトリウムを蒸留水 20 mL に溶解し，さらにアスコルビン酸 100 mg を加えて溶解後，エタノールを加えて 100 mL とする．溶液は薄茶色であり，調製後 30 min から 2 d までの間に使用する．

操　作：2～12 µg の硫酸を含む試料 0.5 mL を採取し，エタノール 2 mL を加える．次いで (A) 液 1 mL および (B) 液 1.5 mL を加え，混和後，暗所で 10 min 放置し，反応溶液の 520 nm の吸収を測定する．

【実験例 3.3】 N-硫酸化ヘキソサミンの定量

N-硫酸化ヘキソサミンの場合は，加水分解後に生じたヘキソサミンを定量する方法がある．

試　薬：(A) 5% 亜硝酸ナトリウム溶液，(B) 33% 酢酸，(C) 12.5% スルファミン酸アンモニウム，(D) 5% 塩酸，(E) 1% インドール-エタノール溶液

操　作：
① 0.5 mL の試料溶液（ヘキソサミンとして 5～50 µg）に，(A) 液と (B) 液をそれぞれ 0.5 mL 加え，80 min 放置する．
② (C) 液 0.5 mL 加え，ときどき攪拌し，過剰の亜硝酸を除く．
③ (D) 液 2 mL および (E) 液 0.2 mL を加え，100 ℃ で 5 min 加熱する．
④ アルコール 2 mL を加えて，液を澄明とし，492 nm の吸光度を測定する．

【実験例 3.4】 メチル化糖の硫酸結合位置の推定

試　薬：(A) 0.5% トリヘキシルアミン/クロロホルム溶液，(B) 60 mmol L^{-1} 塩酸-メタノール溶液

操　作：
① 完全メチル化オリゴ糖を (A) 液で抽出し，乾固する．
② 残査に (B) 液を加え，5 ℃ で 48 h メタノリシスする．
③ メタノールとともに共沸して塩酸を除去する．
④ 95% メタノールで平衡化した Dowex50W×12（H$^+$型）カラムに通し，減圧乾固して得られた残査を加水分解，還元，アセチル化を行い部分 O-メチルアルジトールアセテートを得る．得られた誘導体は GC-MS で分析する．

(ⅱ) **糖に結合したリン酸の同定法**　糖に結合したリン酸は遊離させて比色定量する．

【実験例 3.5】 リン酸の比色定量

試　薬：(A) 10% 硝酸マグネシウム六水和物-エタノール溶液，(B) 10% アスコル

ビン酸, (C) 10% アスコルビン酸水溶液と 0.42% モリブデン酸アンモニウム四水和物/0.5 mol L^{-1} 硫酸を 1：6 で混合する.

操 作:
① 試料（リン酸として 0.07 μmol 以下）50 μL に (A) 液 30 μL を加え, 乾固させた後, 直火で試験管の外側を加熱して茶色の煙が消えるまで加熱する.
② 試験管を冷やし, (B) 液 0.3 mL を加え, 100 ℃ で 15 min 加熱する.
③ 冷却後, (C) 液 0.7 mL 加え, 45 ℃ で 20 min 放置し, 820 nm における吸光度を測定する（0.01 μmol リン酸で 0.24 の吸光度を示す）.

3.2 オリゴ糖

オリゴ糖は 2 残基から 20 残基ほどの単糖がグリコシド結合したものとして定義される. ショ糖やラクトースのように遊離で存在するものがある一方で, マルトース系オリゴ糖のようにデンプンなどの多糖が発酵する過程で生成されるものもあり, 由来や存在状態は極めて多様である. オリゴ糖の構造を決定するには, (1) 構成単糖とその立体配座, (2) 各単糖の環構造（フラノースかピラノース）, (3) 結合位置と分岐構造, および (4) アノマー配位（α-/β-）を調査する必要がある. オリゴ糖を酸あるいは酵素を用いて加水分解し, 生成した単糖から組成がわかる. 酵素を用いればアノマー配位や配列を同時に決定できる. 残る結合位置や糖の環構造を決定するにはオリゴ糖にメチル化などの化学修飾を施した後, 加水分解や加酢酸分解などを行って得られる単糖誘導体の構造を調べる必要がある. 核磁気共鳴（NMR：nuclear magnetic resonance）や質量分析法（mass spectrometry）などのデータを組み合わせて解析すればさらに詳細な構造がわかる. 本節では, オリゴ糖の分析や構造解析で用いられる様々な解析法を述べる.

3.2.1 結合様式解析

糖のガスクロマトグラフィー（GC：gas chromatography）では揮発性誘導体に変換する必要がある. オリゴ糖や多糖の構造を決定するには, 完全メチル化後に加水分解して得られた部分メチル化単糖のアルジトールアセテート分析が欠かせない. オリゴ糖ではより揮発性の高いトリメチルシリル化が利用される.

a. メチル化とガスクロマトグラフィー-質量分析法（GC/MS）

メチル化分析では, 試料のヒドロキシ基を完全にメチル化し, 加水分解してメチル

化単糖を得た後,還元・アセチル化を経て得られた単糖誘導体混合物をGC-MSで分析する.単糖誘導体の遊離ヒドロキシ基の位置を解析すれば,オリゴ糖の結合位置を知ることができる.また,メチル化分析は構成単糖の環構造(フラノースかピラノース)の同定に必須である.メチル化分析が構造解析に有用であることはわかっていたが,メチル化標品調製が煩雑であることから,一部のユーザーに利用されていたにすぎない.しかし,近年GC-MSやLC-MSが進歩し,質量分析法で得られる質量数とフラグメント情報から,標品を用いなくても部分メチル化糖の構造を解析することが可能となった.また,微量メチル化法が開発され,希少な糖類にも適用が可能となった.特に構造や構成単糖の複雑なオリゴ糖については,その結合様式や分岐構造を調査する際にNMRスペクトルに加えてメチル化分析は重要である.

糖のメチル化(図3.17) あらかじめ試料に含まれる塩は完全に除去しておく.また,試薬はできる限り純度の高いものを入手し,古いものは使わない.

① 試料を共栓付きナス形フラスコにとって攪拌子とともにデシケータ中で乾燥させる.

② ジメチルスルホキシドを0.2 mL加え,スターラーで15〜30 min攪拌し,完全に試料を溶解させる.

③ 乳鉢に水酸化ナトリウムを取り,できるだけ細かく砕いて粉末とし,約10 mgを試料に加える.

④ 15〜30 min攪拌した後,ヨウ化メチル0.2 mLを加え,さらに10〜15 min反応させる.

⑤ クロロホルム1〜2 mLを使って反応溶液を溶解し,試験管に移す.蒸留水をほぼ同量加えて攪拌した後で分離し,クロロホルム層(下層)をピペットを使って

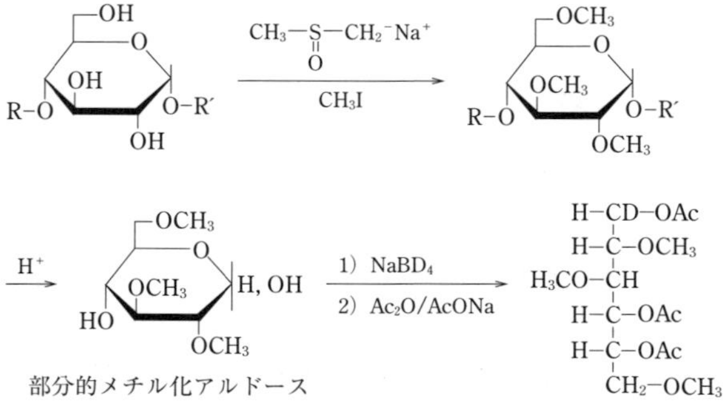

図 3.17 メチル化を使った糖の結合様式解析

別の試験管に移す．さらに，この操作を数回繰り返す．
⑥　減圧乾固し，2 mol L^{-1} トリフルオロ酢酸 0.2~0.3 mL を加え，110 ℃ で 2 h 反応させる．
⑦　メタノールを加えては乾燥させる操作を数回繰り返す．
⑧　1% 水素化ホウ素ナトリウム 0.2~0.3 mL を加えて室温で 2 h 放置し，メチル化糖を相当する糖アルコールとする．
⑨　5 mol L^{-1} 酢酸を発泡が収まるまで加え，先と同様にメタノールを加えながら乾燥させる操作を繰り返す．
⑩　ピリジンと無水酢酸を 0.2 mL ずつ加え，室温で一晩もしくは 40~50 ℃ で 1 h 放置し，環状構造の開裂に伴って生成するヒドロキシ基をアセチル化する．
⑪　トルエンを加えながら，共沸蒸発させることでピリジンと酢酸を除去する．
⑫　残査にクロロホルムを加えて試料を回収する．

b.　過ヨウ素酸酸化

過ヨウ素酸酸化は多糖からオリゴ糖に至るまで幅広く適用できる簡便な構造解析法である．過ヨウ素酸酸化の概要を図 3.18 に示す．

隣り合った遊離のヒドロキシ基が存在すると，その部分が特異的に酸化されてジアルデヒドを，また 3 個の隣り合ったヒドロキシ基があれば，ジアルデヒド体とギ酸が生成する．反応生成物を水素化ホウ素ナトリウムなどで還元し，加水分解を行うと，相当する糖アルコールなどの生成物が得られる．これらを分析することで，元のオリゴ糖の結合位置に加えて構成単糖が特定できることになる．しかし，実際には過ヨウ素酸酸化の過程で，生成したアルデヒドが隣接する別の単糖残基と分子内ヘミアセタールを生成し，思い通りの生成物を与えない．そこで，一般的にはアルデヒド基を水素化ホウ素ナトリウムで還元した後で，さらに過ヨウ素酸で再酸化する必要がある．この方法の一つに Smith 分解が知られる．またフェニルヒドラジンを使う方法として Barry 分解が知られる．

（ⅰ）　オリゴ糖の過ヨウ素酸酸化

①　糖試料 50 mg を 0.02 mol L^{-1} 過ヨウ素酸ナトリウム 50 mL に溶解し，pH 4.5 に合わせる．
②　反応溶液を 4 ℃ で 18 h，放置する．
③　必要に応じて透析を行い，低分子量物質を分離する．
④　上記試料を 2 mg mL^{-1} 水溶液とし，水素化ホウ素ナトリウム 5 mg を加え，室温で 24 h 放置する．

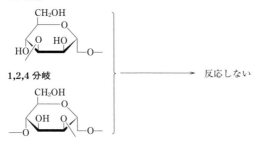

図 3.18(a)　種々のグリコシド結合における過ヨウ素酸化とその生成物

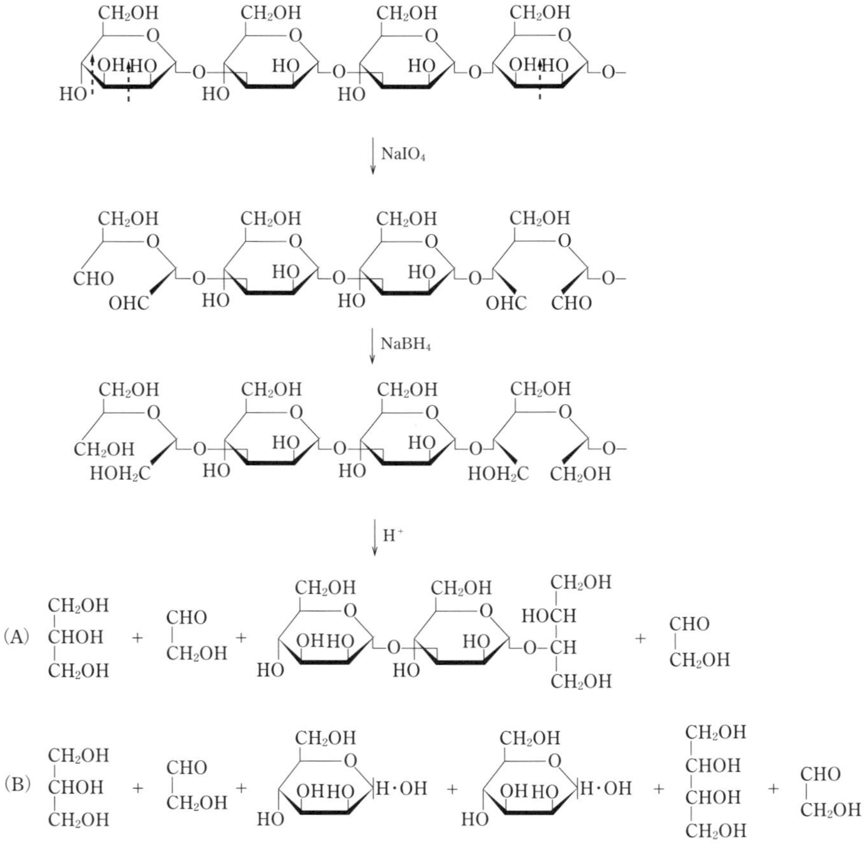

図 3.18(b) Smith 分解
(A) 緩和 Smith 分解　　(B) 完全 Smith 分解

⑤ 必要に応じて透析を行い，低分子量物質を分離する．
⑥ 試料を凍結乾燥後，試料 10 mg 当たり，0.5 mL の 20 mmol L^{-1} 塩酸を加え，沸騰水浴上で 20 min 加熱する．また，対象として元の試料を 0.1 mol L^{-1} 塩酸で 3 h 程度加水分解した試料を対象として用い，生成物を比較する．

(ⅱ) **過ヨウ素酸消費量の測定**　　過ヨウ素酸酸化では反応に伴って生成するアルデヒド体の構造解析に加えて，ギ酸の生成量や過ヨウ素酸の消費量も重要な情報となる．本項では過ヨウ素酸消費量の測定法を述べる．従来は亜ヒ酸ナトリウムによる滴定が用いられたが，毒物の使用は難しいので，ここでは鉄イオン錯体を利用した吸光

光度法を紹介する.

試　薬：(A) 0.1 mol L^{-1} メタ過ヨウ素酸ナトリウム-0.1 mol L^{-1} 酢酸塩緩衝液 (pH 4.5), (B) 2,4,6-トリ-2-ピリジル-1,3,5-トリアジン (TPTZ) 75 mg を酢酸 46 mL に溶解し, 1 mol L^{-1} 酢酸ナトリウム 210 mL と用時調製した 0.8 mol L^{-1} 硫酸鉄(II)アンモニウム六水和物 100 mL を加えて, 精製水で 1 L とする.

操　作：

① 褐色試験管に試料 (糖濃度として 15 mmol L^{-1} 程度) 数 mL を取り, 同容量の (A) 液を加え, 4 ℃暗所で 72 h 放置する.

② 反応溶液の一部を 100 倍希釈し, 試験管に 0.5 mL 採取し, (B) 液 4.5 mL を加えて, よく混和する.

③ 593 nm の吸光度を測定する.

④ 同様に (A) 液を順次希釈した溶液をつくり, 検量線を作成する.

c. アセトリシス

アセトリシスは結合様式が多様な多糖類の構造解析によく用いられる選択的なグリコシド開裂反応である. 多糖であるマンナンの構造解析では無水酢酸-酢酸-硫酸 (10：10：1, v/v) 中で室温下, マンナンを溶解するまで攪拌し, 氷水で反応を停止した後, クロロホルムで抽出し, ナトリウムメトキシドで脱アセチル化する. 本条件で特徴的な構造をもつオリゴ糖を得ることが可能になる. 無水トリフルオロ酢酸-トリフルオロ酢酸を使う方法もある.

d. 酵素の特異性

市販されている糖質分解酵素を表 3.3 に示す.

3.2.2　高速液体クロマトグラフィー

糖質は単糖で述べたように適切な発色団や蛍光基をもたないので, 分離と検出を同時に考える必要がある. オリゴ糖を誘導体化せずに分析する方法としては, 単糖で述べた方法に加えて, サイズ排除カラムや, アミドなどの順相分配カラムが考えられる. 3.1 節で述べた単糖類の分離モードはオリゴ糖のうち, 二糖などの低分子オリゴ糖の分離にも利用できる. ここでは重複をさけて, サイズ排除, 順相分配ならびにパルスアンペロメトリー検出を用いた高速陰イオン交換クロマトグラフィー (HPAEC-PAD：high performance anion exchange chromatography-pulsed amperomatric detection) について述べる.

表 3.3 糖質分解酵素一覧

エキソグリコシダーゼ

酵素名	起源	基質特異性	反応条件
シアリダーゼ（ノイラミニダーゼ）	A. ureafaciens	すべてのシアル酸に作用	0.2 mol L^{-1} 酢酸塩緩衝液 pH 5.0
	C. perfringens	すべてのシアル酸に作用	
	V. cholerae	すべてのシアル酸に作用	0.2 mol L^{-1} 酢酸塩緩衝液 pH 5.5
	ニューカッスル病ウイルス	α2-3- および α2-8-シアル酸	50 mmol L^{-1} カコジル酸ナトリウム pH 6.5
α-ガラクトシダーゼ	コーヒー豆	すべての α-Gal に作用	0.2 mol L^{-1} クエン酸リン酸塩緩衝液 pH 6.5
β-ガラクトシダーゼ	ナタマメ由来	すべての β-Gal に作用	0.2 mol L^{-1} クエン酸リン酸塩緩衝液 pH 3.5
	ウシ精巣	すべての β-Gal に作用	0.2 mol L^{-1} クエン酸リン酸塩緩衝液 pH 4.0
	D. pneumoniae	Galβ1-4 のみに作用	0.2 mol L^{-1} クエン酸リン酸塩緩衝液 pH 6.0
β-N-アセチルヘキソサミニダーゼ	ナタマメ由来	すべての β-GlcNAc に作用	0.2 mol L^{-1} クエン酸リン酸塩緩衝液 pH 5.0
	D. pneumoniae	GlcNAcβ1-2Man のみ，構造特異性が高い	0.2 mol L^{-1} クエン酸リン酸塩緩衝液 pH 6.0
α-フコシダーゼ	アーモンド由来	Fucα1-3, Fucα1-4 のみ	0.2 mol L^{-1} クエン酸リン酸塩緩衝液 pH 5.0
α-マンノシダーゼ	ナタマメ由来	すべての α-Man	1 mmol L^{-1} ZnCl$_2$-0.2 mol L^{-1} 酢酸塩緩衝液 pH 4.5
	A. oryzae	Manα1-2Man のみ	0.2 mol L^{-1} 酢酸塩緩衝液 pH 5.0
β-マンノシダーゼ	アフリカマイマイ	Manβ1-4GlcNAc	0.2 mol L^{-1} クエン酸リン酸塩緩衝液 pH 5.0
α-N-アセチルガラクトサミニダーゼ	ニワトリ肝	GalNAcα1-Ser/Thr, GalNAcα1-3(Fucα1-2)Galβ1- に作用	クエン酸リン酸塩緩衝液 pH 4.0

エンドグリコシダーゼ他

酵素名	起源	基質特異性など
エンド-β-N-アセチルグルコサミニダーゼ D	D. pneumoniae	D Manα1-3Manβ1-4GlcNAc を含む糖鎖，α-Man の 2 位が置換されると作用しない 20 mmol L^{-1} クエン酸リン酸塩緩衝液 pH 6.5
エンド-β-N-アセチルグルコサミニダーゼ H	S. plicatus	Manα1-3Manα1-6Manβ1-4GlcNAc を含む高マンノース型および混成型糖鎖に作用 20 mmol L^{-1} クエン酸リン酸塩緩衝液 pH 5.5
エンド-β-N-アセチルグルコサミニダーゼ C$_I$, C$_{II}$	C. perfringens	C$_I$ は上記 D と類似した特異性，C$_{II}$ は上記 H と類似した特異性

（つづく）

表 3.3 糖質分解酵素一覧（つづき）

酵素名	起源	基質特異性など
エンド-β-N-アセチルグルコサミニダーゼ F	F. meningosepticum	3種類の酵素からなる F_1 は H と似る．F_2 は二本鎖複合型，F_3 は二本鎖および三本鎖複合型糖鎖に作用，20 mmol L^{-1}酢酸ナトリウム緩衝液 pH 5.8
ペプチド-N^4-グリコシダーゼ F（N-グリカナーゼ）	F. meningosepticum	ほとんどの糖鎖に作用．例外として植物に含まれる R-GlcNAcβ1-4(Fucα1-3)GlcNAc-Asn には作用しない，0.2 mol L^{-1} リン酸塩緩衝液 pH 8.6
エンド-α-N-アセチルガラクトサミニダーゼ	D. pneumoniae	Galβ1-3GalNAc の二糖構造を認識し作用．Gal や GalNAc が Fuc や NeuAc で置換されると作用しない，0.2 mol L^{-1} リン酸塩緩衝液 pH 6.0
エンド-β-ガラクトシダーゼ	D. pneumonia E. frundii	Galβ1-4GlcNAc の繰返し構造に作用する，0.1 mol L^{-1}酢酸塩緩衝液 pH 5.8

Gal：ガラクトース，GlcNAc：N-アセチルグルコサミン，Fuc：フコース，Man：マンノース，GalNAc：N-アセチルガラクトサミン，Ser：セリン，Thr：トレオニン，Asn：アスパラギン，NeuAc：N-アセチルノイラミン酸．

a. サイズ排除クロマトグラフィー（図 3.19）

オリゴ糖は，BioRad P-2 などのポリアクリルアミド系ゲル沪過充填剤を用いると1〜30糖程度までの良好な分離が得られる．この方法では，充填剤を恒温ジャケットを使って 50 °C 前後に保った 1 m 以上の長さのカラムを用いて糖を分離するというものである．現在でもオリゴ糖の精製操作として重要である．最近では Superdex（GEヘルスケアジャパン株式会社）などの類似の中圧型カラムが登場し，糖の良好な分離が得られる．これらの方法では糖類はサイズの大きなものから順に溶出するので，サイズの小さなオリゴ糖の分離精製に適している．15糖以上のオリゴ糖を分離するには，カラムを連結して用いる必要がある．

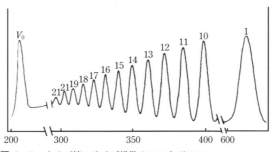

図 3.19 オリゴ糖のサイズ排除クロマトグラフィー
[K. Yamashita, T. Mizuochi, A. Kohata："Methods in Enzymology"
(V. Ginsburg, ed.), vol.83, p.107, Academic Press (1982)]

b. 親水性相互作用クロマトグラフィー

順相分配系のカラムで遊離のオリゴ糖を分離すると分子量の小さなものから順に溶出される．したがって，ゲル沪過法とは異なり，サイズの大きなオリゴ糖の分離に有効な分離手段となる．カラムにはアミドなどが利用されるが，やはり，カラム温度は45℃前後に設定する方が良い分離が得られる．NH_2カラムも同様の分離を示すが，遊離糖はアミノ基と反応することがある．移動相にはアセトニトリル-水（8：2，v/v）などがよく利用される．ピークが広がる場合，特に糖を誘導体化した場合には酢酸アンモニウムなどを加えることがある．

c. HPAEC-PAD

中性糖の多くのpK_aは12〜13の範囲にあり，これより高いpH条件下では陰イオンとしての性質を示す．したがって，数十 mmol L^{-1}水酸化ナトリウムのような極めて高いpHの移動相を用いると，中性糖を陰イオンとしてイオン交換カラムで分離できることになる．Thermo Fisher Scientific-Dionex社のCarboPac PA1は単糖やオリゴ糖に対して極めて高い分離能を示す（図3.20）．オリゴ糖は100 mmol L^{-1}水酸化ナトリウムに酢酸ナトリウムの濃度勾配溶出が利用される．検出感度はpmolオーダーである．

3.2.3 核磁気共鳴（NMR）法

オリゴ糖の構造を決定するには，構成糖の種類とグリコシド結合の位置，結合様式を決定する必要がある．糖の^{1}H-NMRにおける構造解析では構成単糖の構造的特徴や違いに着目する．例えば，N-アセチルヘキソサミンのH-2およびN-アセチル基のシグナルに着目する．またガラクトース（Gal）とグルコース（Glc）とは4位のヒドロキシ基の立体配座が異なるので，H-4の化学シフト（$δ$値）とスピン結合定数（J値）に差が現れることになるが，糖の種類が増えると解析が難しい．しかし，構造の単純なオリゴ糖については，NMRでアノマー構造を決定するのは容易である．Jは，隣接する環プロトン間の二面角と関連があり，カープラス式として知られるように，ピラノース環で隣接する炭素の両プロトンがアキシアル配向の場合はおよそ8〜11 Hz（β-D-グルコースやβ-D-ガラクトース），エクアトリアルの場合は約4 Hz（α-D-グルコースやβ-D-マンノース）となる．糖の1位のシグナルは糖の種類と結合様式に従ってほぼ一定の値を与え，低磁場側に二重線として現れる．したがって，アノマー構造の違いはこの結合定数から判定され，構造解析を行ううえで極めて重要なシグナルとなる．

特に糖タンパク質糖鎖のような複雑なオリゴ糖では，さらに簡略化したルールが適

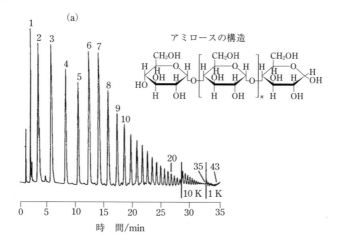

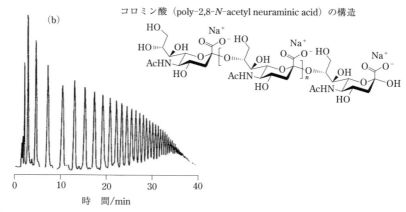

図 3.20 HPAEC-PAD によるオリゴ糖の分離例
(a) α1,4-グルコースオリゴマー (b) α2,8-NeuAc オリゴマー
分析条件 カラム：CarboPac PA1, 移動相：(a) A：0.1 mol L^{-1} NaOH, B：100 mmol L^{-1} NaOH-600 mmol L^{-1} NaOAc (0〜100% B, 30 min), (b) A：1.15 mol L^{-1} NaOH, B：1.15 mol L^{-1} NaOH-1 mol L^{-1} NaOAc (0〜100% B, 30 min), 流　速：1.0 mL min^{-1}, 検出器：パルスドアンペロメトリー検出器
[Thermo Fisher Scientific-Dionex 社提供]

用されている．複雑なオリゴ糖では NMR 上のすべてのシグナルを帰属することはできない．そこで判別しやすく，糖鎖構造の解析に有効ないくつかのプロトン（structural reporter group, 構造伝達群）に着目して解析する．

1.　4.4〜5.3 ppm に現れるアノマー性プロトンの J 値から構成単糖の種類とグリコ

シド結合が判定できる．H2 がアキシアルの Gal, N-アセチルグルコサミン（GlcNAc），フコース（Fuc）では α 型の $J_{1,2}$ は 2〜4 Hz, β 型の $J_{1,2}$ は 7〜9 Hz, H2 がエクアトリアルのマンノース（Man）では α 型が $J_{1,2}$ = 1.6 Hz, β 型の $J_{1,2}$ = 0.8 Hz である．

2. アミノ糖やシアル酸の N-アセチル基は 2 ppm 付近に現れ，良好に分離される．
3. シアル酸の N-グリコリル基のメチレンプロトンは 4.1 ppm 付近に観察される．
5. フコースの H1, H5 およびメチルプロトンの化学シフトおよび隣接糖の構造伝達群の化学シフト変化は Fuc の結合様式を示す．

NMR 測定を行うには 200 μg 程度の糖鎖が必要だが，クライオ検出器やナノ検出器が現れて感度が向上した．

a. NMR を使った構造解析

（ⅰ）COSY, NOESY シフト相関二次元 NMR（COSY: correlation spectroscopy, 2D shift correlated spectroscopy）はスピン-スピン相関作用を観測する測定法であり，スピン結合しているプロトン間（^{1}H-^{1}H COSY）で等高線表示を行うと，対角線に沿った対角ピークとよばれるシグナルに加えて，これ以外の位置に交差ピークとよばれるシグナルが現れる．この交差ピーク順に辿って行くと隣り合った炭素に結合するプロトンのシグナルを順に帰属できる．また核オーバーハウザー効果（NOE: nuclear Overhauser effect）は空間的な距離が接近する（約 5 Å 以内，1 Å = 10^{-10} m）場合に観察される現象である（図 3.21）．この NOE を利用した二次元 NMR は NOESY（2D nuclear Overhauser enhancement spectroscopy）とよばれる．オリゴ糖の隣接する糖残基間で NOESY の交差ピークが顕著に観測できれば，それぞれのプロトンがグリコシド結合に関与していることになる．

（ⅱ）HOHAHA HOHAHA（homo-nuclear Hartmann-Hahn spectroscopy）は間接的にスピン結合しているプロトンの相関を観測できる．例えば，H$_A$-H$_B$ と H$_B$-H$_C$ とはスピン結合しているが H$_A$-H$_C$ はスピン結合していない場合でも HOHAHA では H$_A$-H$_C$ 間の交差ピークが生じる．さらに 2 個以上の核スピンを介してつながっている核同士の交差ピークも観測できるので，複雑なオリゴ糖化合物であっても一度, H1 プロトンが帰属できれば，その構成単糖由来の H2〜H6 シグナルを帰属することが可能になる．非常に構造の類似したオリゴ糖であっても，HOHAHA スペクトルやさらには二次元 HOHAHA スペクトルを詳細に比較することで，結合様式を判定できる．

NMR は一般に感度が悪く，特に後述する多糖の測定は難しい．そのため，アセトリシスなどを行って得られる分解物を測定することが多いが，多糖であっても単純なオリゴ糖単位の繰返し構造を有する場合は本法で測定が可能となる．

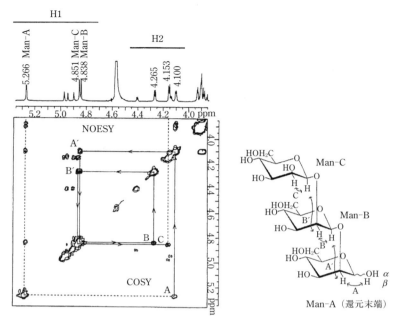

図 3.21 β1,2-マンノオリゴ糖の 2D-NMR スペクトル
COSY と NOESY を組み合わせて,各マンノースの H1 および H2 シグナルを連続して帰属した例.スピン間の距離が 5 Å ($1 Å = 10^{-10}$ m) に接近すると NOE 効果が現れ,その結果,β1,2-結合が支持される.
[川嵜敏祐 編:"廣川 生物薬科学実験講座 4. 糖質 1-基本実験操作法",p.137,廣川書店 (2009)]

3.2.4 質量分析法

　質量分析法は,高電圧を印加して生成したイオンが,電気的な作用によって,m/z に応じて分離される現象を利用したものである.最近の質量分析装置は感度が高く,短時間で分析が可能であることから,糖の構造解析においても広く利用されている.ただし,多糖はそのままでは解析ができないので,適切な処理を施して低分子化する.糖類のイオン化には,感度が高く,比較的緩和なイオン化法である高速原子衝撃 (FAB: fast atom bombardment) 法,マトリックス支援レーザー脱離イオン化 (MALDI: matrix-assisted laser desorption/ionization) 法およびエレクトロスプレーイオン化 (ESI: electrospray ionization) 法が利用される.ESI は液体クロマトグラフ (LC: liquid chromatograph) と接続して用いることが多く,分離から質量分析までをオンラインでできる.MALDI は試料に適したマトリックスを選ぶ必要があるが,容易

に，しかも短時間に多くの試料を分析できる．一方，分析部としては定量に適した四重極型 MS, イオントラップ型 MS, 感度や分解能が高い飛行時間型や，さらには精密質量測定を可能にしたフーリエ変換イオンサイクロトロン共鳴型 MS などが利用されている．これらの分析部を組み合わせたタンデム質量分析法を使ってオリゴ糖の構造を解析する動きが加速している．すなわち，1 台目のアナライザーで検出された分子イオンのうち，特定のイオンを前駆イオン（プリカーサーイオン）として選択し，気体を衝突させ（衝突誘起解離，CID：collision-induced dissociation），生成したイオン（プロダクトイオン）を 2 台目のアナライザーで検出する．オリゴ糖は開裂されやすいので，プロダクトイオンスキャンやプリカーサーイオンスキャンを使えばオリゴ糖の配列を示す一連のフラグメントが得られる．特に MS^3 以上で糖の構造解析に有効なシグナルが観察される．

a. MALDI-TOF-MS

MALDI 法は，試料を専用の試料プレート上でマトリックスとよばれる紫外線吸収性のある物質と混和・乾燥させ，窒素レーザーなどのパルス光を照射してイオン化させる．プレートには一定の電圧が印加されている（加速電圧）ので，試料は電気的反発によってイオン化した後，飛行時間型質量分析計（TOF-MS：time-of-flight mass spectrometer）で分離される．分析部にはさらにイオントラップなどを設けることで，高感度（1～10 pmol）で検出できる．また，分解能についてもリフレクターを用いることで，イオンの運動エネルギーのばらつきを収束させる方法が採用され，分解能が向上した．また，リフレクター電圧を変化させることで飛行時間中に生成したイオンのみを検出するポストソース分解法やイオントラップ内で不活性ガスを導入して衝突誘起解離によりイオンのフラグメント化を促進する CID 法により，構造に関連したフラグメント情報が得られる．この方法は MS^n 解析とよばれ，n の数に応じてが順次，分解が進んだスペクトルを得ることができる．一般に非還元末端から順次単糖単位で脱離したイオンを与えるのでオリゴ糖の配列の推定が可能となる．また，特にオリゴ糖では誘導体化によって感度が向上したり，CID において特徴的なフラグメントイオンが観察されることがある（図 3.22）．

（ i ） MALDI-TOF-MS 測定

試　薬：マトリックスとして 2,5-ジヒドロキシ安息香酸（DHB：2,5-dihydroxybenzonic acid）を水に溶解して 10 mg mL^{-1} とする．質量校正用標準品としてオリゴ糖誘導体，あるいはペプチド類（ブラジキニンフラグメント 1-7，アンジオテンシン II，ACTH フラグメント 18-39 など）．

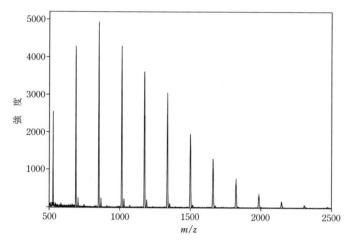

図 3.22 イソマルトオリゴ糖誘導体の MALDI-MS スペクトル

操 作：

① 試料を適当な溶媒を用いて 1 pmol～1 nmol μL^{-1} になるように溶解する．
② 試料溶液とマトリックス溶液を 1：1 で混和後，ターゲットプレート上に塗布し，ドライヤーなどを使って冷風で乾燥させ，結晶化させる．質量校正試料についても同様に塗布・結晶化させる．
③ MALDI 用ターゲットプレートを装置の試料ステージに導入し，真空度が達成される（2.0×10^{-3} Pa）まで待つ．
④ 試料スポットにレーザーを照射して MS スペクトルの測定と校正を行う．試料によって，レーザー強度の調整を行いながら，測定を続ける．

【PSD 測定】

⑤ 上記で得られた MS スペクトル中，PSD の対象イオンを選択し，その質量数を入力する．
⑥ 通常の MS スペクトル測定より 10～30% 強めのレーザーを照射し，PSD スペクトルを得る．

【CID 測定】

⑦ 得られた MS スペクトルの中からプリカーサーイオンとしてトラップするイオンを選択し，その質量数を入力する．
⑧ 得られる開裂パターンを見ながら，CID 条件およびレーザー強度を調整する．
⑨ 得られた MS^2 スペクトルからさらに次のプリカーサーイオンを選択し，CID 条

件を設定すると MS^3 スペクトルが得られる．
⑩ この操作を繰り返すことで MS^n スペクトルを得る．
一般に n が 3～5 で構造解析に有益なフラグメントシグナルが得られるといわれている．

b．ESI-MS

詳細は機器の手順に従う．LC と接続する場合には，揮発性の移動相を用いる．また，移動相溶媒の純度にも注意が必要である．不純物によってポンプが汚染されると，ゴーストピークが現れたり，感度の低下が起きる（図 3.23）．

3.2.5　酸加水分解

一般に 0.5～2 mol L^{-1} 鉱酸中で窒素雰囲気下 100 ℃ で 1～6 h 加熱する．硫酸を使った場合は加水分解後に炭酸バリウムを加えて濾過することで酸を除去できる．シアル酸，フコース，種々のフラノース，N-アセチルアミノ酸は加水分解を受けやすいのに対して，ウロン酸やアミノ糖のグリコシド結合は加水分解を受けにくい．また，シアル酸，ウロン酸，アミノ糖は加水分解時に分解されやすい．同条件で測定対象となっている単糖を同じ条件で処理することで分解率を補正することがある．

フコースなどのデオキシ糖，フラノース，シアル酸類は酸の濃度と反応温度を調節すると，特異的に遊離できる．例えば，フコースは 1 mol L^{-1} 酢酸中 98 ℃ で 2 h，シアル酸は 0.025 mol L^{-1} 硫酸中 90 ℃ で 1 時間などの条件が用いられる．糖のヒドロキシ基に結合したリン酸基は 0.1 mol L^{-1} HCl，100 ℃，10 min で遊離されるが，6-リン酸はより強い酸で処理しなければならない．リン酸基は転移することがあるので，ヒドラジンで処理することもある．

【実験例 3.6】 糖タンパク質に含まれる中性糖やアミノ糖の酸加水分解
① 糖タンパク質試料はあらかじめ脱塩しておく[*5]．
② 試料（～1 mg）を軟質ガラス製ミクロ試験管[*6]に採取し，凍結乾燥する．
③ 中性糖分析には 2 mol L^{-1} トリフルオロ酢酸水溶液，アミノ糖分析には 4 mol L^{-1} 塩酸をタンパク質 1 mg 当たり 1 mL になるように加えて溶かし，凍結後，窒

[*5] 市販の脱塩カラムを用いる．GE 製 NAP-5 カラムなどでよい．
[*6] 内径 4 mm，肉厚 1 mm 程度の標準的なガラス管を使って自作するとよい．
[*7] （63 ページ）試料を酸溶液に溶かしたら，試験管の上方をバーナーで細く伸ばしておき凍結させ，ただちに小型デシケータ内に納め，試料が溶けないうちに真空ポンプで引き，窒素ガスを接続し，デシケーターを窒素ガスで満たす．この操作を 3 回繰り返す．デシケーターから取り出したら，細くしたガラス管の先端をバーナーの小炎で焼いて封管する．

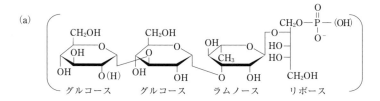

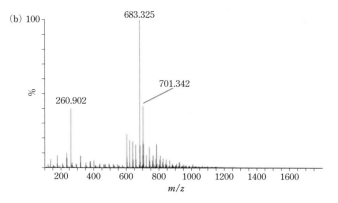

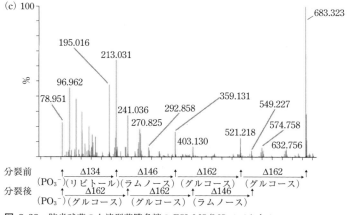

図 3.23 肺炎球菌の血清型莢膜多糖の ESI-MS/MS スペクトル
(a) 莢膜多糖の部分水解で得られたユニークな構造をもつオリゴ糖（701 amu），(b) オリゴ糖の質量スペクトル（m/z 683.3 は分子イオン m/z 701.3 が脱水したシグナル），(c) 683.3 amu の MS/MS スペクトル（糖鎖の配列解析に有効なシグナルが得られた）.

[P.E. Bratcher, In H. Park, S.K. Hollingshead, M.H. Nahm：*Microbiology*, **155**, 576 (2009)]

素置換し，封管する*7.

④　溶液は 100 ℃，6 時間加熱する．反応後，開管し，ただちに凍結乾燥する．アミノ糖は分析法によっては N-アセチル化を行う*8.

注　意：試料量は 100～300 μg 程度がよい．試料量を多くすると，凍結乾燥などの全般の操作に時間がかかり，糖の分解が進むので定量性が低下する．逆に糖試料が極端に少ないと試料の容器への吸着が無視できなくなることがある．

3.3　多　糖

多糖は植物の組織，動物の体液や細胞外液，昆虫や甲殻類の殻，バクテリアや酵母の細胞壁など，様々な形態で存在する．しかも，構造が多様であることから，基準となる精製法や純度測定法が確立されていない．

多糖の分類には様々な方法がある．中性多糖と酸性基を有する酸性多糖のように電荷による分類，構成単糖が 1 種類のみからなるホモ多糖（ホモグリカン）と 2 種類以上からなるヘテロ多糖（ヘテログリカン）のような構造に応じた分類，さらに機能に基づく分類，すなわち植物細胞壁のセルロースやキシラン，昆虫やカニの甲羅を形成するキチンなどのように生物体の構造を支える構造多糖と，デンプン粒に含まれるアミロペクチン動物のグリコーゲンなどのようにエネルギー源としての貯蔵多糖といった分類がある．さらに，寒天や動物の結合組織を形成するムコ多糖はゲル形成多糖とよばれるなど，物性に応じた呼称も用いられる．このような理由から，多糖は複数の物性に基づいて下記のように分類できる．

中性ホモ多糖	デンプン，グリコーゲン，セルロース，イヌリン，キチンなど
中性ヘテロ多糖	コンニャクマンナン，グアヤゴムなど
酸性ホモ多糖	ペクチン酸，コロミン酸，フコイダン，アルギン酸
酸性ヘテロ多糖	グリコサミノグリカン（ヒアルロン酸，コンドロイチン硫酸，デルマタン硫酸，ケラタン硫酸，ヘパリン，ヘパラン硫酸），カラゲナンなど

---

*8　アミノ糖は反応性が高く，そのままでは定量することが難しいことが多い．そこで N-アセチル化を行う．試料（200 μg）当たり 500 μL の飽和炭酸水素ナトリウム水溶液を加えて溶解し氷で冷却する．試料溶液を激しく撹拌させながら 100 μL の無水酢酸を 5 回に分けて 10 min 間隔で加える．反応後は室温でさらに 1 h 程度ときどき撹拌しながら放置した後，冷蔵庫で一晩放置する．反応液は陽イオン交換樹脂（SCX 型シリカ系固相抽出カラムが各社から市販されている）に通液し，さらに 5 倍量の水を流して回収された液を凍結乾燥して，試料とする．

酸性ヘテロ多糖であるグリコサミノグリカン類はすべて［A-(1→3)-B-(1→4)-］$_n$型に分類され，二糖を基本単位とした構造を有する．非常に複雑な構造をもつ多糖もあるが，多くの天然由来の多糖は基本的には規則性がみられ，単純な直鎖構造をもつものや，糖主鎖に単糖あるいはオリゴ糖の短い側鎖が置換したもの，長い分岐鎖に短い単糖側鎖が不規則に結合したものなど，いくつかのパターンに分類できる．

　ホモ多糖の名称は構成単糖の種類に基づいている．一般にグルコースの多糖をグルカンとよぶようにその構成単糖の単位の末尾の"ose"を"an"に置き換えてよぶ．

　多糖の構造を決めるには様々な分析法を駆使しなければならない．完全な分子構造を解明するには，単糖組成，単糖の D,L-配置，結合様式，単糖の環構造（ピラノースかフラノース）と分岐構造を決定しなければならないが，これらについては3.2節で述べた．多糖ではさらに，分子量分布や多糖鎖間の相互作用から生じる立体構造，規則構造の分布状態，分子量や高次構造の解析も必要となる．

3.3.1　多糖の分離・抽出

　多糖には分子量分布があり，単一の化合物として分離することが難しい．さらに，多糖は水への溶解性の低いものや，タンパク質などと結合しているものもあり，分離の際にアルカリ処理などの前処理を伴うことも多く，精製の過程で多糖構造に変化が生じることがある．一般に，多糖を異なる2種類の方法で単離・精製し，それぞれの方法で得られた多糖を分析して同一の物性を示せば，その多糖は純粋であるとみなされる．例えば，デンプンは穀物を水で濡らして種皮や胚を除き，さらに臼で挽くなどして微粉末としたものを水に懸濁し，遠心分離して単離される．一方，セルロースは溶解性が悪いので，セルロースを含む試料をアルカリ性塩化ナトリウム水溶液で処理することで，セルロース以外の成分を溶解・除去することがある．その後，分別沈殿，溶媒抽出，超遠心法，限外沪過法，吸着クロマトグラフィー，ゲル沪過クロマトグラフィー，イオン交換クロマトグラフィーなど様々な方法を使って精製される．精製の程度については，調製された多糖画分に含まれるユニークな構造成分あるいは構成単糖に特異的な比色分析などを行うことで達成される．ヒアルロン酸やグリコーゲンなどのように水に溶けやすい多糖がある一方で，セルロースやキチンなどのように水に溶けない多糖もある．したがって，生物試料から多糖を単離・精製する方法は，材料によって，また目的とする多糖の種類や含量によってそれぞれ検討する必要がある．一般的な操作手順としては，まず多糖を抽出・分離のための前処理を行い，次いで多糖にダメージを与えない適切な溶媒に溶かし抽出する．共存する夾雑物の除去を行い，

続いて多糖相互の分離と精製を行う．

　例えば，植物多糖を抽出する際には，細胞壁に多量に存在するリグニンを除去するために，塩素化・亜硫酸ナトリウム処理，あるいはエタノールアミン抽出を行う．一方，動物多糖の場合は，ホモジナイズした後，アセトンによる脱脂，脱水するなどしてから抽出する．また，処理に先立って試料を加熱すると多糖を分解する酵素類を失活させることができる．グリコサミノグリカン（GAG：glycosaminoglycan）はプロテオグリカンから数ステップを経て調製される．変性剤として 4 mol L^{-1} グアニジン塩酸およびプロテーゼ阻害剤を加えて 0 ℃ で振とうし，プロテオグリカンを抽出する．続いて塩化セシウムの密度勾配遠心分離を行う．ヒアルロン酸以外の GAG は通常プロテオグリカンとして存在しているので，GAG 鎖を遊離させる必要がある．そこで水酸化ナトリウムの濃度が 0.2～0.3 mol L^{-1} になるように調製した後，室温で 24 h 放置し，GAG を遊離させた後，酢酸で中和し，アクチナーゼなど適当なプロテアーゼで分解し，陰イオン交換カラムに吸着させた後，0～0.75 mol L^{-1} 塩化ナトリウムの濃度勾配で溶出させる．タンパク質（0.1 mol L^{-1}），ヒアルロン酸（0.2 mol L^{-1}），ヘパラン硫酸（0.35 mol L^{-1}），コンドロイチン硫酸（0.5 mol L^{-1}）の順に溶出される．海藻からアルギン酸を抽出するには，まず海藻を希酸とともにミキサーを使って粉砕・懸濁し，さらにアルカリで抽出する．グラム陰性菌の多糖は菌体を 50％ フェノール水溶液に加え，65～68 ℃ で処理して溶解させたのち，5～10 ℃ に冷却し，遠心分離すると 3 層に分離され，リポ多糖は核酸とともに水層として回収される．多糖は多くの親水性基（ヒドロキシ基，カルボキシ基など）を有するので，極性溶媒に抽出されやすいが，生体内では他の成分と強固に結合していることが多い．

【一般的な多糖の抽出操作】

　試料から糖質を回収する場合にオリゴ糖と多糖では処理が異なる．例えば，試料を 80％ エタノール中で加熱すると，可溶性成分として少糖，単糖が得られる．酢酸鉛などの重金属塩で処理して液を澄明とし，イオン交換カラムに通じて夾雑物を取り除けば，薄層クロマトグラフィーで分析可能な程度の糖試料が得られる．食物繊維などの多糖はこの操作では不溶性成分として残るが，有機溶媒抽出によって脂質を除去し，さらにプロテアーゼを用いてタンパク質を分解すると多糖をかなりの純度で得ることができる．得られる残査を硫酸で加水分解し，生成する単糖を調べれば多糖の構造を推定できる．

3.3.2 前 処 理

a. 抽 出

　糖の種類や試料の組成に応じて，それぞれ適した前処理法がある．Sevag 法では，粗多糖溶液にクロロホルムとブタノールまたはペンタノールの混合液を加えて振とうし，水層を糖画分として回収し，濃縮，氷冷後，トリクロロ酢酸（TCA：trichloroacetic acid）を加えて，タンパク質および核酸を沈殿として除く．軟骨のプロテオグリカン類は塩化セシウム密度勾配遠心法によって分離される．グリコーゲンは TCA 処理の他，ジメチルスルホキシドによる溶解と抽出，エタノール沈殿も可能である．また，ムチンやプロテオグリカンのような酸性の強い多糖はセチルトリメチルアンモニウムやセチルピリジニウムイオンのような長鎖の第四級アンモニウム塩と結合し，水に難溶な塩様複合体を形成するので，容易に分離できる．

　多糖に含まれる夾雑物を除去するには，例えば多糖が溶けにくいエタノールなどの溶媒を加えて，多糖を特異的に沈殿させる．夾雑物が低分子ならば，ゲル濾過，限外濾過，透析などによって除去できる．塩類ならば透析の他，イオン交換樹脂を用いることもできる．夾雑物がタンパク質の場合は，Sevag 法や TCA 処理などが利用される．

　（ⅰ）**Sevag 法**[2]　クロロホルムとブタノールあるいはペンタノールを 5：1 で混合した溶液を調製し，粗多糖液にその 1/5 容加え，30 min 浸透する．遠心分離を行うと水相とクロロホルム相の間にタンパク質がゲル状に層をなす．上層はサイホンを使って注意深く回収する．クロロホルム相も同様に別の遠心チューブに回収し，同容量の水を加えて，再び遠心分離を行い，水相を回収する．この操作を数回繰り返す．水相にエタノールを加えて，多糖を沈殿させる．

　（ⅱ）**TCA 処理**[2]　抽出液を透析・濃縮し，氷冷下，攪拌しながら，40%（w/v）TCA を 1/3 容加えて，一晩冷所に放置する．タンパク質沈殿を遠心分離で取り除き，上澄液は透析する．

　多糖混合物からそれぞれの構成多糖に分離するための様々な精製法が用いられている．一般的には多糖ごとの溶解度の差を利用する方法，電荷密度や分子量の差を利用する方法などがある．

　（ⅲ）**エタノール分画**[2]　グリコサミノグリカン類の分離では，粗精製試料を 5% 酢酸カルシウム-0.5 mol L^{-1} 酢酸溶液に 1% 濃度になるように溶解し，氷冷しながらエタノールを加えて，白濁したら一晩放置する操作を繰り返す．エタノール濃度が

18～25% の画分ではデルマタン硫酸，30～40% 画分ではコンドロイチン硫酸 A，40～45% 画分ではコンドロイチン硫酸 C，45～65% 画分ではケラタン硫酸が得られる．

（iv） こんにゃく粉からグルコマンナンの銅錯体としての分画[3]　市販のこんにゃく粉 40 g を水 4 L に攪拌しながら徐々に加えてコロイド状とし，オートクレーブで 3 h 加熱してできるだけ溶解させる．麻布で不溶成分を除去し，フェーリング液（次の A 液と B 液を等量混合する．(A) 硫酸銅(II)五水和物 70 g を水に溶かして 1 L にする．(B) 酒石酸ナトリウムカリウム四水和物（ロシェル塩）346 g と水酸化ナトリウム 130 g とを水に溶かして 1 L にする）を攪拌しながら徐々に加え，多糖の銅錯体をコロイド状沈殿として得る．麻布で沪過して，50% エタノール，次いで 85% エタノールで洗浄後，1% エタノール性塩酸 600 mL に数時間浸漬後，上澄液を取り除く操作を繰り返して，無機イオンを除去すると白色沈殿が得られる．沈殿を無水エタノール，エーテルで順次洗浄して風乾する．デルマタン硫酸やキシランも同様に精製できる．

b. 電荷密度の差を利用する分画

ムコ多糖の精製ではイオン交換樹脂を用いる方法が知られる．Cl^- 型の強陰イオン交換樹脂に試料を吸着させ，0.5～2 mol L^{-1} 塩化ナトリウムの段階的溶出を行うことで分画される．

第四級アンモニウム塩による分画：　第四級アンモニウムイオンとして臭化セチルトリメチルアンモニウム（CTAB：cetyltrimethyl ammonium bromide）や塩化セチルピリジニウム（CPC：cetylpyridinium chloride）を用いる．試料を 0.1～1% になるように希薄な塩溶液に加え，1～10% の第四級アンモニウム塩を加えて酸性多糖を完全に沈殿させる．沈殿は粘性の高いゲル状となる．遠心分離の他，ガラス棒に絡め取ってしまうことで回収できる．得られた多糖は塩濃度を高めて溶解させた後，エタノールを加えて多糖を沈殿させて，夾雑物を上澄みとして除く．第四級アンモニウムイオンを完全除去するには，多糖を可溶化した後で，イソチオシアン酸カリウムまたはヨウ化カリウムを加えると，不溶物として除去できる．

c. ゲル沪過クロマトグラフィー

カラムクロマトグラフィーとしては架橋デキストランゲルのセファデックス（Sephadex）やアガロース系のセファロース（Sepharose），アクリルアミドポリマーのバイオゲル（Bio-Gel）が用いられる．タンパク質とは挙動が異なるので，あらかじめデキストランやプルランを使って分離挙動を観察する．多糖が溶けにくい場合は，0.05 mol L^{-1} 水酸化ナトリウムを使用することもある．ただし，タンパク質ほどシャープな分離が得られることはない．

3.3.3 分子量測定

　一般に，高分子物質の分子量を測定する方法としては光散乱法，浸透圧法，粘度法，蒸気圧法などの物理的な測定法が用いられ，平均分子量の決定に利用されている．一方，多糖の構造解析においては分子量と分子量分布を知る必要がある．この目的のためにゲル沪過クロマトグラフィー，超遠心法，限外沪過法が用いられている．なかでもゲル沪過法（サイズ排除クロマトグラフィー）では定量的に分子量分布を調べることができる．

a. 超遠心法

　分析用超遠心機，あるいは調製用遠心分離機と密度勾配カラムを使用する方法が知られる．分析用遠心機は所定の標準セルと緩衝液を用いて遠心する．多糖の沈降は，内蔵された光学系によってモニターされる仕組みになっており，得られた沈降速度から分子量が決定される．一方，密度勾配遠心法では5～40％ショ糖あるいはグリセロール溶液と 1.02～1.10 g mL^{-1} 塩化セシウム溶液を使って測定する．ただし，ショ糖の存在下で分析できない場合もある．

【実験例 3.7】 超遠心法による分子量測定
① グラジエントカラムに試料をのせる．
② スイングローターに試験管をいれ，65000 rpm で 10～16 h 遠心する．
③ 自動分画装置でカラムを 0.1 mL ずつ分画する．
④ 多糖成分の溶出を比色法などを使って測定する．
⑤ 同様の条件で分子量既知の多糖を分析し，多糖の沈降距離 (D) を測定する．実験式 $(D_1/D_2) = (M_1/M_2)^{2/3}$ から多糖の分子量 (M) を計算する．

b. ゲル沪過法

　多くの物理的測定法とは異なり，サイズ排除クロマトグラフィー（ゲル沪過クロマトグラフィー）では分子量分布，すなわち分子量ごとの含量の分布を知ることができる．ゲル沪過クロマトグラフィーについてはすでに述べたとおりである．分子量測定では，分子量マーカーが必要となる．分子量マーカー用にプルランの標品が市販されているので，まず，測定したい分子量付近の分子量マーカーの混合物を分離して，溶出体積を確認する．分子量の対数と溶出体積の間には直線関係が成立するので，校正曲線を作成し，目的試料の溶出体積から分子量を決定する（図 3.24）．

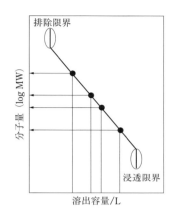

図 3.24 サイズ排除クロマトグラフィーの校正曲線と分子量測定

3.3.4 構造解析

a. 化学処理

メチル化分析やアセトリシスは多糖の構造解析にも利用されている．メチル化分析については3.2節を参照されたい．ここではアセトリシスについて述べる．

アセトリシスは一般に，試料を無水酢酸-酢酸-硫酸（10：10：1）混合液中で加熱することにより行う．多糖では遊離ヒドロキシ基の完全アセチル化とグリコシド結合の選択的な開裂が起きる．反応速度はグリコシド結合によって異なる．様々なオリゴ糖のアセトリシスに対する相対速度の一覧を表3.4に示す．一般に1→6-グリコシドはアセトリシスにより開裂されやすく，1→2-，1→3-グリコシドは比較的安定なことがわかる．また，一般にα結合はβ結合よりもアセトリシスを受けやすい．アセトリシスは生成物の安定性が高く，通常の酸加水分解とは異なる生成物を与えるので相補的

表 3.4 アセトリシスの速度

二糖単位	相対速度	二糖単位	相対速度
α-D-Glc(1→2)-D-Glc	0.18	α-D-Man(1→2)-D-Man	0.21
α-D-Glc(1→3)-D-Glc	0.27	β-D-Man(1→3)-D-Man	2.9
α-D-Glc(1→4)-D-Glc	1.0	α-D-Man(1→4)-D-Man	1.4
α-D-Glc(1→6)-D-Glc	7.9	α-D-Man(1→6)-D-Man	60
β-D-Glc(1→2)-D-Glc	1.4	β-D-Gal(1→4)-D-Gal	4.1
β-D-Glc(1→3)-D-Glc	1.9	β-D-Gal(1→6)-D-Gal	41
β-D-Glc(1→4)-D-Glc	1.2	α-D-Glc(1→3)-D-Fru	71
β-D-Glc(1→6)-D-Glc	58		

Glc：グルコース，Man：マンノース，Gal：ガラクトース，Fru：フルクトース．

な手段として利用される．また，得られる誘導体はメタノリシスとは異なり，アセチル基を除去できるので，オリゴ糖の調製方法としても利用される．

一方，多糖を塩酸-メタノール中，高温で処理するとメチル化と加水分解が同時に起こる．この反応はメタノリシスとよばれる．

（ⅰ）アセトリシス

① 試料 10 mg に無水酢酸-酢酸-濃硫酸（10：10：1, v/v）1 mL を加え，密栓して 40℃で 3 h 加温する．
② 反応溶液にピリジンを加えて反応を停止させ，窒素気流下で反応物を乾固する．
③ 試料に少量のバリウムメトキシドを含むメタノール溶液を加え，脱アセチル化する．
④ 反応溶液を室温で 15 min 放置し，次いでドライアイスを加えて中和を行い，溶媒を留去する．
⑤ 残査を少量の水に懸濁し，遠心分離を行って生成した炭酸バリウムを除去する．

（ⅱ）メタノリシス

① 多糖 0.5 mg を塩酸－無水メタノール 1 mL に溶かし，95℃で 5 h 加熱する．
② 反応混合物に炭酸銀の粉末を加えて中和し，生成した塩化銀を遠心分離により取り除く．
③ 窒素気流下，溶媒を留去する．
④ 必要に応じて，無水酢酸-ピリジンで 6 h 加熱してアセチル化を行う．

多糖の結合様式を解析する方法としてクロム酸酸化分析が利用される．多糖をクロム酸酸化すると，通常の酸加水分解とは対象的に β-グリコシド結合が特異的に開裂し，糖の酸化分解が起こる．これに対して α-グリコシドは反応が遅いか，極めて緩やかに反応が進行するので，反応後も構造を保持しやすい．多糖を O-アセチル化-クロム酸酸化する場合の操作を以下に示す．

【クロム酸酸化】

① 多糖 5 mg を N,N'-ジメチルホルムアルデヒド 1 mL に溶解し，ピリジン-無水酢酸（1：1, v/v）1 mL を加え，室温で一晩放置する．
② ゲル沪過カラムを使って生成物を分離する．
③ 糖画分を乾固し，残査を酢酸 0.2 mL に溶解し，クロム酸の微粉末 25 mg を加えて，50℃で 1 h，加温する．
④ ゲル沪過カラムを使って生成物を精製する．

上記の方法で得られたオリゴ糖は 3.1 節や 3.2 節で述べた分析法を使って構造を決

b. NMR スペクトル法

多糖の構造が複雑な場合は，上記の様々な解析法を組み合わせる必要がある．しかし，十分に溶解性が高く，均一なオリゴ糖の繰り返しからなる規則的な構造をもつ多糖は，NMRで解析できることが多い（図3.25）．

NMRは非常に明確な部分構造に関する情報を一度の測定で得ることができるが，そのためには ^{1}H-NMR および ^{13}C-NMR の両スペクトルの全シグナルを完全に帰属する必要がある．本解析には COSY や TOCSY といった二次元NMRが有効であり，繰返し単位を構成する個々の単糖残基のプロトンの帰属が可能となる．さらに異種核一

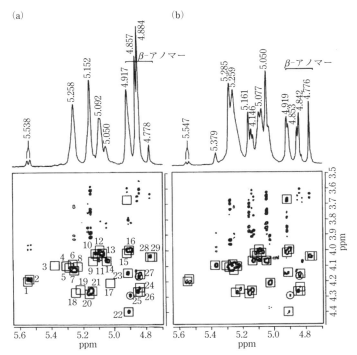

図 3.25 *C. lusitaniae*(a) と *C. albicans*(b) 由来マンナンの二次元 HOHAHA スペクトルによる構造の比較
番号のついた□で囲ってある領域は，対応する構造の明らかになっている交差ピークの現れる場所を示す．□14は Manα1→2 の H1–H2 相関交差を，□17は α1→3Manα1→2 を示すが，*C. lusitaniae* 株では検出されないことから，この構造が欠如していることがわかる．

[N. Shibata, H. Kobayadhi, Y. Okawa, S. Suzuki: *Eur. J. Biochem.*, **270**, 2565 (2003)]

量子相関分光法（HSQC：heteronuclear single quantum correlation spectroscopy）測定から ^{13}C スペクトルの帰属を行う．さらに異種核多量子相関分光法（HMBC：heteronuclear multiple-bond correlation spectroscopy）測定によってアノマー水素およびこのアノマー炭素とグリコシド結合したもう一方の単糖残基の結合位置の炭素のカップリングを検出し，さらに不足しているデータを補完しながら，スペクトルの帰属を行う．この実験では多量の試料を必要とする．多糖標品が少量の場合は核オーバーハウザー効果（NOE：nuclear Overhauser effect）を利用した解析を行うことが多い．

参 考 文 献

1) 日本生化学会 編："生化学データブックⅠ 生体物質の諸性質・生体の組成", pp.683-689, 東京化学同人（1979）.
2) 日本化学会 編："新 実験化学講座 20. 生物化学Ⅱ", pp.1024-1026, 丸善（1978）.
3) 日本化学会 編："新 実験化学講座 20. 生物化学Ⅱ", p.1044, 丸善（1978）.

第4章

複合糖質の分析

4.1 糖タンパク質

　複合糖質は，糖（単糖，オリゴ糖，多糖）がタンパク質や脂質と共有結合した分子であり，動植物に限らず生物界に広く分布し，様々な生物学的機能を担っている．複合糖質を構成する単糖類の多くは共通に観察されるが，オリゴ糖構造の違いやタンパク質および脂質との結合様式などが異なり物理化学的特性も大きく異なる．そのため，試料の精製や分画，糖部分の構造解析に至るあらゆる面で，糖タンパク質と糖脂質では分析法が異なる点に留意しなければならない．

　本節では複合糖質のうち糖タンパク質の分析に的を絞り，糖タンパク質糖鎖の構造の特徴を解説しながら，各種の糖タンパク質の分析法，特に糖鎖の検出，糖タンパク質糖鎖の分離分析と構造解析を中心に解説する．

4.1.1 糖タンパク質の構造と特徴

　糖タンパク質の糖鎖部分を構成する単糖の種類を表 4.1 に示す．構成単糖の種類はタンパク質を構成するアミノ酸 20 種類と比べると少ないが，ガラクトース（Gal）とマンノース（Man），N-アセチルグルコサミン（GlcNAc）と N-アセチルガラクトサミン（GalNAc）のようなエピマー関係にある同じ分子量の単糖類が構成単位となる点はタンパク質の場合と異なり，糖鎖に特有である．オリゴ糖構造を形成する単糖間のグリコシド結合はアルカリ，弱酸に対しては比較的安定であるが，硫酸や塩酸などの強酸中ではグリコシド結合が加水分解される．ただし，N-アセチルノイラミン酸（NeuAc）と中性糖とのグリコシド結合は弱く，酢酸などの弱酸水溶液中でも加水分解により脱離しやすいので注意を要する．タンパク質試料がオリゴ糖をもつ糖タンパク

表 4.1 糖タンパク質中の主要構成単糖

単糖名	略名	糖タンパク質上の分布
D-グルコース	Glc	N-結合型
D-ガラクトース	Gal	N-結合型，ムチン型，PG型
D-マンノース	Man	N-結合型
L-フコース	Fuc	N-結合型，ムチン型
D-キシロース	Xyl	PG型
D-グルクロン酸	GlcA	PG型
L-イズロン酸	IdoA	PG型
N-アセチル-D-グルコサミン	GlcNAc	N-結合型，ムチン型，PG型
N-アセチル-D-ガラクトサミン	GalNAc	ムチン型，PG型
N-アセチルノイラミン酸	NeuAc	N-結合型，ムチン型
N-グリコリルノイラミン酸	NeuGc	N-結合型，ムチン型

PG：プロテオグリカン．

質であるかどうかは，タンパク質試料を加水分解し，比色定量を行うか，加水分解で得られた単糖を紫外部吸収あるいは発蛍光性を有する誘導体化試薬で誘導体化し，高速液体クロマトグラフィー（HPLC：high performance liquid chromatography）などによる分析を行うことで知ることができる．

糖鎖とタンパク質間の結合様式については，N-グリコシド結合型（N-結合型），O-グリコシド結合型（ムチン型およびプロテオグリカン型）の3種類が知られている（表4.2）．N-グリコシド結合はタンパク質中の Asn-X-Ser/Thr［X はプロリン（Pro）以

表 4.2 糖タンパク質におけるポリペプチドと糖鎖の結合様式

結合様式	構造	結合配列
N-結合型 β-N-アセチルグルコサミニル-アスパラギン	（構造式）	Asn-X-Ser/Thr X：Pro 以外のアミノ酸
O-結合型（ムチン型） α-N-アセチルガラクトサミニル-セリン/トレオニン	（構造式）	ポリペプチド鎖上の Ser または Thr 残基
O-結合型（PG型） キシロシル-セリン	（構造式）	ポリペプチド鎖上の Ser 残基

外のアミノ酸]のアスパラギン(Asn)残基にGlcNAcを介して結合し,その結合は強塩基に対しても安定である.一方,O-グリコシド結合はN-グリコシド結合に比べ塩基に対し不安定であり,塩基性水溶液中比較的緩和な条件でコアタンパク質から容易に脱離する.生体試料などから糖タンパク質の精製を行う場合には,単糖間,オリゴ糖とコアタンパク質間の化学的安定性に留意しながら進めなければならない.

糖タンパク質の糖鎖部分については,N-グリコシド結合型とO-グリコシド結合型によってコア構造が異なる.これまでに見出されている糖タンパク質糖鎖のうち,典型的なN-グリコシド結合型糖鎖の構造を図4.1に,O-グリコシド結合型糖鎖の基本構造を図4.2に示す.N-グリコシド結合型糖鎖は高マンノース型,ハイブリッド型(混成型)および複合型に分類され,いずれも還元末端側にトリマンノシルコア構造

図 4.1 典型的な N-グリコシド結合型糖鎖の構造
Man:マンノース,Gal:ガラクトース,GlcNAc:N-アセチルグルコサミン,Asn:アスパラギン.

コア1	Galβ1-3GalNAc-Ser/Thr		コア5	GalNAcβ1-3GalNAc-Ser/Thr
コア2	GlcNAcβ1↘6 Galβ1-3GalNAc-Ser/Thr		コア6	GlcNAcβ1-6GalNAc-Ser/Thr
コア3	GlcNAcβ1-3GalNAc-Ser/Thr		コア7	GalNAcα1-6GalNAc-Ser/Thr
コア4	GlcNAcβ1↘6 GlcNAcβ1-3GalNAc-Ser/Thr		コア8	Galα1-3GalNAc-Ser/Thr

図 4.2 O-グリコシド結合型糖鎖のコア構造（ムチン型）
Gal：ガラクトース，GlcNAc：N-アセチルグルコサミン，GalNAc：N-アセチルガラクトサミン，Ser：セリン，Thr：トレオニン．

（灰色部分）を共通にもつことが特徴である．トリマンノシルコア構造の非還元末端側にさらに Man 残基のみをもつ糖鎖は高マンノース型，Gal と GlcNAc の二糖単位であるラクトサミン残基（Galβ1-3/4GlcNAc）をもつものは複合型，トリマンノシルコア構造の非還元末端 α1-6 側鎖に Man 残基そして α1-3 側鎖にラクトサミン残基の両方をもつものをハイブリッド型（混成型）とよぶ．これらの N-グリコシド結合型糖鎖は気相ヒドラジン分解法あるいは N-グリカナーゼ F のような酵素を用いて，還元末端を有するオリゴ糖として遊離することができる（5.2 節参照）．

　O-グリコシド結合型糖鎖は，糖鎖の種類によってムチン型とプロテオグリカン型に大別される．ムチン型は GalNAc を介しセリン（Ser）あるいはトレオニン（Thr）残基と結合し，図 4.2 に示した 8 種類のコア構造が知られている．コア 1 とコア 2 構造のオリゴ糖を有する糖タンパク質は生物界に広く分布している．ムチン型糖鎖はコア構造の非還元側が NeuAc やフコース（Fuc）により修飾を受けたもの，ラクトサミン残基が伸張したポリラクトサミン型の糖鎖などの多彩な構造を示す．プロテオグリカン型糖鎖はキシロース（Xyl）を介し Ser 残基と結合する．プロテオグリカン型の糖鎖部分はグリコサミノグリカン（GAG：glycosaminoglycan）とよばれ，ウロン酸と N-アセチルヘキソサミンからなる 2 糖単位の繰返し構造からなり，GAG 部分はウロン酸と N-アセチルヘキソサミンの種類によってヘパリン，ヘパラン硫酸，コンドロイチン硫酸，デルマタン硫酸に大別される．N-グリコシド結合型糖鎖の切り離しに使用される N-グリカナーゼ F のように，ムチン型およびプロテオグリカン型の O-グリコシド結合型糖鎖を構造に関係なく遊離できる基質特異性の広い酵素は知られていない．したがって，コアタンパク質からの O-グリコシド結合型糖鎖の遊離は，通常希アルカリ溶液中，緩和な条件で実施される．特にムチン型糖鎖の遊離では，遊離後の糖鎖がピー

リング反応とよばれる反応により分解されるのを防ぐために,一般的に水素化ホウ素ナトリウム(NaBH$_4$)のような還元剤存在下で糖鎖の遊離反応が行われる.そのため,得られるオリゴ糖は還元性を失った糖アルコールとして得られるので,N-グリコシド結合型糖鎖のように高感度検出のための誘導体化が不可能である.インラインフロー方式のリアクター中,還元剤非存在下アルカリβ脱離反応により,還元末端を有するO-グリコシド結合型糖鎖を短時間で遊離できる方法も開発され,N-グリコシド結合型糖鎖と同様に高感度分析が可能となりつつある(5.2節参照).本節ではN-グリコシド結合型糖鎖ならびにムチン型のO-グリコシド結合型糖鎖を有する糖タンパク質に的を絞って解説する.プロテオグリカンについては4.2節を参照されたい.

　糖タンパク質から遊離されたオリゴ糖は直接あるいは高感度検出のための誘導体化を行い,HPLC,キャピラリー電気泳動(CE)法,質量分析法,核磁気共鳴法などを組み合わせて解析される.また,N-グリコシド結合型糖鎖およびO-グリコシド結合型糖鎖の糖鎖間のグリコシド結合を特異的に切断するグリコシダーゼ類が数多く市販されているので,糖鎖の構造解析に利用できる.糖タンパク質,糖ペプチド,オリゴ糖中の単糖あるいはオリゴ糖構造に親和性を示す種々のレクチンは,糖タンパク質や糖ペプチドなどのレクチンアフィニティクロマトグラフィーによる分画や,ゲル電気泳動により分離された糖タンパク質の検出などに広く利用できる.どの方法を用いて糖タンパク質の分析を行うかについては,必要とする情報の種類と分析に用いる試料量から適用可能な分析手段を選択し決定することになる.

4.1.2　呈色反応を利用する糖タンパク質の検出

　動植物や微生物などから精製したタンパク質が単純タンパク質であるか,糖タンパク質であるかを簡単に推定するためには,試料タンパク質を酸加水分解し,糖の呈色反応を行えば容易に知ることができる.中性糖の呈色法としてフェノール硫酸法[1],オルシノール硫酸法[2],ヘキソサミンの呈色法としてElson-Morgan法[3,4],シアル酸の呈色法であるレゾルシノール塩酸法[5]などの簡便な方法が現在も広く利用されている.いずれの呈色反応も,単糖として1～10μg程度を含有する糖タンパク質試料(～100μg)が必要なので,微量の糖タンパク質試料中の糖の定量には適さない.また,フェノール硫酸法では単糖の種類によって発色率が異なる点についても留意しなければならない.一般にフェノール硫酸法などの呈色反応は,糖タンパク質や糖ペプチドのサイズ排除クロマトグラフィーやイオン交換クロマトグラフィーなどによる分画,精製過程における糖の検出方法として利用される場合が多い.ここでは,汎用される

フェノール硫酸法, レゾルシノール塩酸法, オルシノール硫酸法について取り上げる.

a. フェノール硫酸法による中性糖の定量[1]

フェノール硫酸法は硫酸の発熱反応を利用したもので, オルシノール硫酸反応より簡便, 迅速である. なお, フェノール硫酸法では単糖の種類により発色率が異なり, Man, Gal, Fuc の相対呈色度はグルコース (1.0) に対し, それぞれ 1.3, 0.85, 0.45 である.

【実験例 4.1】 フェノール硫酸法による中性糖の定量

糖タンパク質を含む水溶液 200 μL (中性糖として 1〜10 μg を含む) を試験管に取り, 5% フェノール水溶液 200 μL を加えよく混和する. これに濃硫酸 1.0 mL を加え, すばやく混合する. このとき, 硫酸は試験管の壁面を伝わらせて加えるのではなく, ディスペンサーなどを用いて試料溶液面に一気に加える. 発色させた反応溶液は室温に戻し, 黄褐色の呈色 (490 nm) を分光光度計で測定する. 試料中の中性糖量は並行して操作し発色させたグルコースなどの標準単糖溶液を用いて作成した検量線を用いて算出する.

b. レゾルシノール塩酸法による総シアル酸の定量[5]

糖タンパク質中のシアル酸定量法として, 過ヨウ素酸-チオバルビツール酸反応とレゾルシノール反応が知られている. 前者はあらかじめ酸処理あるいは酵素処理によりシアル酸を遊離させる必要がある. 一方, レゾルシノール反応はあらかじめシアル酸を遊離させる必要がなく, 操作も簡便である.

【実験例 4.2】 レゾルシノール塩酸法による総シアル酸の定量

糖タンパク質を含む水溶液 200 μL を試験管に取り, 200 μL のレゾルシノール塩酸溶液 (レゾルシノール 50 mg を蒸留水 5 mL で溶解し, 濃塩酸 20 mL と 62.5 μL の 0.1 mol L^{-1} 硫酸銅水溶液を加える) を混和し, 100 ℃ で 15 min 加熱する. 室温まで冷却後, 500 μL の酢酸ブチル-n-ブタノール (85:15, v/v) を加え激しく撹拌し, 溶液を遠心分離し, 上層の紫色の呈色を 580 nm で測定する. 試料中のシアル酸量は並行して操作し発色させた NeuAc の標準液の検量線を用いて算出する.

c. 薄層クロマトグラフィーによるオリゴ糖分離とオルシノール硫酸法による検出[6]

薄層クロマトグラフィー (TLC: thin-layer chromatography) による糖の分離同定は, HPLC による方法と比較すると, 分離能と感度の点では格段に劣るが, 特別な装置などが必要なく操作が簡便であり, 予備的な実験として単糖類やオリゴ糖, 糖タンパク質や糖ペプチドから遊離したオリゴ糖の分離同定に応用することができる. 分離された糖の検出は TLC プレートにオルシノール硫酸試薬を噴霧し, 100 ℃ で加熱する

ことにより検出する．なお，塩類を含む試料については，サイズ排除クロマトグラフィー，イオン交換クロマトグラフィーなどであらかじめ試料を脱塩しておく必要がある．

【実験例 4.3】　TLC によるオリゴ糖の分析と糖の検出

　Merck 社製の TLC プレート（シリカゲル 60，幅 5 cm，長さ 10 cm）の下部 1 cm を原点とし，1 cm 間隔で試料溶液（オリゴ糖として 1〜20 μg）をスポットが広がらないように注意しながらスポットする．風乾後，1-プロパノール-酢酸-水（3：3：2, v/v）により約 10 min 展開する．TLC プレートを乾燥後，発色試薬（30 mg のオルシノールを 3 mL の 50％硫酸水溶液に溶解）を噴霧し，100 ℃で加熱しながら発色が明瞭になるまで加熱する．展開時にイソマルトオリゴ糖の混合物を同じプレート上で展開し，発色した試料の移動度と比較すればオリゴ糖のおよそのサイズを知ることができる．

　オリゴ糖をエキソグリコシダーゼにより消化し，酵素反応物を TLC で分離し移動度の変化を観察すれば，より詳しいオリゴ糖構造を推定することができる．なお，エキソグリコシダーゼによる酵素反応物は，Bio-Gel P-4 を充填したカラム（内径 0.5 cm，長さ 10 cm）などで脱塩してから用いる．

4.1.3　糖タンパク質の単糖組成分析

　微量の糖タンパク質試料（0.1〜100 μg）中の構成単糖とその組成を正確に知りたい場合は，単糖組成分析を行う．単糖組成分析は糖タンパク質をトリフルオロ酢酸あるいは塩酸を用いて加水分解し，得られた単糖を紫外部吸収あるいは発蛍光性を有する誘導体化試薬で誘導体化し試料とする．単糖分析に用いられる誘導体化試薬には，強い紫外部吸収をもつ 3-メチル-1-フェニル-5-ピラゾロン（PMP：3-methyl-1-phenyl-5-pyrazolone）[7] や p-アミノ安息香酸エチルエステル（ABEE：p-aminobenzoic acid ethyl ester）[8]，発蛍光性を有する 2-アミノピリジン（2-AP：2-aminopyridine）[9] などが用いられる．誘導体化された単糖は HPLC あるいは CE により分離分析し，単糖組成を定量する．単糖組成分析では中性糖とアミノ糖を同時に定量でき，Man と Gal，GlcNAc と GalNAc のようなエピマー関係にある単糖も分離定量することができる．シアル酸については，中性糖とは別に緩和な条件で加水分解を行い，遊離したシアル酸を 1,2-ジアミノ-4,5-メチレンジオキシベンゼン（DMB：1,2-diamino-4,5-methylenedioxybenzene）[10] で蛍光誘導体化し，逆相分配型カラムでシアル酸分子種を分離定量する方法が一般的である．本項では PMP を用いる糖タンパク質の単糖分析と DMB を用いるシアル酸定量法について取り上げる．

a. 糖タンパク質の加水分解

糖タンパク質の単糖組成を決定するためには，あらかじめ酸加水分解により単糖間および糖-アミノ酸間のグリコシド結合を切断し，構成単糖を還元糖として遊離しなければならない．加水分解は一般的に糖タンパク質試料を $4 \sim 8\,\mathrm{mol\,L^{-1}}$ のトリフルオロ酢酸中，$100\,^\circ\mathrm{C}$ で $2 \sim 4\,\mathrm{h}$ 加熱することにより行う．なお，加水分解に伴い N-アセチルヘキソサミン（GlcNAc，GalNAc）の N-アセチル基が脱離するため，必要に応じて再 N-アセチル化を行わなければならない．また，N-アセチルヘキソサミンの結合は他の中性糖と比べて安定であるため，塩酸を用いて別に分析した方がよい結果を与える場合もある．

【実験例 4.4】　糖タンパク質の加水分解と再 N-アセチル化

糖タンパク質を含む水溶液をテフロンキャップ付き $1.5\,\mathrm{mL}$ マイクロチューブに移し凍結乾燥する．$4\,\mathrm{mol\,L^{-1}}$ トリフルオロ酢酸（用時調製）$500\,\mu\mathrm{L}$ を加えて，密栓して $100\,^\circ\mathrm{C}$ で $4\,\mathrm{h}$ 加水分解を行う．加水分解後，室温まで冷却，減圧乾固し，さらに $100\,\mu\mathrm{L}$ の 2-プロパノールを加え撹拌後，減圧乾固する．試料に $100\,\mu\mathrm{L}$ のメタノール-ピリジン混液（9：1）を加え溶解し，無水酢酸 $10\,\mu\mathrm{L}$ を加え室温で $30\,\mathrm{min}$ 放置する．反応終了後，減圧下蒸発乾固する．

b. 単糖の誘導体化と HPLC による単糖組成分析

糖タンパク質の加水分解により生成した単糖類のうち，アセチル基に基づく紫外部吸収を有する NeuAc や N-アセチルヘキソサミン（GlcNAc，GalNAc）を除く単糖類は，検出に有効な紫外部吸収などをもたないため，強い紫外部吸収あるいは発蛍光性を有する誘導体化試薬で誘導体化することにより特異的に検出できる．中性糖ならびに N-アセチルヘキソサミンについては強い紫外部吸収をもつ PMP[7] や ABEE[8]，発蛍光性の 2-AP などを用いる場合が多い．どの誘導体化試薬を用いるかは，利用できる検出器の種類と試料となる糖タンパク質量によって選択する．

【実験例 4.5】　PMP 誘導体化法によるエリスロポエチン中の単糖組成分析

糖タンパク質の加水分解物（糖タンパク質として $5\,\mu\mathrm{g}$ 相当）に，$0.3\,\mathrm{mol\,L^{-1}}$ 水酸化ナトリウム $20\,\mu\mathrm{L}$ と $0.5\,\mathrm{mol\,L^{-1}}$ PMP メタノール溶液 $20\,\mu\mathrm{L}$ を加え，$70\,^\circ\mathrm{C}$ で $30\,\mathrm{min}$ 反応させる．室温まで冷却後，$0.3\,\mathrm{mol\,L^{-1}}$ 塩酸 $20\,\mu\mathrm{L}$ を加えて混合し減圧乾固する．残査に蒸留水 $200\,\mu\mathrm{L}$ とクロロホルム $200\,\mu\mathrm{L}$ を加え，ボルテックスミキサーで激しく撹拌後，$1000\,g$ で $30\,\mathrm{s}$ 遠心分離し，クロロホルム層を除去する．さらにクロロホルム $200\,\mu\mathrm{L}$ を加え，ボルテックスミキサーで激しく撹拌後，$1000\,g$ で $30\,\mathrm{s}$ 遠心分離し，水層の一部を分析用試料とし，HPLC により分析する．逆相分配型 ODS（octa decylsilyl）

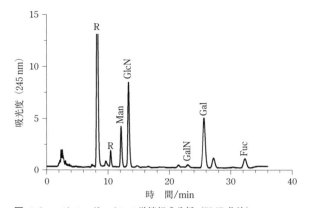

図 4.3 エリスロポエチンの単糖組成分析（PMP 化法）
分離条件 カラム：COSMOSIL 5C18-AR-Ⅱ（内径 6 mm，長さ 150 mm），検　出：吸光度検出（245 nm），溶離液：18% アセトニトリルを含む 30 mmol L^{-1} リン酸塩緩衝液（pH 7.0），流　速：1.0 mL min^{-1}.
Man：マンノース，GlcN：グルコサミン，GalN：ガラクトサミン，Gal：ガラクトース，Fuc：フコース，R：PMP 試薬.

カラム（内径 6 mm，長さ 150 mm）を用いて，流速 1.0 mL min^{-1}，18% アセトニトリルを含む 30 mmol L^{-1} リン酸塩緩衝液（pH 7.0）を用いるイソクラティック溶出により分析を実施する．なお，検出は 245 nm の紫外部吸収を利用する（図 4.3）．

エリスロポエチン（EPO：erythropoietin）は，分子内の 3 カ所の Asn 残基に N-グリコシド結合型糖鎖が結合し，1 カ所の Ser 残基に O-グリコシド結合型糖鎖を有する糖タンパク質であり，構成単糖として NeuAc，Gal，GlcNAc，Man，GalNAc および Fuc の 6 種類の単糖が含まれる．このうち NeuAc は酸加水分解により α-ケト酸として遊離されるため，アルドース類と反応する PMP では標識することできず検出されない．EPO を加水分解し PMP 化後逆相 HPLC で分析すると，NeuAc を除くすべての単糖が 40 min 以内に完全に分離される．各単糖についてあらかじめ標準品を用いて検量線を作成しておけば，タンパク質に含まれる単糖組成比を正確に知ることができる．NeuAc については後述する DMB 誘導体化法を用いるか，遊離した NeuAc を N-アセチルノイラミン酸アルドラーゼで N-アセチルマンノサミン（ManNAc）へ変換し，PMP 化や還元アミノ化反応により誘導体化すれば他のアルドース類と同様に定量できる．N-グリコシド結合型糖鎖をもつタンパク質では Man，O-グリコシド結合型糖鎖のうちムチン型糖鎖をもつタンパク質では GalNAc が特徴的に観察されるので，単

糖分析の結果から試料糖タンパク質に含まれる糖鎖の種類を知ることができる．

c. DMB 誘導体化法によるシアル酸の分子種分析

遊離のシアル酸は酢酸水溶液中で DMB と反応し，蛍光性のキノキサリン誘導体に導かれる．キノキサリン誘導体は，373 nm の励起光により 448 nm を極大とする強い蛍光を発する．DMB は α-ケト基（シアル酸の 1 位と 2 位）と反応し，他のヒドロキシ基と反応しないため，O-アセチル基の脱離が起こらず，種々の O-アセチル体を含めたシアル酸分子種の分別定量が可能である．

【実験例 4.6】 DMB 誘導体化法によるウシ顎下腺ムチン中のシアル酸の分子種分析[11,12]

ウシ顎下腺ムチン（BSM：bovine submaxillary gland mucin）の水溶液 10 μL（糖タンパク質として 2.5 μg 相当）に 4 mol L^{-1} 酢酸を 10 μL 加え，80 ℃ で 3 h 加水分解を行い，シアル酸を遊離させる．室温まで冷却後，加水分解後の試料溶液 10 μL に 100 μL の DMB 試薬（7 mmol L^{-1} DMB，18 mmol L^{-1} 亜ジチオン酸ナトリウム（ハイドロサルファイトナトリウム），0.75 mol L^{-1} メルカプトエタノールを含む 1.4 mol L^{-1} 酢酸水溶液）を加え，50 ℃ で，150 min 誘導体化反応を行う．室温まで冷却後，反応溶液を逆相分配型 ODS カラム（内径 4.6 mm，長さ 150 mm）を用いて，流速 0.9 mL min^{-1}，メタノール-アセトニトリル-水（14：2：84）を用いるイソクラティック溶出により分析する（図 4.4）．

BSM には，NeuAc，NeuGc の他，NeuAc と NeuGc の 7 位や 9 位が O-アセチル化されたシアル酸分子種が含まれている．BSM を 4 mol L^{-1} 酢酸により加水分解すると，O-アセチル基の脱離なくすべてのシアル酸分子種を定量できる．一方，0.1 mol L^{-1} HCl で加水分解した場合，シアル酸の遊離とともに O-アセチル基も脱離するため，NeuAc と NeuGc のみを定量することができる．

4.1.4　糖タンパク質糖鎖の分離分析

糖タンパク質は精製された製品であっても糖鎖の違いによる高い不均一性を示す．この糖鎖の不均一性を糖タンパク質のままで解析することは難しく，通常コアタンパク質から糖鎖を遊離して紫外部吸収あるいは発蛍光性を有する誘導体化試薬で誘導体化し，HPLC や CE，種々の質量分析法を組み合わせて解析する．4.1.1 項で述べたように，糖タンパク質の糖鎖は，種類や結合様式の違いにより，化学的あるいは酵素的に遊離することができる．N-グリコシド結合型糖鎖の遊離は気相ヒドラジン分解法とN-グリカナーゼ F による酵素的遊離がもっぱら用いられ，いずれも高感度分析のため

4.1 糖タンパク質　83

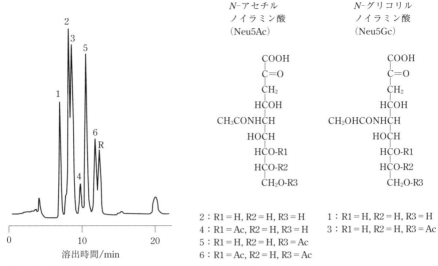

図 4.4　ウシ顎下腺ムチン中のシアル酸分析（DMB 化法）
分離条件　カラム：COSMOSIL 5C18-AR-II（内径 4.6 mm，長さ 150 mm），検　出：分光蛍光検出器（励起波長 375 nm，蛍光波長 448 nm），溶離液：メタノール-アセトニトリル-水（14：2：84，v/v），流　速：0.9 mL min^{-1}．
ピーク 1：Neu5Gc，2：Neu5Ac，3：Neu5Gc,9Ac，4：Neu5Ac,7Ac，5：Neu5Ac,9Ac，6：Neu5Ac,7,9Ac，R：DMB 試薬．

の誘導体化が可能な還元末端を有する糖鎖が得られる（5.2 節参照）．気相ヒドラジン分解法は試料量が多い場合（10 mg 以上）に適しているが，試薬が有毒で爆発性であり，かつ操作が煩雑で遊離反応から糖鎖の精製までに数日を要する．N-グリカナーゼ F による酵素的遊離法は，後処理などが必要なく，微量（1 mg 以下）の糖タンパク質試料から糖鎖を調製するのに適している．

　糖タンパク質糖鎖の分析手段として，HPLC や CE が利用される．しかし，精製された糖タンパク質であっても糖鎖のバリエーションは高く，高感度かつ優れた特異性を有する検出法と高い分離能を兼ね備えた分析法が必要となる．糖タンパク質から遊離した糖鎖の還元末端誘導体化試薬として，様々な芳香族アミン系の誘導体化試薬が開発されている．表 4.3 に糖タンパク質糖鎖解析に用いられる代表的な誘導体化試薬とその特徴を示す．

　2-アミノピリジン（2-AP）は，汎用されかつ高感度検出を達成できる誘導体化試薬であり，逆相系 ODS および順相系アミドカラムを組み合わせて分析される[9,13,14]．2-アミノ安息香酸（2-AA）は順相系アミドカラムにおける分離能が高く，また陰イオン

表 4.3 糖タンパク質糖鎖の分離分析に用いる誘導体化試薬

名　称	構造式	検　出	分離手段
2-アミノピリジン（2-AP）		蛍光検出	HPLC（順相系，逆相系） キャピラリー電気泳動
2-アミノ安息香酸（2-AA）		蛍光検出	HPLC（順相系，逆相系） キャピラリー電気泳動
2-アミノベンズアミド（2-AB）		蛍光検出	HPLC（順相系，逆相系） キャピラリー電気泳動
2-アミノアクリドン（AMAC）		蛍光検出	HPLC（逆相系） キャピラリー電気泳動
7-アミノ-4-メチルクマリン（AMC）		蛍光検出	HPLC（順相系，逆相系）
8-アミノナフタレン-1,3,6-トリスルホン酸（ANTS）		蛍光検出	キャピラリー電気泳動
8-アミノピレン-1,3,6-トリスルホン酸（APTS）		蛍光検出	キャピラリー電気泳動
4-アミノ安息香酸エチルエステル（4-ABEE）		紫外部検出	HPLC（逆相系） キャピラリー電気泳動

性のカルボキシ基をもつため CE による分析にも適している[15,16]．8-アミノナフタレン-1,3,6-トリスルホン酸（ANTS）[17〜19]や 8-アミノピレン-1,3,6-トリスルホン酸（APTS）[20,21]は CE における高感度化と高分離能を得るために開発され，スルホン酸に基づく強い負電荷により短時間で分析を完了できる．特に，APTS は可視蛍光（蛍光波長 520 nm）を発するため，レーザー励起蛍光検出（LIF：laser-induced fluorescence）を用いることにより他の誘導体化試薬を凌ぐ高感度分析を達成でき，その検出限界は

10^{-18} mol に達する．また，反応後の過剰試薬を除去せずに分析することが可能である．ただし，ANTS や APTS による誘導体は HPLC による分離が難しい．本項では糖タンパク質糖鎖の蛍光誘導体化とその精製，HPLC と CE を用いる分離分析法について述べる．なお，糖鎖の蛍光誘導体化の詳細については 5.3.2 項を参照されたい．

a. 2-アミノピリジン誘導体化糖鎖の HPLC による分離

糖鎖の還元末端に 2-AP を還元的アミノ化反応により導入し，蛍光誘導体へ導く方法である PA 化は，長谷ら[9]によって開発され，現在広く用いられている糖鎖の蛍光誘導体化法である．PA 化糖鎖は fmol (10^{-15}) レベルの検出が可能であり，数 μg の糖タンパク質試料に対応できる．PA 化糖鎖はピリジン基とアミノ基の効果により，逆相系 ODS および順相系アミドカラムを用いる HPLC による分離分析において特に威力を発揮する．また，糖タンパク質糖鎖の分析実績が膨大に蓄積されており，参照できる．各種のグリコシダーゼ処理により得られる HPLC の溶出プロファイルの変化から糖鎖構造を推定できる．逆相系 ODS カラムを用いる PA 化糖鎖の分離には，シリカベースの ODS カラム（内径 0.5〜2.0 cm，カラム長 15〜25 cm）を使用する．溶出は 10 mmol L^{-1} リン酸塩緩衝液（pH 3.8, 溶離液 A）と 0.5% 1-ブタノールを含む 10 mmol L^{-1} リン酸塩緩衝液（pH 3.8, 溶離液 B）によるリニアグラジエント溶出を行う．なお，PA 化糖鎖の分離に先立ち，カラムは溶離液 A/溶離液 B（80：20）で平衡化する．試料注入後から 60 min まで溶離液 B の割合を 50% まで直線的に上昇させ，PA 化糖鎖を溶出させる．なお，流速は 1.0 mL min^{-1}，検出は励起波長 320 nm，蛍光検出波長 400 nm で行う．順相系アミドカラムを用いる PA 化糖鎖の分離には，TSK-GEL Amide-80（内径 4.6 cm，長さ 25 cm，東ソー株式会社）を用いる分析例が数多く報告されている．分離溶離液には 3% 酢酸を含むトリエチルアミン溶液（pH 7.3)-アセトニトリル（35：65）の混液（溶離液 A），3% 酢酸を含むトリエチルアミン溶液（pH 7.3)-アセトニトリル（50：50）の混液（溶離液 B）を用いる．分析前に溶離液 A で平衡化したカラムに試料を注入後，50 min で溶離液 B が 100% となるように直線的に上昇させオリゴ糖を溶出させる．なお，流速は 1.0 mL min^{-1}，検出は励起波長 320 nm，蛍光検出波長 400 nm で行う．

b. 2-アミノ安息香酸誘導体化糖鎖の HPLC による分離

2-AA による糖鎖の蛍光誘導体化は PA 化法に匹敵する感度を有し，PA 化法と同様に逆相系ならびに順相系アミドカラムにより分離が可能である．さらに，2-AA は分子内にカルボキシ基をもつため，弱酸性〜中性以上の pH をもつ水溶液中で負電荷を有し，CE による分離分析においても効果的である．2-AA による糖鎖の蛍光誘導体化

反応は試料中のタンパク質や塩類の共存の影響を受けにくく，試料の前処理などが必要なく，試薬も高純度のものが購入でき，初めてオリゴ糖の蛍光誘導体化を行う場合でも失敗が少ない．

【実験例 4.7】 逆相系 ODS カラムを用いるヒト α1-酸性糖タンパク質由来糖鎖の分離

ヒト α1-酸性糖タンパク質（AGP）100 μg の N-グリカナーゼ F 消化により遊離された N-グリコシド結合型糖鎖の凍結乾燥物に，200 μL の 2-AA 試薬（用時調製：2-AA 30 mg とシアノ水素化ホウ素ナトリウム 30 mg を 4% 酢酸ナトリウムと 2% ホウ酸を 1 mL のメタノール溶液に溶解する）を加えて，80 ℃ で 1 h 反応を行う．反応後，200 μL の蒸留水を加え，あらかじめ 50% メタノール水溶液で平衡化した Sephadex LH-20 カラム（内径 1 cm，長さ 30 cm）によるサイズ排除クロマトグラフィーで 1 mL ずつ分画する．各分画の蛍光強度（励起波長 335 nm，蛍光波長 410 nm）を蛍光分光光度計で測定し，最初に溶出される蛍光性分画をナス形フラスコに回収し，エバポレーターを用いて減圧濃縮乾固する．回収した 2-AA 化糖鎖は，蒸留水（100 μL）に溶解し分析用試料とする．分離にはシリカベースの ODS カラム（内径 6.0 mm，長さ 25 cm）を使用する．溶出は 50 mmol L^{-1} ギ酸アンモニウム緩衝液（pH 4.4, 溶離液 A）と 20% アセトニトリルを含む 50 mmol L^{-1} ギ酸アンモニウム緩衝液（pH 4.4, 溶離液 B）を用いるリニアグラジエント溶出により行う．リニアグラジエント溶出は，92% 溶離液 A，8% 溶離液 B でカラムを平衡化後，試料溶液を注入し，70 min で溶離液 B を 12% まで上昇させ，その後 50 min，溶離液 B を 12% として溶出させる．流速は 1.5 mL min^{-1}，検出は励起波長 335 nm，蛍光検出波長 410 nm で行う（図 4.5）．

ヒト AGP は，複合型二本鎖，三本鎖，四本鎖を基本骨格とし，NeuAc と Fuc により修飾を受けた糖鎖の混合物からなる．ヒト AGP 由来のシアロ糖鎖混合物を直接分析すると，25〜60 min までの間に複雑なピーク群を与える（図 4.5(a)）．一方，糖鎖混合物をシアリダーゼ処理し，非還元末端のシアル酸を脱離してアシアロ糖鎖混合物として分析すると，カラムへの保持が強くなり，30〜90 min の間に主要な 6 本のピークを与える（図 4.5(b)）．クロマトグラム上で観察される各ピークの糖鎖構造については，ピークを分取し，MALDI/TOF/MS による質量分析とエキソグリコシダーゼ処理を組み合わせて解析を行う．アミド系カラムではシアロ糖鎖についてはカラムに対する保持が強く，逆相系 ODS カラムほどの分離は達成できないが，順相系アミドカラムによる分離に先立ち，セロトニンアフィニティークロマトグラフィーや陰イオン交換クロマトグラフィーによりシアル酸残基数に基づいて分画し，各分画をシアリダー

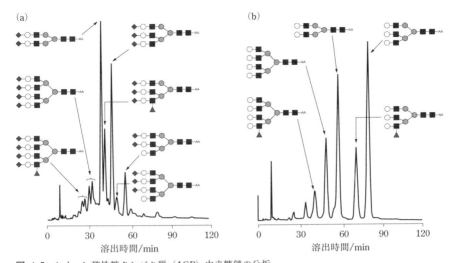

図 4.5 ヒト α1-酸性糖タンパク質（AGP）由来糖鎖の分析
(a) ヒト AGP 由来のシアロ糖鎖混合物 (b) シアリダーゼ処理により得たアシアロ糖鎖混合物
◆：NeuAc, ○：Gal, ■：GlcNAc, ●：Man, ▲：Fuc.
分離条件　カラム：COSMOSIL 5C18-AR-II（内径 6.0 cm，長さ 25 cm），検　出：分光蛍光検出器（励起波長 335 nm，蛍光波長 410 nm），溶離液 A：50 mmol L^{-1} ギ酸アンモニウム緩衝液（pH 4.4），溶離液 B：20% アセトニトリルを含む 50 mmol L^{-1} ギ酸アンモニウム緩衝液（pH 4.4）．92% 溶離液 A，8% 溶離液 B でカラムを平衡化後，試料溶液を注入し，70 min で溶離液 B を 12% となるように直線勾配で溶出させ，その後 50 min，溶離液 B を 12% に保つ．流　速：1.5 mL min^{-1}．

ゼ消化によりアシアロ体とした後，順相系アミドカラムを用いて分離すれば，詳細な構造解析を達成できる．

【**実験例 4.8**】　順相系アミドカラムを用いるウシ膵臓リボヌクレアーゼ B 由来糖鎖の分離

ウシ膵臓リボヌクレアーゼ B（100 μg）を用いて，【実験例 3.6】と同様に 2-AA 誘導体化糖鎖を調製する．順相系アミドカラムを用いる 2-AA 化糖鎖の分離には，TOSOH Amide-80 カラム（内径 4.6 mm，長さ 25 cm）を使用する．溶離液は，2% 酢酸を含むアセトニトリル（溶離液 A）と 5% 酢酸-0.3% トリエチルアミン水溶液（溶離液 B）を用いるリニアグラジエント溶出により行う．リニアグラジエント溶出は，70% 溶離液 A，30% 溶離液 B でカラムを平衡化後，試料溶液を注入後，80 min で溶離液 B を 95% まで上昇させ，その後 20 min，溶離液 B を 95% として溶出させる．流速は 1.0 mL min^{-1}，検出は励起波長 335 nm，蛍光検出波長 410 nm で行う（図 4.6）．

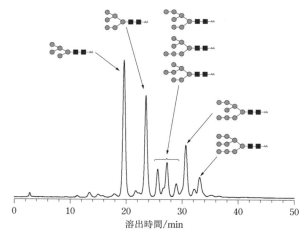

図 4.6 ウシ膵臓リボヌクレアーゼ B 由来糖鎖の分析
■：GlcNAc, ●：Man
分離条件 カラム：TOSOH Amide-80 カラム（内径 4.6 mm, 長さ 25 cm），検　出：分光蛍光検出器（励起波長 335 nm, 蛍光波長 410 nm），溶離液 A：2% 酢酸を含むアセトニトリル，溶離液 B：5% 酢酸-0.3% トリエチルアミン水溶液．70% 溶離液 A，30% 溶離液 B でカラムを平衡化後，試料溶液を注入後，80 min で溶離液 B を 95% まで上昇させ，その後 20 min，溶離液 B を 95% として溶出させる．流　速：1.0 mL min^{-1}.

　ウシ膵臓リボヌクレアーゼ B は，Man を 5～9 残基もつ高マンノース型糖鎖の混合物からなる．ウシ膵臓リボヌクレアーゼ B 由来の糖鎖混合物を分析すると，Man 残基数の小さな糖鎖から順に 20～35 min までの間にオリゴ糖のピークが観察される．高マンノース型糖鎖やアシアロ糖鎖の分離は，逆相系 ODS カラムでも可能であるが，順相系アミドカラムを用いると，25 min 付近に観察される Man 7 残基からなる 3 種類の異性体（M7）を含めた分離が短時間で達成できる．

c.　8-アミノピレン-1,3,6-トリスルホン酸誘導体化糖鎖の CE による分離

　APTS は強い可視蛍光（蛍光波長 520 nm）を発するため，他の誘導体化試薬を凌ぐ高感度を達成できる．また，強酸性の誘導体を与えるため CE において高い分離能を達成できる．APTS 化された糖鎖は強酸性の誘導体であるため質量分析法による構造解析は難しい場合が多いが，誘導体化反応後に過剰試薬を除去することなく分析が可能であり，分析時間も短いため，構造が既知の糖タンパク質糖鎖のルーチン分析に適している．

【実験例 4.9】 LIF-CE を用いる抗体医薬品中 IgG の N-グリコシド結合型糖鎖の分析[22]

抗体医薬品製剤を限外沪過膜により脱塩処理して得られたヒトの IgG（免疫グロブリン G）50 μg の N-グリカナーゼ F 消化により遊離した N-グリコシド結合型糖鎖の凍結乾燥物に，100 mmol L^{-1} APTS の 30% 酢酸水溶液 2 μL を加え，さらに，1 mol L^{-1} シアノ水素化ホウ素ナトリウムのテトラヒドロフラン（THF）溶液 2 μL を加えて混合し，55 ℃ で 90 min 反応させる．反応混合物に水 100 μL を加え，蒸留水であらかじめ平衡化した Sephadex G-25 カラム（内径 0.6 cm，長さ 12 cm）によるサイズ排除クロマトグラフィーにより 1 mL ずつ分画する．各分画を励起波長 488 nm，蛍光波長 520 nm における蛍光強度を蛍光分光光度計で測定し，最初に溶出される蛍光性分画をナス形フラスコに回収し，エバポレーターを用いて濃縮乾固する．回収した APTS 誘導体化糖鎖を蒸留水（100 μL）に溶解し分析用試料とする（図 4.7）．APTS 誘導体化糖鎖は半導体レーザー励起蛍光検出器を備えた CE 装置を用いて分析する．キャピラリーは内壁をジメチルポリシロキサンで修飾された GC 用 DB-1 キャピラリー（内径 50 μm，全長 30 cm，有効長 20 cm）を用い，泳動用緩衝液として 0.5% ポリエチレングリコール 70000 を含む 50 mmol L^{-1} トリス酢酸緩衝液（pH 7.0）を用いる．分析前

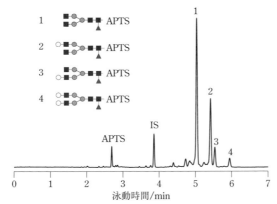

図 4.7 抗体医薬品中 IgG の N-グリコシド結合型糖鎖の分析
○：Gal，■：GlcNAc，●：Man，▲：Fuc．
分離条件 キャピラリー：DB-1 キャピラリー（内径 50 μm，全長 30 cm，有効長 20 cm），検 出：半導体レーザー励起蛍光検出器（励起波長 488 nm，蛍光波長 520 nm），泳動用緩衝液：0.5% ポリエチレングリコール 70000 を含む 50 mmol L^{-1} トリス酢酸緩衝液（pH 7.0），印加電圧：18 kV，試料注入：加圧法（1 psi，5 s）．

にキャピラリーを蒸留水で 5 min 洗浄後，泳動用緩衝液をキャピラリー内に充填する．分析試料を加圧法（1 psi）により 5 s 間キャピラリー内に注入し，試料導入側を陰極，検出器側を陽極として 18 kV の電圧を印加し 10 min 電気泳動を行う．なお，分析温度は 25 ℃ とする．

IgG は，非還元末端に Gal 残基を 0〜2 個もつ複合型二本鎖糖鎖を基本骨格とし，還元末端側の GlcNAc の 6 位に Fuc をもつオリゴ糖を含むことが特徴である．IgG 由来のオリゴ糖の APTS 誘導体を CE により分析すると，Gal 残基数の異なる 4 種類の複合型二本鎖糖鎖のピークが観察される．CE を用いれば，HPLC では分離が困難なオリゴ糖 2 と 3 の異性体を 10 min 以内に完全に分離できる．CE では，HPLC のようにピークを分取することは困難であるが，オリゴ糖標準品との比較およびエキソグリコシダーゼ処理を組み合わせることで構造解析が可能である．

4.1.5　グリコシダーゼを利用する糖タンパク質糖鎖の構造解析

糖タンパク質糖鎖の構造の解析には，種々の特異性の異なるグリコシダーゼを利用できる．これまでに細菌，動物あるいは植物などから様々な特異性を有するグリコシダーゼ類が見出されている．表 4.4 に代表的なグリコシダーゼ類を示す．グリコシダー

表 4.4　糖鎖解析に用いられるエキソグリコシダーゼ

酵素名	起源	特異性
α-マンノシダーゼ	タチナタマメ *Aspergillus saitoi*	Manα1-2,3,6 Manα1-2
β-マンノシダーゼ	アフリカマイマイ	Manβ1-4
β-ガラクトシダーゼ	タチナタマメ ウシ精巣 *Streptococcus pneumoniae* *Xanthomonas manihotis*	Galβ1-4>β1-3 Galβ1-4R Galβ1-3,6
α-ガラクトシダーゼ	コーヒー豆	Galα1-3,4,6
β-*N*-アセチルヘキソサミニダーゼ	タチナタマメ *Streptococcus pneumoniae*	GlcNAcβ1-2,3,4,6 不明
α-*N*-アセチルガラクトサミニダーゼ	ニワトリ肝臓	GalNAcα1-3
α-L-フコシダーゼ	ウシ腎臓	Fucα1-6>α1-2>α1-3,4
α1-3,4 フコシダーゼ	*Streptomyces* sp.142	Fucα1-3,4
α1-2 フコシダーゼ	*Corynebacterium* sp.	Fucα1-2
シアリダーゼ	*Arthrobacter ureafaciens* *Salmonella tryphimurium*	NeuAcα2-3,6,8,9 NeuAcα2-3>α2-6

ゼ類のうちエキソグリコシダーゼは糖タンパク質，糖ペプチド，オリゴ糖のいずれにも作用し，非還元末端に位置する単糖を遊離するので，酵素反応物を HPLC や質量分析法により分析することで，単糖修飾を解析できる．また，特異性の異なる複数の酵素による逐次酵素反応を行うことにより，糖鎖中の単糖配列を知ることもできる．エキソグリコシダーゼのうち，マンノシダーゼを除くほとんどのグリコシダーゼは N-グリコシド結合型ならびに O-グリコシド結合型のいずれの糖タンパク質糖鎖にも利用できる．一方，エンドグリコシダーゼは大きく3種類に分類される．第1は，N-グリコシド結合型糖鎖の非還元末端の N,N'-ジアセチルキトビオース（GlcNAcβ1-4GlcNAc）間の結合を加水分解する酵素，第2は N-アセチルラクトサミン（Galβ1-4GlcNAc）の繰返し構造に作用し，ガラクトース（Gal）の結合を加水分解するエンド-β-ガラクトシダーゼ，第3は O-グリコシド結合型糖鎖のうち，ムチン型糖鎖に作用し，N-アセチルガラクトサミン（GalNAc）とセリンあるいはトレオニン間の O-グリコシド結合を加水分解するエンド-α-N-アセチルガラクトサミニダーゼである．なお，糖タンパク質糖鎖の解析には，おもにエキソグリコシダーゼが用いられ，エンド型グリコシダーゼはあまり用いられない．

本項では代表的なエキソグリコシダーゼについて，その基質特異性を解説しながら糖タンパク質糖鎖の構造解析への応用について解説する．

a． α-マンノシダーゼ

タチナタマメ由来の α-マンノシダーゼ（EC 3.2.1.24）は基質特異性が広く，α-結合したすべてのマンノース残基（Manα1-2,3,6Man）を遊離することができるため，N-グリコシド結合型糖鎖の高マンノース型糖鎖の解析に利用される（図4.8）．タチナタマメ由来の α-マンノシダーゼを高マンノース型糖鎖に作用させると，Manβ1-4GlcNAcβ1-4GlcNAc の三糖を生成する．なお，コア構造の β-Man 残基に結合する α1-6Man 残基は切断れにくく，遊離には長時間を要する．一方，*Aspergillus saitoi* 由来の

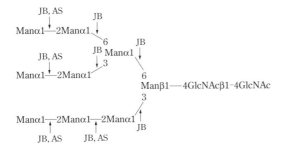

図 4.8 α-マンノシダーゼの特異性
JB：タチナタマメ（Jackbean）由来 α-マンノシダーゼ，AS：*Aspergillus saitoi* 由来 α-マンノシダーゼ．

α-マンノシダーゼはα1-2結合したMan残基に特異性を示し,非還元末端にManα1-2Man-Rをもつ高マンノース型糖鎖に作用させると,Man 5残基からなる5糖を生成する.

【実験例 4.10】 タチナタマメ由来α-マンノシダーゼによるオリゴ糖の酵素消化
タチナタマメ由来の α-マンノシダーゼの凍結乾燥品を10 U mL^{-1} となるように,0.1 mol L^{-1} 酢酸緩衝液(pH 6.0)に溶解する.オリゴ糖溶液10 μLに酵素溶液10 μL(10 mU)を加え37 ℃で12 h酵素反応を行う.反応後,蒸留水80 μLを加え,沸騰水浴中で10 min加熱して酵素反応を停止し,5 min遠心分離を行い,上清を回収し分析用試料とする.

b. β-マンノシダーゼ

β-結合したMan残基を遊離できる酵素として,アフリカマイマイ由来のβ-マンノシダーゼ(EC 3.2.1.25)が知られている.この酵素はN-グリコシド結合型糖鎖の還元末端キトビオース(GlcNAcβ1-4GlcNAc)に結合するβ1-4Man残基を遊離することができる.β1-4Man残基がα-Man残基により置換されている場合は作用しないので,β1-4Man残基を非還元末端に露出させておかなければならない.

c. β-ガラクトシダーゼ

糖タンパク質糖鎖の解析には,タチナタマメ由来あるいはウシ精巣由来のβ-ガラクトシダーゼ(EC 3.2.1.23)が汎用される.いずれの酵素もβ結合したすべてのGal残基(Galβ1-3,4,6GlcNAc)に作用するが特異性は若干異なる(図4.9).タチナタマメ由来の酵素はβ1-4Gal残基を容易に遊離するが,β1-3Gal残基の加水分解速度はβ1-4Gal残基に比べて1/20〜1/30とされている.一方,ウシ精巣由来の酵素はβ1-3およびβ1-4のいずれのGal残基も切断することができる.なお,両酵素ともGal残基がN-アセチルノイラミン酸により修飾されていると作用しないので酵素反応に先立ちシアリダーゼ処理あるいは酢酸加水分解などによりシアル酸残基を切断し,Gal残基を非還元末端に露出しておかなければならない.また,Galが結合するGlcNAcがFucにより修飾されている場合もGalを遊離することができない.

特異性の高いβ-ガラクトシダーゼとしては *Streptococcus pneumoniae* を起源とするβ1-4ガラクトシダーゼと *Xanthomonas manihotis* を起源とするβ1-3,6ガラクトシダーゼが知られている.いずれも組換え酵素を利用でき,非還元末端に露出するβ-Gal残基に作用し,タチナタマメ由来の酵素と組み合わせて用いることで,Type I(Galβ1-3GlcNAc/Glc)と Type II(Galβ1-4GlcNAc/Glc)糖鎖の識別に利用できる(図4.9).

N-グリコシド結合型糖鎖

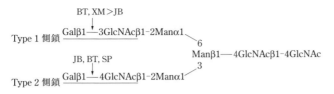

O-グリコシド結合型糖鎖

図 4.9 β-ガラクトシダーゼの特異性
JB：タチナタマメ（Jackbean）由来 β-ガラクトシダーゼ，BT：ウシ精巣由来 β-ガラクトシダーゼ，SP：*Streptococcus pneumoniae* 由来 β-ガラクトシダーゼ，XM：*Xanthomonas manihotis* 由来 β-ガラクトシダーゼ．

【実験例 4.11】 タチナタマメ由来 β-ガラクトシダーゼによるオリゴ糖の酵素消化
　タチナタマメ由来 β-ガラクトシダーゼの凍結乾燥品を 1 U mL^{-1} となるように，0.1 mol L^{-1} クエン酸-リン酸緩衝液（pH 3.5）に溶解する．オリゴ糖溶液 10 μL に酵素溶液 10 μL（10 mU）を加え 37℃ で 12 h 酵素反応を行う．反応後，蒸留水 80 μL を加え，沸騰水浴中で 10 min 加熱して酵素反応を停止し，5 min 遠心分離し，上清を分析用試料とする．

d.　α-ガラクトシダーゼ

　α-ガラクトシダーゼとしてはコーヒー豆由来の酵素を利用できる．この酵素は Gal あるいはグルコース（Glc）の 3, 4, 6 位に α 結合した Gal 残基を切断する．α-Gal 残基はヒトでは糖タンパク質中のオリゴ糖には発現していないが，鳥類では Galα1-4Gal 構造，マウスでは Galα1-3Gal 構造が N-グリコシド結合型糖鎖上に発現することが知られているので，これらの動物種の糖タンパク質糖鎖の解析に用いられる．

e.　β-N-アセチルヘキソサミニダーゼ

　β-N-アセチルヘキソサミニダーゼとしてはタチナタマメ由来の酵素を利用でき，性質も詳細に調べられているので利用しやすい．この酵素の基質特異性は非常に広く，非還元末端に存在する β1-2, 3, 4, 6 結合した GlcNAc および GalNAc のいずれにも作用する（図 4.10）．特に，N-グリコシド結合型の解析に有効であり，トリマンノシルコア構造上の GlcNAcβ1-2Man，GlcNAcβ1-4Man および GlcNAcβ1-6Man のいずれにも

N-グリコシド結合型糖鎖

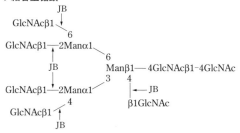

O-グリコシド結合型糖鎖

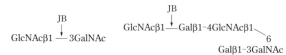

図 4.10　β-N-アセチルヘキソサミニダーゼの特異性
　　　　JB：タチナタマメ（Jackbean）由来 β-N-アセチルヘキソサミニダーゼ．

作用し，GlcNAc を遊離することができる．ただし，トリマンノシルコア構造の最内部の Man 残基に β1-4 結合するバイセクティング GlcNAc 残基をもつ場合は，Manα1-3 分岐鎖上の GlcNAc 残基は Manα1-6 分岐鎖の GlcNAc 残基に比べ切断されにくい．バイセクティング GlcNAc 残基をもつ場合，酵素を通常の 10 倍以上使用すれば，バイセクティング GlcNAc 残基と同時に Manα1-3 分岐鎖上の GlcNAc 残基も切断されるようになる．GlcNAc に対し特異性をもつ酵素として，ヒト臍帯由来酵素および *Streptococcus pneumoniae* を起源とする組換え酵素の 2 種類が知られているが，これらの酵素の詳細な基質特異性についてはほとんど知られていない．

【実験例 4.12】　タチナタマメ由来 β-N-アセチルヘキソサミニダーゼによるオリゴ糖の酵素消化

　タチナタマメ由来の β-N-アセチルヘキソサミニダーゼの凍結乾燥品を 1 U mL^{-1} となるように，0.1 mol L^{-1} クエン酸-リン酸緩衝液（pH 5.0）に溶解する．オリゴ糖溶液 10 µL に酵素溶液 10 µL（10 mU）を加え 37 ℃ で 12 h 酵素反応を行う．反応後，蒸留水 80 µL を加え，沸騰水浴中で 10 min 加熱して酵素反応を停止し，5 min 遠心分離し，上清を回収し分析用試料とする．

f.　α-N-アセチルガラクトサミニダーゼ

　ニワトリ肝臓由来の α-N-アセチルガラクトサミニダーゼ（EC 3.2.1.49）は，糖鎖の非還元末端に存在する α1-3 結合した GalNAc および GalNAcα1-Ser/Thr に特異的に

作用する酵素であり，LacdiNAc 構造（GalNAcβ1-4GlcNAc）には作用しない．本酵素は Ser/Thr 残基に結合する Galα1-3GalNAc を遊離させるエンド-α-N-アセチルガラクトサミニダーゼ（EC 3.2.1.97）とは異なり，糖タンパク質糖鎖の種類にかかわらず作用する．

g. α-L-フコシダーゼ

α-L-フコシダーゼは基質特異性の異なる酵素を利用できるが，ウシ腎臓由来の α-L-フコシダーゼが最も汎用性が高く，糖タンパク質糖鎖の解析に用いられる．α-L-フコシダーゼは α1-2, 3, 4, 6 結合したフコース（Fuc）のいずれにも作用するが，特に N-グリコシド結合型糖鎖の還元末端 GlcNAc に α1-6 結合した Fuc 残基に対して最もよく作用する（図 4.11）．*Streptomyces* sp.142 由来の α1-3, 4 フコシダーゼは N-アセチルラクトサミン（Galβ1-3,4GlcNAc）の GlcNAc 残基の 3 位あるいは 4 位に結合する Fuc 残基に特異的に作用する．なお，この酵素は N-アセチルラクトサミンの Gal 残基がシアル酸により修飾されている場合は作用しないため，酵素反応に先立ちシアリダーゼ処理あるいは酢酸加水分解などによりシアル酸残基を切断しておかなければならない．*Corynebacterium* sp. 由来の α1-2 フコシダーゼは糖鎖非還元末端に存在する α1-2Fuc に作用して Fuc を切断し，特に Type Ⅱ（Galβ1-4GlcNAc-R）上に α1-2 結合した Fuc に特異性が高く，Type Ⅰ（Galβ1-3GlcNAc-R）上の Fuc 残基の遊離速度は非常に遅い．

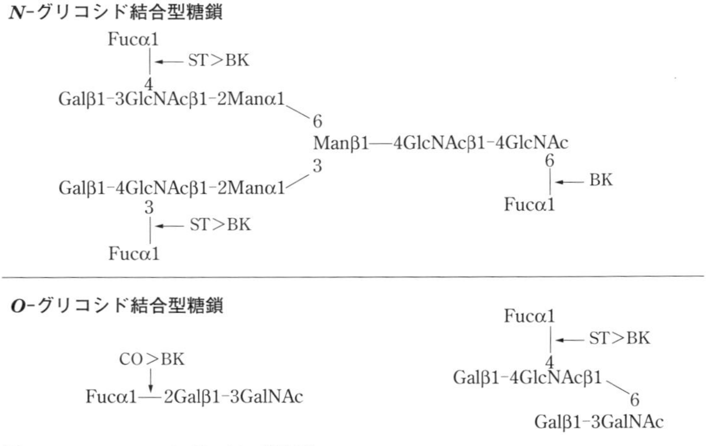

図 4.11 α-L-フコシダーゼの特異性
BK：ウシ腎臓由来 α-L-フコシダーゼ，ST：*Streptomyces* sp. 142 由来の α1-3,4 フコシダーゼ，CO：*Corynebacterium* sp. 由来の α1-2 フコシダーゼ．

【実験例 4.13】 ウシ腎臓由来 α-L-フコシダーゼによるオリゴ糖の酵素消化

ウシ腎臓由来のα-L-フコシダーゼの凍結乾燥品を1 U mL^{-1}となるように，20 mmol L^{-1}クエン酸-リン酸緩衝液（pH 6.0）に溶解する．オリゴ糖溶液10 μLに酵素溶液5 μL（5 mU）を加え，37 ℃で6 h 酵素反応を行う．反応後，蒸留水80 μLを加え，沸騰水浴中で10 min 加熱して酵素反応を停止し，5 min 遠心分離し，上清を回収し分析用試料とする．

【実験例 4.14】 Streptomyces sp.142 由来 α1-3,4 フコシダーゼによるオリゴ糖の酵素消化

Streptomyces sp.142 由来 α1-3,4 フコシダーゼの酵素溶液（1 mU mL^{-1}）10 μL（10 μU）を30 mmol L^{-1}リン酸カリウム緩衝液（pH 6.0）に溶解したオリゴ糖溶液（10 μL）に加え，37 ℃で6 h 酵素反応を行う．反応後，蒸留水80 μLを加え，沸騰水浴中で10 min 加熱して酵素反応を停止し，5 min 遠心分離し，上清を回収し分析用試料とする．

h. シアリダーゼ

シアリダーゼは Arthrobacter ureafaciens や，Streptococcus pneumoniae, Salmonella tryphimurium を起源とする酵素などが利用可能であるが，このうち Arthrobacter ureafaciens を起源とするシアリダーゼが最も汎用性が高い．この酵素は糖鎖非還元末端に存在する α2-3, 6, 8, 9 結合するすべてのシアル酸残基に作用し，N-アセチルノイラミン酸（NeuAc）と N-グリコリルノイラミン酸（NeuGc）のいずれも遊離することができる（図 4.12）．また，N-グリコシド結合型糖鎖の非還元末端シアル酸だけでなく，ムチン型糖鎖の還元末端 GalNAc の6位に結合する NeuAc も切断できるなど基質特異性は非常に広く使いやすい．

【実験例 4.15】 Arthrobacter ureafaciens 由来シアリダーゼによるオリゴ糖の酵素消化

Arthrobacter ureafaciens 由来シアリダーゼの凍結乾燥品を1 U mL^{-1}となるように，50 mmol L^{-1}酢酸緩衝液（pH 5.0）に溶解する．オリゴ糖溶液10 μLに酵素溶液10 μLを加え，37 ℃で12 h 酵素反応を行う．反応後，蒸留水80 μLを加え，沸騰水浴中で10 min 加熱して酵素反応を停止し，5 min 遠心分離し，上清を回収し分析用試料とする．

4.1.6 レクチンを利用する糖タンパク質の分析

レクチンは特定の糖鎖構造に結合するタンパク質であり，植物，動物，微生物などに広く分布している．報告されているレクチンのうち，植物由来レクチンは入手が容

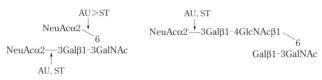

図 4.12 シアリダーゼの特異性
AU：*Arthrobacter ureafaciens* 由来シアリダーゼ，
ST：*Salmonella tryphimurium* 由来シアリダーゼ．

易であり，糖結合特異性が詳細に解析されているのでオリゴ糖や糖タンパク質の分離分析や構造解析に応用されている．レクチンの糖結合特異性はハプテンとなる単糖によって便宜上分類されるが，実際にレクチンが認識する構造は，アノマー配位，糖配列を含めたオリゴ糖構造であり，糖タンパク質の分析に用いる場合はその特性を理解しておかなければならない．代表的なレクチンとその糖結合特異性を表 4.5 に示す．

いずれも精製品を入手でき，レクチン固定化アガロースゲル，ビオチン標識体，蛍光標識体なども利用でき，アフィニティーカラムによる糖タンパク質の分離，ゲル電気泳動で分離された糖タンパク質の検出，糖タンパク質糖鎖の構造推定などに応用されている．レクチンを糖タンパク質の精製や検出に利用する場合は，レクチンの糖結合特異性を理解し，他の分析手法で得られた糖鎖構造情報などからレクチンを選択する必要がある．本項では，糖タンパク質の分析に利用されるレクチンの糖結合特異性について解説し，レクチンアフィニティクロマトグラフィーによる糖タンパク質の分離とキャピラリーアフィニティー電気泳動法への応用について述べる．

a. *N*-グリコシド結合型糖鎖に結合するレクチン

4.1.1 項で述べたように，*N*-グリコシド結合型糖鎖は共通のトリマンノシルコア構造をもつ高マンノース型，ハイブリッド型，複合型に大別される．タチナタマメ由来のコンカナバリン A（Con A：concanavalin A）は高マンノース型糖鎖と複合型二本鎖糖鎖に強く結合するレクチンであり，最も汎用されるレクチンの一つである．Con A

表 4.5 レクチンの種類と特異性

レクチン	略名	特異性
Aleuria aurantia lectin (ヒイロチャワンタケ)	AAL	α-L-Fuc Fucα1-2Galβ-R, R-[Fucα1-6]GlcNAc Galβ1-4[Fucα1-3]GlcNAc-R Galβ1-3[Fucα1-4]GlcNAc-R
Agaricus bisporus agglutinin (マッシュルーム)	ABA	Galβ1-3GalNAc-Ser
Arachis hypogaea agglutinin (ピーナッツ)	PNA	Galβ1-3GalNAc-R
Canavalia ensiformis agglutinin (タチナタマメ)	Con A	α-D-Man＞α-D-Glc Galβ1-4GlcNAcβ1-2Manα1-6[Galβ1-4GlcNAcβ1-2Manα1-3]Manβ1-4GlcNAcβ1-4GlcNAc（複合型二本鎖糖鎖）
Datura stramonium agglutinin (チョウセンアサガオ)	DSA	$GlcNAc_4 > GlcNAc_3 > GlcNAc_2$ Galβ1-4GlcNAcβ1-2,6Man-R
Lens culinaris agglutinin (レンズマメ)	LCA	α-D-Man＞α-D-Glc R-GlcNAcβ1-4[Fucα1-6]GlcNAc
Lotus tetragonolobus agglutinin (ミヤコグサ)	LTA	末端 α-L-Fuc
Maackia amurensis lectin (イヌエンジュ)	MAL	NeuAcα2-3Galβ1-4GlcNAc-R
Phaseolus vulgaris agglutinin-E4 (インゲンマメ)	PHA-E4	バイセクティング GlcNAc
Erythrina cristagalli agglutinin (デイゴマメ)	ECA	β-D-Gal Galβ1-4GlcNAc＞Galβ1-3GlcNAc
Sambucus nigra agglutinin (ニホンニワトコ)	SNA	NeuAcα2-6Gal-R, NeuAcα2-6GalNAc-R
Ulex europaeus agglutinin (ハリエニシダ)	UEA-I	Fucα1-2Galβ1-4GlcNAc
	UEA-II	Fucα1-2Galβ1-4GlcNAc キチンオリゴ糖 $(GlcNAc)_n$
Vicia villosa agglutinin	VVA	GalNAc
Wheat germ agglutinin (小麦胚芽)	WGA	β-GlcNAc, NeuAc キチンオリゴ糖 $(GlcNAc)_n$

は複合型二本鎖糖鎖の非還元末端 Gal 残基が NeuAc で修飾された糖鎖にも結合する．レンズマメレクチン（LCA）は還元末端 GlcNAc 残基の 6 位が Fuc で置換された複合型二本鎖糖鎖および三本鎖糖鎖に結合する．インゲンマメレクチン（PHA-E4）はコア構造部分の β-Man 残基の 4 位が GlcNAc で置換された複合型二本鎖および三本鎖糖

鎖（バイセクティング型糖鎖）に結合する．チョウセンアサガオレクチン（DSA）はコア構造のα1-6 分岐した α-Man 残基の 2 位と 6 位に N-アセチルラクトサミン（Galβ1-4GlcNAc）をもつ複合型三本鎖および四本鎖糖鎖に結合する．また，DSA は N-アセチルラクトサミンの非還元末端にさらに N-アセチルラクトサミンが伸張したポリラクトサミン型糖鎖に対しても強く結合する．なお，LCA と PHA-E4 は非還元末端にシアル酸が結合していてもレクチンとの結合に影響を与えないが，DSA は末端 Gal 残基がシアル酸修飾を受ける場合と N-アセチルラクトサミンの GlcNAc 残基が Fuc による修飾を受けた場合には結合しにくい．Con A, LCA, PHA-E4, DSA などは N-グリコシド結合型糖鎖のオリゴ糖構造を認識するレクチンであり，特定のオリゴ糖構造をもつ糖タンパク質の分離精製や検出に用いられる．

　AAL, UEA, LTA, MAL, SNA, ECA などのレクチンはオリゴ糖の末端に結合する単糖をアノマー配位あるいは結合位置を含めて識別するレクチンであり，分岐構造や配列に関係なく結合する．フコース結合レクチンのうち，AAL は生化学分野において最も汎用されるフコース認識レクチンであり，H 抗原（Fucα1-2Gal-R），ルイス X 抗原（Galβ1-4[Fucα1-3]GlcNAc-R），ルイス A 抗原（Galβ1-3[Fucα1-4]GlcNAc-R），コアフコース（R-Manβ1-4GlcNAcβ1-4[Fucα1-6]GlcNAc-Asn）のすべての結合様式を認識するので，フコシル化糖タンパク質の分離精製に用いられる．UEA には 2 種類のイソレクチンがあり特異性も類似しているが，一般的には UEA-I がよく用いられる．UEA-I は H 抗原（Fucα1-2Gal-R）のみを認識するが，N-グリコシド結合型糖鎖をもつ糖タンパク質の研究にはほとんど用いられない．シアル酸結合レクチンのうち，MAL は Gal 残基の 3 位に結合する NeuAc（NeuAcα2-3Gal-R）を認識する．一方，SNA は Gal 残基の 6 位に結合する NeuAc（NeuAcα2-6Gal-R）を認識し，ヒト血清糖タンパク質中のトランスフェリン，α1-酸性糖タンパク質（AGP），α1-アンチトリプシンなど，NeuAcα2-6Gal-R を糖鎖非還元にもつ糖タンパク質に結合する．ECA は β-Gal 残基に結合し，その親和性は β1-3Gal より β1-4Gal の方が高い．

b. O-グリコシド結合型糖鎖に結合するレクチン

　4.1.1 項で述べたように，ムチン型糖鎖はセリン・トレオニンに結合する単糖が共通して GalNAc である点を除き，T 抗原（Galβ1-3GalNAc）のような小さなオリゴ糖だけでなくコア二糖鎖（Galβ1-3[GlcNAcβ1-6]GalNAc）の非還元末端に N-アセチルラクトサミン（Gal-GlcNAc）が伸張した大きなオリゴ糖が存在する．前述したレクチンのうち Con A, LCA, PHA-E4 を除くほとんどのレクチンが O-グリコシド結合型糖鎖の分析にも利用できる．表 4.5 に示したレクチンのうち，ABA は T 抗原（Galβ1-

3GalNAc) ならびにシアリル T 抗原（NeuAcα2-3Galβ1-3GalNAc）のいずれにも結合し得るが, 親和性は T 抗原の方が強い. VVA は Tn 抗原（GalNAc-Ser/Thr）のみに親和性を示し, GalNAc6 位のシアリル化（NeuAcα2-6GalNAc-Ser/Thr）により結合が阻害される. UEA-I は胃粘膜由来のムチンタンパク質などに観察される H 抗原（Fucα1-2Galβ1-3GalNAc）の検出に用いられる. その他の AAL, UEA, MAL, SNA, ECA などのレクチンは N-グリコシド結合型糖鎖の場合と同様に利用できる.

c. レクチンアフィニティークロマトグラフィーによる糖タンパク質の分画

レクチンアフィニティークロマトグラフィーを用いる長所は, 糖タンパク質を糖鎖に基づいて分画できる点にある. レクチンカラムに吸着した糖タンパク質はハプテン糖を含む緩衝液を用いて溶出することができ, カラムは繰り返し利用できる. また, 特異性の異なるレクチンを組み合わせて用いれば, 高度な分離精製も可能である.

レクチンアフィニティークロマトグラフィーを行う場合, 通常中性付近の緩衝液を使用し, 非特異的な吸着を防ぐ目的で $0.15\ mol\ L^{-1}$ 程度の塩化ナトリウムを加える場合が多い. また, 金属イオン要求性のレクチンもあるので, 緩衝液中に $1\ mmol\ L^{-1}$ 程度の Ca^{2+} や Mn^{2+} を添加して行う場合もある. 膜タンパク質などを扱う場合は硫酸ドデシルナトリウム（SDS：sodium dodecyl sulfate）や TritonX-100 などの界面活性剤を用いる場合が少なくないが, 可溶化剤の種類や濃度によってレクチンが失活する場合があるので, レクチンの種類によって界面活性剤の使用が可能であるかをあらかじめ調べてから使用しなければならない. なお, 温度によって結合定数が変化する場合があるが, 一般には 4 ℃〜室温で行う.

【実験例 4.16】 Con A-アガロースカラムを用いるヒト α1-酸性糖タンパク質（AGP）の分画[23]

市販の Con A アガロースゲルを $0.15\ mol\ L^{-1}$ NaCl, $1\ mmol\ L^{-1}\ Ca^{2+}$, $1\ mmol\ L^{-1}\ Mg^{2+}$, $1\ mmol\ L^{-1}\ Mn^{2+}$ を含む $50\ mmol\ L^{-1}$ トリス塩酸緩衝液（pH 8.0）により置換したのち, カラム（内径 0.5 cm, 長さ 10 cm）に充填し, 同じ緩衝液を用いて平衡化する. AGP 1 mg を緩衝液 1 mL に溶解しカラム上にのせ, 同じ緩衝液 10 mL を流し, 非吸着分画を回収する. 次に $10\ mmol\ L^{-1}$ メチル α-D-グルコピラノシドを含む緩衝液 10 mL で吸着分画を回収する. なお, 溶出液は 2.5 mL ずつ分画し, 280 nm の紫外部吸収を分光光度計で測定する. 非吸着分画および吸着分画を水に対し 24 h 透析後凍結乾燥する.

ヒト AGP を Con A-アガロースカラムにアプライし, ハプテン糖を含まない緩衝液でカラムを洗浄すると, 最初に Con A に対し親和性を示さない糖タンパク質分子種が

溶出される（図 4.13）．非吸着分画を完全に溶出した後，メチル α-D-グルコピラノシドを含む緩衝液で，複合型二本鎖糖鎖をもつ糖タンパク質分子種が溶出される．非吸着分画と吸着分画を回収し透析後，N-グリカナーゼ F により糖鎖を遊離し，2-アミノ

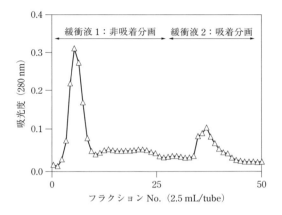

図 4.13 Con A-アガロースカラムを用いるヒト α1-酸性糖タンパク質（AGP）の分画

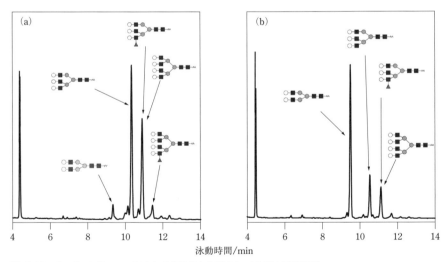

図 4.14 Con A-アガロースカラムで分離された糖タンパク質の糖鎖分析
(a) 非吸着分画　(b) 吸着分画
◆：NeuAc, ○：Gal, ■：GlcNAc, ●：Man, ▲：Fuc.
分離条件 キャピラリー：DB-1 キャピラリー（内径 100 μm, 全長 30 cm, 有効長 20 cm），検出：ヘリウムカドミウムレーザー励起蛍光検出（励起波長 325 nm, 蛍光波長 405 nm），泳動用緩衝液：10% ポリエチレングリコール 70000 を含む 50 mmol L^{-1} トリスホウ酸緩衝液（pH 8.3），印加電圧：15 kV, 試料注入：加圧法（1 psi, 5 s）．

安息香酸で蛍光誘導体化しCEにより分析した結果を図4.14に示す．非吸着分画では複合型三本鎖，四本鎖糖鎖が90%以上を占める．一方，吸着分画では複合型二本鎖が70%以上を占め，三本鎖，四本鎖糖鎖も観察された．

d. キャピラリーアフィニティー電気泳動法による糖鎖の高速プロファイリング

キャピラリーアフィニティー電気泳動（CAE）法は自由溶液中における分子間相互作用をCEによる分離分析と組み合わせて解析する方法であり，糖鎖-タンパク質間相互作用のように抗原抗体反応などと比べて結合定数が低い相互作用の解析にも適用できる[24,25]．CAEの原理を図4.15に示す．蛍光誘導体化した糖鎖混合物を糖結合特異性が知られている糖結合性タンパク質（レクチン）を含む緩衝液中で電気泳動を行う場合，糖鎖Aがレクチンに強い親和性を示すと，糖鎖Aは分子量の大きなレクチン分子と相互作用しながら電気泳動されるため泳動速度は著しく低下する．糖鎖Bがレクチンと弱い親和性を示す場合，糖鎖Aほどではないもののレクチンを使用しない場合に比べ泳動速度は低下する．一方，レクチンにまったく親和性を示さない糖鎖Cでは泳動速度は変化しない．その結果，図4.15に示すように各糖鎖はレクチンとの親和性の差に基づいて分離挙動が変化する．特異性の異なるレクチンを数種類組み合わせて，糖鎖の泳動時間の変化を観察することにより，複雑な糖鎖混合物をあらかじめ分離精製することなく，個々の糖鎖構造を短時間に解析できる手法である．また，CAE法は

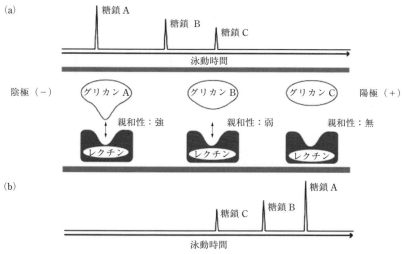

図4.15 キャピラリーアフィニティー電気泳動（CAE）法の原理
(a) レクチンを含まない緩衝液を用いた場合　(b) レクチンを含む緩衝液を用いた場合

糖鎖を蛍光標識し，レーザー励起蛍光検出（LIF）法により高感度検出できるため，細胞や血清などの生体試料中に存在する超微量の糖鎖解析など，分子生物学や臨床分野への応用が可能である．

【実験例 4.17】 糖鎖-レクチン間相互作用を利用するヒト AGP 糖鎖のプロファイリング

ヒト AGP 50 μg から N-グリカナーゼ F 消化により得られた N-グリコシド結合型糖鎖の凍結乾燥物に，100 mmol L^{-1} APTS の 30% 酢酸水溶液 2 μL を加えて溶解し，1 mol L^{-1} シアノ水素化ホウ素ナトリウムの THF 溶液 2 μL を加え，55 ℃ で 90 min 反応させる．反応混合物に水 100 μL を加え，あらかじめ水で平衡化した Sephadex G-25 カラム（内径 0.6 cm，長さ 12 cm）によるサイズ排除クロマトグラフィーにより 1 mL ずつ分画する．各分画を励起波長 488 nm，蛍光波長 520 nm における蛍光強度を蛍光分光光度計で測定し，最初に溶出される蛍光性分画をナス形フラスコに回収し，エバポレーターを用いて濃縮乾固する．回収した APTS 誘導体化糖鎖は，*Arthrobacter ureafaciences* 由来シアリダーゼで酵素処理し，アシアロ体として用いる．APTS 誘導体化糖鎖は検出器を備えた CE 装置を用いて分析する．キャピラリーは内壁をジメチルポリシロキサンにより化学修飾されたガスクロマトグラフィー用 DB-1 キャピラリー（内径 100 μm，全長 30 cm，有効長 20 cm）を用い，泳動用緩衝液には 0.5% ポリエチレングリコール 70000 を含む 50 mmol L^{-1} トリス酢酸緩衝液（pH 7.5）を用いる．分析前にキャピラリーを蒸留水で 5 min 洗浄後，泳動用緩衝液をキャピラリー内に充填する．分析試料を加圧法（1 psi）により 5 s 間キャピラリー内に注入し，試料導入側を陰極，検出器側を陽極として 15 kV の電圧を印加し 15 min 電気泳動を行う．なお，分析温度は 25 ℃ とする．

CAE を利用して，ヒト血清中の主要な糖タンパク質である AGP の N-グリコシド結合型糖鎖のプロファイリングを行った結果を図 4.16 に示す．なお，TGA, Con A, AAL はそれぞれ 3 μmol L^{-1}，3 μmol L^{-1} および 12 μmol L^{-1} の濃度となるように調製した．APTS により誘導体化した AGP 由来の N-グリコシド結合型糖鎖を，レクチン非存在下で分析すると 5～7 min に主要な 5 本のピークが観察される．N-グリコシド結合型糖鎖のうち複合型三本鎖糖鎖を認識する TGA（*Tulipa gesneriana* agglutinin）を用いると，三本鎖糖鎖のピーク B および C の泳動時間が遅くなる．また，複合型二本鎖糖鎖を認識する Con A を用いると，ピーク A のみが完全に消失することから，ピーク A が二本鎖糖鎖であることがわかる．さらに，α1-3/4 Fuc 残基を強く認識する AAL（*Aleuria aurantia* lectin）を用いた場合はピーク C および E が完全に消失することから，ピー

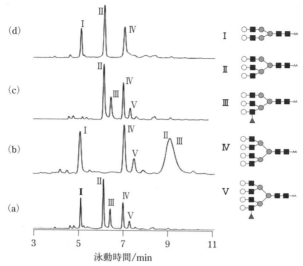

図 4.16 ヒト α1-酸性糖タンパク質(AGP)由来アシアロ糖鎖の CAE 解析（○：Gal，■：GlcNAc，●：Man，▲：Fuc）
(a) 緩衝液のみ　(b) 3 μmol L^{-1} TGA を含む緩衝液
(c) 3 μmol L^{-1} Con A を含む緩衝液　(d) 12 μmol L^{-1} AAL を含む緩衝液.
分析条件 装　置：レーザー励起蛍光検出器付き CE 装置，キャピラリー：DB-1 キャピラリー（内径 100 μm，全長 30 cm，有効長 20 cm），泳動用緩衝液：0.5% ポリエチレングリコール 70000 を含む 50 mmol L^{-1} トリス酢酸緩衝液（pH 7.5），印加電圧：15 kV，試料注入：加圧法（1 psi，5 s）.

クCおよびピークEは図中に示す複合型三本鎖および四本鎖糖鎖に α1-3, 4 Fuc 残基をもつ糖鎖であることがわかる．CAE 法はほとんどすべての複合糖質糖鎖の解析に適用できるほか，糖鎖ライブラリーを利用する糖結合性タンパク質のスクリーニングや糖鎖-タンパク質間相互作用の速度論解析にも利用できる．

4.1.7　質量分析法による糖タンパク質の分析

糖鎖は極性が高く，イオン化に有効な官能基をもたないためイオン化が難しく，フラグメンテーションを起こしやすいという問題と測定できる質量範囲の制限などから，質量分析法による解析が難しい対象である．しかし，マトリックス支援レーザー脱離イオン化（MALDI：matrix-assisted laser desorption/ionization）法やエレクトロスプレーイオン化（ESI：electrospray ionization）法などのソフトイオン化法が開発さ

れ，糖鎖をフラグメンテーションなくイオン化でき，また飛行時間質量分析計（TOF-MS：time-of-flight mass spectrometer）のような広い質量範囲をカバーできる装置が開発されたことにより，質量分析法は糖鎖構造解析における必須技術となった．特に，MALDI 法と TOF 質量分析法を組み合わせた MALDI/TOFMS はオリゴ糖だけでなく，糖ペプチドの解析などにも応用できるなど適用範囲が広く，糖鎖構造解析に最も用いられる分析法である．最近では四重極イオントラップ（QIT：quadrupole ion trap）を備えた装置も利用でき，タンデム質量分析（MS^n 解析）を行い，フラグメントイオンを解析することで詳細な構造解析が可能となった．本項では，MALDI/TOFMS を用いる糖タンパク質糖鎖の構造解析について，試料調製における注意点と実際の分析例について解説する．

　MALDI/TOFMS では，糖鎖を含む試料溶液をマトリックスとよばれるプロトンドナーあるいはアクセプターとなる試薬と混合し，乾燥後，窒素レーザーを照射しイオン化を行う．MALDI/TOFMS で用いるマトリックスの種類は目的試料により異なるが，オリゴ糖の測定には 2,5-ジヒドロキシ安息香酸（2,5-DHB）が最も広く用いられる．一般的に，オリゴ糖とマトリックスのモル比が 1：1000～1：10000 とするのが最適とされるが，用いる試料の特性や誘導体化試薬の種類によっても最適条件が異なるため，適宜検討する必要がある．

　MALDI/TOFMS では試料溶液とマトリックスとの混合液（1～2 μL）をステンレス製の試料プレート上で結晶化させて測定用試料とする．試料溶液とマトリックスは水とアセトニトリルあるいはメタノールの混液に溶解して用いるが，試料溶液が塩類を含む場合は，結晶化ができず脱塩処理などが必要となる．微量糖鎖の脱塩は活性炭を充塡したピペットチップ（カーボンチップ）に糖鎖を吸着させ水で洗浄後，アセトニトリル水溶液でオリゴ糖を溶出する方法が一般的である．試料溶液にペプチドや脂質成分を多く含む場合，スペクトル上で糖鎖のシグナルが妨害されたり，糖鎖のイオン化が妨害されるために，試料溶液をあらかじめ逆相カートリッジなどを用いて処理し，ペプチドや脂質を除くことが推奨される．

【実験例 4.18】　カーボンチップを用いる微量糖鎖試料の脱塩
　活性炭を充塡したカーボンチップ（NuTip10 Carbon, Glygen 社）をピペット（1～10 μL 容量）にセットし，1 mol L^{-1} 水酸化ナトリウム 10 μL で 5 回ピペッティングする．チップ先端をキムワイプに当てながら NuTip10 Carbon 中の 1 mol L^{-1} 水酸化ナトリウムを完全に捨てる．続いて，10 μL の水で 5 回ピペッティングする．10 μL の 60% アセトニトリル-0.1% トリフルオロ酢酸（TFA：trifluoroacetic acid）で 3 回ピペッティン

グする．次に，10 μL の 75% アセトニトリル-0.1% TFA で 3 回ピペッティング後，10 μL の 0.1% TFA 水溶液で 3 回ピペッティングする．以上の操作で，カーボンチップのコンディショニングを行う．マイクロチューブに用意した試料溶液 10 μL を吸い，60 回ピペッティングを繰り返し，糖鎖試料をカーボンチップに吸着させる．10 μL の 0.1% TFA で 10 回ピペッティングする．ピペットを半押し状態で 75% アセトニトリル-0.1% TFA（2～5 μL）を吸い，空気が入らないように 60 回ピペッティングを繰り返し，別のマイクロチューブに糖鎖試料を回収する．

脱塩処理などを行った糖鎖試料溶液 2～5 μL をマトリックス溶液と等量混合し，その一部 1～2 μL を MALDI/TOFMS 用試料プレートにスポットし，室温で風乾する．MALDI 法では試料濃度が著しく高い場合あるいは低い場合のいずれでも，イオン化を起こすためのレーザー強度の閾値は高くなり，試料分子のフラグメント化を起こしやすくなる．そのため，マトリックスの濃度を一定とし，濃度の異なる試料溶液を調製し，最小の閾値でイオン化する試料濃度に調製することが望ましい．また，レーザー強度は MALDI 法におけるイオン化とフラグメント化を決定する重要な因子であり，可能な限り低いレーザー強度で最大の SN 比が得られる条件を設定することが望ましい．なお，生成したイオンを飛行部（フライトチューブ）へ誘導するための加速電圧は，試料の種類などによって測定ごとに変更する必要はなく糖鎖標準品を用いて設定すればよい．

【実験例 4.19】 ヒト血清 IgG 糖鎖の MALDI/TOFMS による分析

ヒト血清 IgG 100 μg から N-グリカナーゼ F 消化により調製した N-グリコシド結合型糖鎖を【実験例 4.6】に示した操作で 2-AA 誘導体化する（試料(A)）．糖タンパク質量として 50 μg 相当の 2-AA 誘導体化糖鎖を 50 mmol L^{-1} 酢酸緩衝液（pH 5.0）10 μL に溶解し，*Arthrobacter ureafaciens* 由来シアリダーゼ 10 μL（1 U mL^{-1}）を加え，37 ℃で 12 h 酵素反応を行う．反応後，蒸留水 80 μL を加え，沸騰水浴中で 10 min 加熱して酵素反応を停止し，5 min 遠心分離を行い，上清を回収し凍結乾燥し，アシアロ糖鎖（試料(B)）を得る．糖タンパク質として 25 μg 相当のアシアロ糖鎖（試料(B)）の凍結乾燥物を 10 μL の 20 mmol L^{-1} クエン酸-リン酸緩衝液（pH 6.0）に溶解し，10 μL のウシ腎臓由来の α-L-フコシダーゼ（1 U mL^{-1}）を加え，37 ℃で 6 h 加温する．反応後，蒸留水 80 μL を加え，沸騰水浴中で 10 min 加熱して酵素反応を停止し，5 min 遠心分離を行い，上清を回収し凍結乾燥する（試料(C)）．試料(A)～(C)を 100 μL の蒸留水に溶解し，そのうち 10 μL を【実験例 4.18】に従いカーボンチップを用いて脱塩操作を行う．回収した試料溶液約 5 μL に等量の 1% 2,5-DHB-50% メタノール水溶

4.1 糖タンパク質

液を加えて混合し，1 μL を MALDI/TOFMS 用試料プレート上にスポットし，室温で風乾させたのち質量分析計にセットし，加速電圧 15 000〜20 000 V，ポジティブイオンモードで測定する．なお，試料測定前にペプチドスタンダード（Angiotensin II（Mw1045），Substance P（Mw1496），ACTH1-24（Mw2931），Adrenomedulin（Mw3573））を用いて質量校正を行う．

IgG は，非還元末端 Gal 残基数が 0〜2 個の複合型二本鎖を基本骨格とし，還元末端側 GlcNAc の 6 位に Fuc をもつオリゴ糖を含むことが特徴である．非還元末端 Gal をもつ糖鎖の一部は，N-アセチルノイラミン酸（NeuAc）により修飾を受けたシアロ糖鎖もわずかに含まれる（図 4.17）．ヒト血清 IgG 由来のオリゴ糖の 2-AA 誘導体を MALDI/TOFMS により分析すると，m/z 1581 のアガラクト糖鎖，m/z 1744 のモノガラクトシル糖鎖，モノガラクトシル糖鎖が NeuAc により修飾された糖鎖に相当する m/z 2036 の分子イオンが観察される．シアリダーゼ処理を行った糖鎖（試料(B)）に

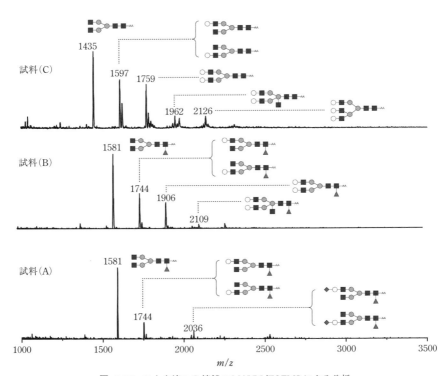

図 4.17　ヒト血清 IgG 糖鎖の MALDI/TOFMS による分析

ついて同様に分析すると，m/z 1581 のアガラクト糖鎖，m/z 1744 のモノガラクトシル糖鎖，m/z 1906 のアシアロ糖鎖，バイセクティング GlcNAc をもつアシアロ糖鎖（m/z 2109），さらに複合型三本鎖糖鎖に相当する m/z 2271 の分子イオンも観察される．アシアロ糖鎖（試料(B)）をウシ腎臓由来の α-L-フコシダーゼで処理すると，試料（B）で観察されたすべての分子イオンから，Fuc 1 残基分（m/z 146）減少した分子イオンが観察され，ヒト血清 IgG の N-グリコシド結合型糖鎖が Fuc をもつ糖鎖であることがわかる．

このように，MALDI/TOFMS を種々のグリコシダーゼ処理と組み合わせて用いることにより，オリゴ糖の詳細な構造解析を達成できる．一方，イオン化時のレーザー強度が高いと，N-アセチルノイラミン酸が脱離するため，N-アセチルノイラミン酸をもつ糖鎖を分析する場合には注意が必要である．

4.1.8　ゲル電気泳動法により分離された糖タンパク質検出

　糖タンパク質のゲル電気泳動法による分離では，タンパク質の場合と同様に SDS-ポリアクリルアミドゲル電気泳動（SDS-PAGE：SDS-polyaclylamide）法あるいは二次元ゲル電気泳動法が用いられる．通常，電気泳動で分離されたタンパク質の検出はクーマシーブリリアントブルー（CBB）あるいは銀染色法が用いられるが，これらの染色法では糖タンパク質は単純タンパク質に比べ染色されにくい場合が多い．ゲル電気泳動法で分離した糖タンパク質を特異的かつ高感度に検出する方法として，分離後の糖タンパク質を過ヨウ素酸酸化し，遊離したアルデヒド基を紫外部吸収あるいは蛍光性の誘導体化試薬で誘導体化し検出する過ヨウ素酸シッフ（PAS：periodic acid-schiff staining）染色と，糖タンパク質をポリフッ化ビニリデン（PVDF）膜に転写し，レクチンブロットを行う２種類の方法があげられる．前者はタンパク質に結合する糖鎖の種類にかかわらずすべての糖タンパク質の検出が可能であり，後者は特異性の異なるレクチンを用いることで特定の糖鎖構造をもつ糖タンパク質を選択的に検出できる．いずれの方法でも，精製糖タンパク質や細胞や組織などから抽出したタンパク質混合物の解析に利用できる．

a.　PAS 染色法を用いるポリアクリルアミドゲル上の糖タンパク質の検出

　PAS 染色法はゲル電気泳動法で分離された糖タンパク質の糖鎖部分を過ヨウ素酸酸化し，生じたアルデヒド基にシッフ試薬を反応させて検出する方法である．検出にはシッフ試薬として古くから用いられる亜硫酸フクシン（赤紫色）を用いる色素染色法や蛍光染色法（Pro-Q Emerald Glycoprotein Gel Stain Kit（Molecular Probe 社），Krypton

Glycoprotein Stain Kit（タカラバイオ株式会社）も利用でき，100 ng 以下の糖タンパク質を検出できる．また，過ヨウ素酸で酸化し生じたアルデヒド基をビオチンヒドラジドと結合させ，西洋ワサビペルオキシダーゼ（HRP：horse radish peroxidase）やアルカリホスファターゼ（ALP：alkaline phosphatase）誘導体化アビジンで増感し発色させる方法は，PAS 染色法より高感度に糖タンパク質を検出できる．

b. レクチンブロット法による糖タンパク質の検出

　レクチンブロット法では，ゲル電気泳動法で分離された糖タンパク質を PVDF 膜に転写し，ビオチン誘導体化レクチンを用いるか HRP あるいは ALP が結合したレクチンを用いて染色する．ビオチン誘導体化レクチンを用いる場合は HRP や ALP などの酵素が結合したアビジンをビオチン化レクチンと結合させ，HRP や ALP の基質を加え発色させる．いずれの誘導体化レクチンを用いても同様の結果が得られるが，ビオチン誘導体化レクチンを用いる方法では非特異的な染色を抑えることができる．なお，染色に用いるレクチンの選択については 4.1.6 項を参照されたい．

【実験例 4.20】　ゲル電気泳動法で分離された糖タンパク質のレクチンブロット
　目的の糖タンパク質（10〜250 ng）を含む試料を SDS-PAGE あるいは二次元ゲル電気泳動法により分離後，PVDF 膜にセミドライ式転写装置を用いて，沪紙 1 cm^2 当たり約 1 mA の条件で転写する．なお，転写に用いる PVDF 膜はメタノールに 1 min 浸した後，ブロッキング緩衝液（48 mmol L^{-1} トリス塩酸，39 mmol L^{-1} グリシン，20% メタノール）に 1 h 以上浸してから使用する．転写後，PVDF 膜をポリプロピレンケースに移し，ブロッキング緩衝液 [0.05% Tween 20 を含むリン酸緩衝生理食塩水（PBS：phosphate buffered saline）] を用いて 10 min ずつ 3 回洗浄する．洗浄後，PVDF 膜を別のポリプロピレンケースに移し，5 μg mL^{-1} のビオチン化レクチン溶液（ブロッキング緩衝液に溶解）を 1 h 反応させる．レクチン溶液を除き，PVDF 膜をブロッキング緩衝液で 10 min ずつ 3 回洗浄する．PVDF 膜を別のポリプロピレンケースに移し，5 μg mL^{-1} のアビジン-HRP 溶液を加え 30 min 反応させる．アビジン-HRP 溶液を除き，PVDF 膜をブロッキング緩衝液で 10 min ずつ 3 回洗浄する．PVDF 膜を 20 mL の発色液（0.05% ジアミノベンジジン，0.0031% 過酸化水素を含む 100 mmol L^{-1} トリス塩酸（pH 7.5））に浸し，1〜10 min 反応させる．黄色〜橙色の発色が確認できたら，発色液を水に置換し，PVDF 膜を水で数回洗浄する．

　SDS-PAGE により，ヒト AGP とヒト血清由来トランスフェリンを分離し，Con A を用いてレクチンブロットを行った結果を図 4.18 に示す．ヒト AGP のような糖含量の高い糖タンパク質を CBB で染色すると，糖の影響により染色され難く，検出感度

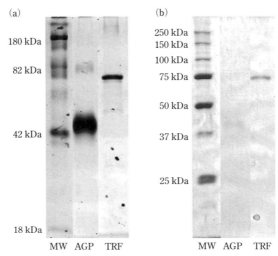

図 4.18 ゲル電気泳動により分離された糖タンパク質のレクチンブロット
(a) Con A によるレクチン染色　(b) CBB による染色
分析条件　ゲル電気泳動：ポリアクリルアミドゲル (10% T/2.6% C), レクチン：ビオチン化 Con A. MW：分子量マーカー, AGP：ヒト α1-酸性糖タンパク質 (1 μg), TRF：ヒト血清トランスフェリン (1 μg).

が低い．一方，複合型二本鎖糖鎖に高い親和性を示す Con A を用いてレクチンブロットを行うと，複合型二本鎖糖鎖が主要な糖鎖であるトランスフェリンとともに，AGP のバンドを明瞭に検出することができる．種々のレクチンを組み合わせてレクチンブロットを行えば，タンパク質上の糖鎖を推定できる．なお，糖タンパク質の PVDF 膜への転写は，タンパク質の分子量や糖含量の違いにより転写効率が異なるので，目的の糖タンパク質に合わせて転写条件を適宜変更する必要がある．

4.1.9　生体試料中糖タンパク質の大規模解析

　細胞や組織，血清などの生体試料中の糖タンパク質を分析する場合，核酸，タンパク質，脂質，その他の低分子成分などが共存する試料から微量の糖鎖を特異的かつ網羅的に検出しなければならない．特に，生体試料中の糖タンパク質の分析では，"高網羅性" と "高特異性" が重視され，さらに "高感度" と "高分離能" を兼ね備えたシステムが必要である．すなわち，プロテオミクスにおける二次元電気泳動法と質量分析法のようにいくつかの技術を連結し，定量的な比較解析が可能なシステムを構築す

る必要がある．本項では，糖タンパク質から得られた糖鎖をアフィニティークロマトグラフィーによりグループ分離し，さらに順相分配クロマトグラフィーを組み合わせて大規模に解析するシステムについて解説する．筆者らが開発したシステムでは，最初にタンパク質から糖鎖を遊離し，2-AAで蛍光誘導体化する．2-AAで誘導体化した糖鎖は，セロトニンアフィニティークロマトグラフィーを用いて，糖鎖非還元末端のシアル酸残基数に基づいて糖鎖を分画した後，順相分配型アミドカラムを用いる液体クロマトグラフィーにより糖鎖の微細な構造の違いに基づいて分離する．分離された糖鎖はMALDI/TOFMSを用いて構造を同定する．筆者らは，このシステムを用いてがん細胞のN-グリコシド結合型糖鎖の大規模プロファイリングを実施し，細胞表面糖タンパク質の解析が細胞個性解析に有効であることを報告した．

【実験例 4.21】 培養がん細胞からの総糖タンパク質分画の調製

80％コンフルエント状態の培養細胞をセルスクレーパーを用いて回収し，PBSで数回洗浄する．回収した培養がん細胞 1.0×10^7 cell 相当に対して，1 mmol L^{-1} エチレンジアミン四酢酸（EDTA：ethylendiaminetetracetic acid）を含む PBS を 50 μL 加え氷上で 15 min 放置した後，2 mol L^{-1} チオ尿素/5 mol L^{-1} 尿素溶液 267 μL，1 mol L^{-1} ジチオトレイトール（DTT：dithiothreitol）16.7 μL，ベンゾナーゼ（Benzonase）25 unit/5 μL 加え室温で 30 min 放置する．10 min 遠心分離（15 000 g，10 ℃）して得られた上清約 300 μL に対し，5％のトリエチルアミンおよび酢酸，水を含むアセトン溶液を 1.5 mL 加え，−20 ℃で 1 h 保つ．遠心分離後（10 min，15 000 g，4 ℃），沈殿物を回収し，75％エタノールで2回沈殿物を洗浄し，糖タンパク質分画とした．

培養細胞や組織をホモジナイズ後，尿素や界面活性剤を用いて変性可溶化することにより総タンパク質を回収すると，大量の核酸が混在するため試料溶液が高粘度の溶液となり以降の取り扱いが難しくなる．変性可溶化する際に，非特異的な核酸分解酵素であるベンゾナーゼを用いてDNAやRNAを分解しておくとよい．また，生体試料では脂質も多く含まれるが，トリエチルアミン，酢酸，水を含むアセトン溶液で総タンパク質を沈殿して回収することにより，ベンゾナーゼにより分解された核酸とともに除去できる．一連の操作により，糖鎖の遊離反応や蛍光誘導体化反応が妨害を受けることなく再現性のよい解析結果が得られる．また，この操作はゲル電気泳動前の試料処理法としても有用である．

細胞由来の糖タンパク質糖鎖のうち N-グリコシド結合型糖鎖は高マンノース型，ハイブリッド型，複合型糖鎖の複雑な混合物からなり，複合型糖鎖については非還元末端にNeuAcをもつ糖鎖を含む．糖鎖の分離では高い分離能が要求されるが，順相分配

型あるいは逆相分配型のいずれかの分離モードのみでは複雑な糖鎖を完全に分離することはできない．筆者らは，細胞などの生体試料中のすべての糖鎖を網羅的に解析するために，最初に糖鎖混合物をセロトニンアフィニティークロマトグラフィーを用いてシアル酸残基数の違いに基づいて分画した後，各分画を順相分配型アミドカラムを用いて分離する二次元分画法を開発した．この方法を用いれば培養細胞中の50～80種類以上の糖鎖を定量的に分析できる．また，主要な糖鎖以外の微量に存在する特徴的な糖鎖構造の分析にも有用な手法である．セロトニンアフィニティークロマトグラフィーは NeuAc のセロトニンに対する親和性を利用するものであり，溶出には塩化ナトリウムのような脱塩処理が必要な塩類を使用せず，揮発性の酢酸アンモニウムを使用するため，回収した糖鎖試料はそのまま質量分析などによる分析が可能である．

【実験例 4.22】　　培養がん細胞中の糖タンパク質糖鎖の二次元分離

シアル酸残基の数に基づいて糖鎖を分画する一次元目の分離に使用する LA-セロトニンカラム（内径 4.6 mm, 長さ 150 mm, 株式会社 J-オイルミルズ）は溶媒 A（水）で平衡化する．培養癌細胞から得られた 2-AA 誘導体化糖鎖混合物（2.0×10^6 cell 相当）の水溶液をカラムに注入する．分析開始後 2～35 min で溶媒 B（50 mmol L^{-1} の酢酸アンモニウム）が 75％ となるようにリニアグラジエント溶出を行う．カラムから溶出される 2-AA 誘導体化糖鎖は蛍光検出器（励起波長 335 nm, 蛍光波長 410 nm）でモニターすると，最初にシアル酸をもたない高マンノース型ならびにアシアロ糖鎖が溶出され，以下順にモノ-，ジ-，トリ-，テトラシアロ糖鎖が溶出されるので，各ピークを回収し濃縮乾固する．回収した各分画は 50 mmol L^{-1} 酢酸緩衝液（pH 5.0）10 μL に溶解し，*Arthrobacter ureafaciens* 由来シアリダーゼ 10 μL（1 U mL^{-1}）を加え，37 ℃で 12 h 酵素反応を行う．反応後，蒸留水 80 μL を加え，沸騰水浴中で 10 min 加熱して酵素反応を停止し，5 min 遠心分離して，上清を回収した後，凍結乾燥し，アシアロ糖鎖を得る．得られた各糖鎖分画は 10 μL の蒸留水に溶解し，【実験例 4.8】の条件に従い順相系アミドカラム（TOSOH Amide-80 カラム：内径 4.6 cm, 長さ 25 cm）を用いて，各分画ごとに分析する．

図 4.19 にヒト組織球性リンパ腫細胞（U937）から調製した膜タンパク質中の *N*-グリコシド結合型糖鎖をセロトニンアフィニティークロマトグラフィーで分画した結果を示す．糖鎖非還元末端のシアル酸残基数に基づき，高マンノース型糖鎖とアシアロ糖鎖を含む中性糖鎖，モノシアロ糖鎖，ジシアロ糖鎖，トリシアロ糖鎖およびテトラシアロ糖鎖の五つに分画される．五つの分画をシアリダーゼ処理した後，順相分配型アミドカラムにより分離し，各ピークを MALDI/TOFMS により解析し，全 80 種類の

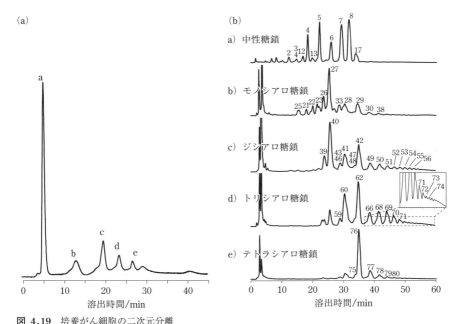

図 4.19 培養がん細胞の二次元分離
(a) セロトニンアフィニティークロマトグラフィーによる N-グリコシド結合型糖鎖のグループ分画 　(b) 順相系アミドカラムによる糖鎖分画の分離（各ピークは図4.20の番号に対応）
分析条件 ［セロトニンアフィニティークロマトグラフィー］　カラム：LA-セロトニンカラム（内径 4.6 mm，長さ 150 mm，株式会社 J-オイルミルズ），溶離液 A：蒸留水，溶離液 B：50 mmol L^{-1} 酢酸アンモニウム．100% 溶離液 A でカラムを平衡化後，試料溶液を注入後，2～35 min までに溶離液 B を 75%，35～50 min までに溶離液 B を 100% となるように溶出させる．流速：1.0 mL min^{-1}．

N-グリコシド結合型糖鎖の構造が明らかにされた（図 4.20）．中性糖鎖分画 a) は糖鎖構造 1～8 の高マンノース構造をもつ糖鎖が主要な糖鎖であり，構造 9～19 の複合型糖鎖も含まれていた．一方，シアロ糖鎖分画 b～e) には，複合型二本鎖，三本鎖，四本鎖糖鎖が含まれ，その多くはフコースにより修飾を受けている．また，U937 には N-アセチルラクトサミン（Galβ1-4GlcNAc）の繰返し構造をもつポリラクトサミン型糖鎖が豊富に観察された．このように二次元分離法を用いることにより，細胞特異的な糖鎖を定量解析できる点が本技術の最大の特徴である．

第4章 複合糖質の分析

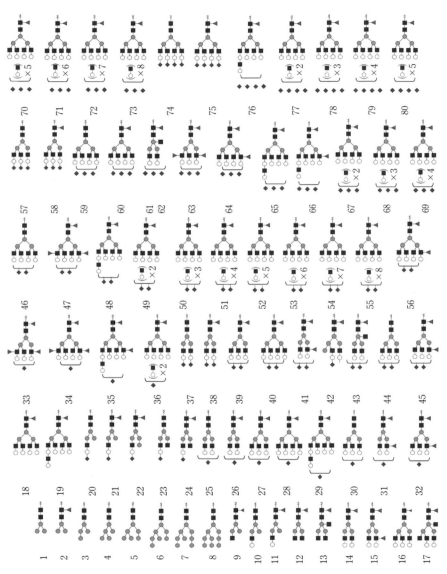

図 4.20 ヒト組織球性リンパ腫細胞に観察されるN-グリコシド結合型糖鎖

4.2 プロテオグリカン

　プロテオグリカンは，コンドロイチン硫酸，デルマタン硫酸，ヘパラン硫酸，ヘパリン，ケラタン硫酸などのグリコサミノグリカン（GAG：glycosaminoglycan）とよばれる硫酸化多糖類がタンパク質（コアタンパク質）に含まれるセリン，トレオニン残基のヒドロキシ基に共有結合してできる糖タンパクの一種である．現在までに多くのコアタンパク質をもつプロテオグリカンが見出されており，あらゆる生命現象の場で機能しているものと考えられている．その機能の本体はコアタンパク質自身である場合も，あるいは結合する GAG 鎖である場合も，その両方である場合もあるが，総じて GAG 鎖を分析することで各プロテオグリカンを特徴づけることが可能である[26]．

　GAG 鎖は，プロテオグリカンとしては単離されないヒアルロン酸を除いて，そのプロテオグリカン分子の物理的，生物的性質に重要な影響を与えていることは確実で，その化学構造はウロン酸（ケラタン硫酸の場合はガラクトース）とヘキソサミンからなる基本の二糖構造が通常数十〜数百回繰り返してできる直鎖の多糖である[27]．これらの二糖単位（二糖構造）は，ヒアルロン酸を除いて，頻度に差はあるもののグリコシド結合に関与しないすべてのヒドロキシ基が硫酸化を受けることが特徴である．この基本二糖単位は，ヒアルロン酸の場合は，→4)グルクロン酸β(1→3)N-アセチルグルコサミン，コンドロイチン硫酸とデルマタン硫酸の場合では，→4)グルクロン酸β(1/イズロン酸α(1→3)N-アセチルガラクトサミン，ヘパラン硫酸とヘパリンの場合には→4)グルクロン酸β(1/イズロン酸α(1→4)N-アセチルグルコサミン，ケラタン硫酸の場合には，ガラクトースβ(1→4)N-アセチルグルコサミン）である．二糖単位に対する硫酸化の部位，程度は，以下に述べる特異的 GAG 分解酵素による処理により切り出されてくる二糖を高速液体クロマトグラフィー（HPLC）あるいは電気泳動で分離分析することにより定性・定量することはできるが，切り出す前の多糖を構成する二糖の配列については，様々な試みが報告されているものの，残念ながら現時点で解明する分析手段を手にしていない．

　しかしながらプロテオグリカンの二糖組成を知ることは，プロテオグリカン分子を特徴づける重要な情報であり，現在も GAG の二糖組成を分析することがプロテオグリカン分析の主流である．本節では，試料からのプロテオグリカンの抽出法，GAG 鎖の切り出し，そして汎用性の高い各 GAG の分析法について詳説する．

4.2.1 グリコサミノグリカンの抽出

　プロテオグリカンの構造は，前述したように組織の種類によって異なり，さらに動物種によっても異なるので，その抽出操作は臨機応変に工夫しなければならない．しかし，グリコサミノグリカン（GAG）を分析対象とする場合は，組織に含まれるプロテアーゼによるコアタンパク質の分解に注意を払う必要がない．本項では，機械的な組織の破壊に続いて有機溶媒による脱脂操作，パパインやアクチナーゼなどのプロテアーゼによるタンパク質分解，緩和な塩基性条件での β 脱離反応によるペプチド鎖からの GAG 鎖の遊離という一連の抽出操作について紹介する．プロテオグリカンの精製分離については他の成書[28]を参考にされたい．

　まずはじめに，新鮮な実験動物の臓器あるいは解凍した保存臓器試料を，氷上でできるだけ細かく解剖用はさみなどを用いて切り刻む．この試料重量当たり 10～20 倍溶（試料 100 g に対して 1～2 L）のアセトンを加えて，ワーリングブレンダーなどの装置により攪拌して脂質を除き，残査を乾燥する．さらに乳鉢などを用いて粉状になるまで粉砕し，試料重量に対して 50～100 倍溶の 10 mmol L^{-1} 塩化カルシウムを含む 0.1 mol L^{-1} のトリス塩酸緩衝液（pH 8.0）に懸濁し，試料重量の 0.5～1% プロテアーゼを加えてタンパク質を分解する．腐敗に注意して（トルエンなどで反応溶液を被膜するとよい）24～36 h 消化後（初めの粥状の溶液から粘度が消失する），最終濃度 3% 程度になるように氷冷下過塩素酸を加えて除タンパクする．4 ℃ で遠心分離した上清を 10000 カット程度の透析膜を用いて水に対して透析し，脱塩する．一晩程度脱塩したのち凍結乾燥して粗ペプチド GAG 画分を得る．本試料は −80 ℃ で 1 年以上，あるいは −20 ℃ で 1～6 カ月程度保存することができるが，可能であれば引き続いて分離・分析操作を行うことが望ましい．

4.2.2　グリコサミノグリカン鎖の切り出しと単離精製

　各種臓器においてヒアルロン酸を除くすべての GAG 鎖はいずれもキシロースを介して（例外として軟骨，髄核の一部のケラタン硫酸は *N*-アセチルグルコサミンがトレオニン残基を介して），*O*-グリコシド結合して存在する．一方，角膜のケラタン硫酸は *N*-アセチルグルコサミンとアスパラギン残基との間で *N*-グリコシド結合している．したがって，GAG 鎖の抽出，すなわちタンパク質からの切り出しは，糖タンパク質糖鎖の切り出し法と基本的な差はなく，化学的な方法と酵素的な方法がある．以下にその実験例について紹介する．

a. 化学的切り出し法[29]

　GAG 鎖とペプチドセリン残基との間の O-グリコシド結合に対しては，弱塩基によるβ脱離反応が，またケラタン硫酸にみられるペプチドアスパラギン残基との間の N-グリコシド結合に対してはヒドラジン分解法または強塩基による加水分解反応が用いられている．しかし，特にケラタン硫酸に着目して分析を行う場合を除いて，化学的な方法による切出しは，O-グリコシド結合した GAG のβ脱離反応による切り出しが一般的である．

　O-グリコシド結合しているセリン残基のアミノ基またはカルボキシ基が遊離していると，β脱離反応を受けにくいことが知られている．そこで回収率を上げるためにセリン残基のアミノ基を化学的にアセチル化（試料 10 mg を 2.5 mol L^{-1} 酢酸ナトリウム 1.0 mL に溶かし，無水酢酸 30 μL を加え，氷冷して 1 h 撹拌）し，β脱離反応を行う．

【実験例 4.23】 ブタ気管軟骨から単離したコンドロイチン硫酸ペプチドからコンドロイチン硫酸鎖の単離

　ブタ気管軟骨から前記方法により粗 GAG ペプチド画分を得る．この試料を，適宜イオン交換容量を確認して充填した Dowex 陰イオン交換クロマトグラフィーにより分画し，塩化ナトリウムの段階的溶出により得られた 1.5 mol L^{-1} 塩化ナトリウム画分（おもにコンドロイチン硫酸ペプチド）50 mg を 2.5 mol L^{-1} 酢酸ナトリウム 3 mL に溶かし，100 μL の無水酢酸を氷冷しながら加え，10 min 撹拌した後，さらに等量の無水酢酸を加えて 1 h 反応させる．これを水に対して 12 h 透析した後，凍結乾燥してコンドロイチン硫酸ペプチドを得る．

　得られたコンドロイチン硫酸ペプチド 10 mg を 1 mL の水に溶かし，2.0 mol L^{-1} 水酸化リチウムに溶かした 1.0 mol L^{-1} テトラヒドロホウ酸ナトリウム溶液 1 mL を加え室温で 24 h 反応させる（β脱離反応と還元末端キシロースのキシリトールへの還元）．反応溶液に 1 mol L^{-1} 酢酸を発泡しなくなるまで加え，水に対して透析後凍結乾燥する．0.1 mol L^{-1} 塩化ナトリウムで平衡化した陰イオン交換カラム，例えば市販の充填カラム HiPrep DEAE FF（内径 16 mm，長さ 100 mm，GE ヘルスケア・ジャパン株式会社）にかけ，HPLC 用グラジエントポンプを用いて塩化ナトリウムの濃度勾配溶出（0.1〜2.5 mol L^{-1} 塩化ナトリウム）を行い，カルバゾール反応陽性画分を集め，透析した後，凍結乾燥するとコンドロイチン硫酸鎖が定量的に回収される．

b. 酵素的切り出し法[30]

　プロテオグリカンを前述したプロテアーゼ消化すると，GAG はペプチド断片と結合したまま切り出される．このプロテアーゼとしてパパイン P，トリプシン，キモトリ

プシン，プロナーゼ（アクチナーゼ）などが用いられている．得られた GAG ペプチド鎖からさらに GAG を酵素的に切り出す方法が報告されている．酵素による切り出しは，化学的な切り出し法により観察される脱硫酸化やピーリングによる糖鎖の切断などがなく，緩和な条件で切り出すことができるので構造研究にはより適した方法であるが，酵素の作用特性の問題もあり，可能であれば化学的切り出し法と比較して回収率を確認しておくべきである．

コンドロイチン硫酸，デルマタン硫酸，ヘパラン硫酸，ヘパリンはグルクロン酸→ガラクトース→ガラクトース→キシロース→（コアタンパク質）という共通の橋渡し構造を介してコアタンパク質中のセリンと結合している．この橋渡し構造にはたらく3種類のエンド型グリコシダーゼ，すなわち，エンド-β-グルクロニダーゼ，エンド-β-ガラクトシダーゼとエンド-β-キシロシダーゼが知られている．これらの酵素はいずれもプロテオグリカンには作用せず4〜10個のアミノ酸残基を還元末端側にもつペプチドグリカンに作用し，還元末端にそれぞれ用いた酵素によりグルクロン酸，ガラクトース，キシロースをもった GAG 鎖が遊離されるため，エンド型酵素によって切り出された糖鎖の還元末端側の糖の配列は明確なので，構造研究に有効である．しかし，残念ながら現在これらの酵素は市販されておらず，文献に従って生成しなければならない欠点がある．

【実験例 4.24】 エンド-β-キシロシダーゼによる糖鎖の切出し[30]．

ブタ気管軟骨を前述のとおり処理し，コンドロイチン硫酸ペプチドを得る．このコンドロイチン硫酸ペプチド 1 mg をホタテガイ中腸腺由来のエンド-β-キシロシダーゼ（0.1 単位）とともに 0.1 mol L^{-1} 酢酸緩衝液（pH 4.0）中で 37 ℃，24 h インキュベートする．反応溶液に，最終濃度 5% になるようにトリクロロ酢酸，または過塩素酸を加えて遠心分離し，この遠心上清に4倍量の塩化ナトリウム飽和エタノールを加え，生じた沈殿物を回収する．これを Sephadex G-100 により脱塩する．得られたコンドロイチン硫酸の還元末端糖はキシロースである．

4.2.3 グリコサミノグリカンの分離法

プロテオグリカンからタンパク質を除いた GAG 混合物を分離する方法としては，GAG の組成，構造，大きさ，形などによる溶解度の相違に基づくエタノール分画，電荷密度の相違に基づくイオン交換クロマトグラフィー，電気泳動，第四級アンモニウム塩による分画，またグリコサミノグリカンと他の生体活性物質と特異的親和性に基づくアフィニティークロマトグラフィーなどがあげられる．GAG の酵素分解生成物の

HPLCによる分離法が多数報告されているが，本項では多糖のままでの分離・同定についてのみ述べ，酵素分解生成物の分離については後述する．

a. エタノール分画[31]

　GAGの水溶液にエタノールを加えても完全に沈殿しないが，エタノールに対する溶解度が大きい酢酸ナトリウム，酢酸カルシウムまたは酢酸バリウム存在下（5％以下）氷冷し，攪拌しながら，ナトリウム塩の場合には3倍容，カルシウム塩の場合には10倍容，バリウム塩の場合には等容のエタノールを加えると完全に沈殿させることができる．GAG混合物を，5％酢酸カルシウムを含む0.5 mol L^{-1} 酢酸に1％濃度に溶かし，氷冷しながら攪拌し，エタノールを加えていくとき，白く濁りが生じ始めたところで一晩冷所において分別沈殿を行うMeyerら[32]の方法では，18～25％エタノール濃度でデルマタン硫酸（コンドロイチン硫酸B），30～40％エタノール濃度でヒアルロン酸とコンドロイチン4-硫酸（コンドロイチン硫酸A），40～45％エタノール濃度でコンドロイチン6-硫酸（コンドロイチン硫酸C），45％以上のエタノール濃度でケラタン硫酸が沈殿として得られている．各エタノール濃度で得られた沈殿は，その濃度より10％高濃度のエタノールで順次洗浄し乾燥すると，固まらずに粉末が得られる．この方法は大量の抽出液を扱う場合には操作が簡単で，後処理の必要がなく，回収率が良いので有用である．特にエタノールに対する溶解度が小さいデルマタン硫酸，あるいは逆にエタノールに対する溶解度の大きいケラタン硫酸をコンドロイチン硫酸から分離することができる利点がある．

b. イオン交換クロマトグラフィー[32]

　負電荷をもつGAG相互の分離には，陰イオン交換クロマトグラフィーが最もよく用いられている．最近は試薬メーカーが様々な樹脂をあらかじめ充填したカラムを供給しているので，自作のカラムを用いて分離する機会は少なくなった．GAGの分離には，中塩基性のイオン交換基，例えばジエチルアミノエチル（DEAE）基を交換基として有するカラムが用いられている．以下に，HiPrep DEAE FF（内径16 mm，長さ100 mm，GEヘルスケア・ジャパン株式会社）によるGAGの分離について説明する．

　カラムを0.1 mol L^{-1} 塩化ナトリウムで平衡化しCl$^-$型とし，GAG混合物（5～50 mg）を1 mL程度の溶液としてカラムに注入する．カラム容量に対して2倍容の0.1 mol L^{-1}，0.3 mol L^{-1}，0.5 mol L^{-1}，1.25 mol L^{-1}，1.5 mol L^{-1} および2.0 mol L^{-1} 塩化ナトリウムで段階的に塩濃度を上げて溶出する．フラクションコレクターで一定量ずつ集め，96穴マイクロプレート上でカルバゾール反応によりウロン酸の検出を行う．通常0.5 mol L^{-1} 塩化ナトリウム（NaCl）でヒアルロン酸と硫酸基を含まないコンド

ロイチン，1.25 mol L^{-1} NaCl でヘパラン硫酸，1.5 mol L^{-1} NaCl でコンドロイチン硫酸，デルマタン硫酸が，2.0 mol L^{-1} NaCl 画分にヘパリンが溶出される．試料に混在する中性多糖は素通りする．また，糖タンパク質は 0.3 mol L^{-1} NaCl 溶液で大部分が溶出除去され，ヘパラン硫酸は硫酸含量が多様で 0.5〜1.25 mol L^{-1} NaCl にわたって溶出される場合が多く，ケラタン硫酸は一般に 1.25〜3 mol L^{-1} NaCl で溶出される．海洋生物由来に頻出する硫酸含量の高い GAG は 2〜3 mol L^{-1} NaCl で初めて溶出されるので，カラムに注入する前の試料についてセルロースアセテート膜電気泳動（後述）を行い，含まれるグリコサミノグリカンの全体像を把握しておくとよい．

　溶出位置の検出，GAG の定量にはカルバゾール反応によるウロン酸の検出，ケラタン硫酸に対してはアントロン反応によるガラクトースの検出が用いられている．最近ではこの反応を，試験管ではなく 96 穴マイクロプレートを用いて行い，簡単にプレートリーダーで吸光度を読み取ることによって，微量の試料で溶出パターンが記録できる．

c. 電気泳動[33]

　沪紙，ゲルを用いた電気泳動は種々試みられてきたが，分子量分布，硫酸化度の多様性による拡散が大きく，分離・同定の目的に使用するのは賢明でない．しかし，セルロースアセテート（商品名 Separax，常光産業株式会社）を用いるとグリコサミノグリカンの酸性基の数と結合位置の違い，あるいは多糖鎖の骨格構造の違いによって分離・同定・定量することができる．また核酸やタンパク質の混在も検出することができるので，GAG の純度や均一性を調べることも可能である．ただし，これらの不純物が多量に存在すると GAG の移動度が影響を受けるので，注意を要する．以下に GAG のセルロースアセテート膜電気泳動について説明する．

(1) クロマトグラフィーによって分離した分画 0.1〜1.5 µg 2 µL^{-1} を，泳動距離 6 cm のセルロースアセテート膜（あらかじめ泳動用緩衝液に浸した後，沪紙に挟んで余分な水分を除く）の端から泳動開始端から 1 cm の位置に 0.5 cm 幅に，0.5 cm 間隔にスポットする．次に，1 mol L^{-1} 酢酸-ピリジン緩衝液（pH 3.5）または 0.5 mol L^{-1} 酢酸-ピリジン緩衝液（pH 3.0）中で 0.5 mA cm^{-1} で 20 min 泳動する．このセルロースアセテート膜を 0.5% トルイジンブルーまたはアルシアンブルー溶液に 5 min 以上浸して染色し，別に用意した 5% 酢酸で脱色した後，乾燥する．この泳動条件ではおもに電荷の相違によって分離される（図 4.21(a)）．

(2) 上記と同様に調製したセルロースアセテート膜を 0.2〜0.3 mol L^{-1} 酢酸カルシウム中，20 mA cm^{-1} で 2 h 泳動すると，ヒアルロン酸，デルマタン硫酸，コン

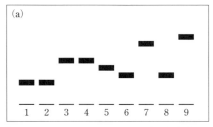
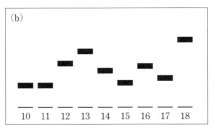

図 4.21 セルロースアセテート膜電気泳動によるグリコサミノグリカンの分離
(a) 1 mmol L^{-1} 酢酸-ピリジン (pH 3.5), 0.5 mA cm^{-1}, 20 mim 泳動
(b) 0.3 mmol L^{-1} 酢酸カルシウム, 1.0 mA cm^{-1}, 2 h 泳動.
1：ヒアルロン酸, 2：コンドロイチン, 3：コンドロイチン 4-硫酸, 4：コンドロイチン 6-硫酸, 5：デルマタン硫酸, 6：ヘパラン硫酸, 7：ヘパリン, 8：ケラタン硫酸, 9：完全硫酸化コンドロイチン硫酸.

ドロイチン 4-硫酸, コンドロイチン 6-硫酸の順に移動度が大きくなり (ヒアルロン酸が遅い), 容易に分離できる. ヘパラン硫酸はヒアルロン酸と, またヘパリンおよびケラタン硫酸はデルマタン硫酸とほとんど同じ移動度を示す. すなわち, この条件では硫酸含量よりは糖鎖骨格構造と硫酸基の結合位置によって移動度が決まるものと思われる (図 4.21(b)).

(3) 上記と同様に調製したセルロースアセテート膜を 0.1 mol L^{-1} 酢酸バリウム中 1.0 mA cm^{-1} で 3 h 泳動すると, 酢酸カルシウムの場合とほぼ同様の分離がみられるが, ヒアルロン酸とデルマタン硫酸の移動度はほとんど同じで区別できない. またヘパリンとヘパラン硫酸はヒアルロン酸より移動度が小さいので見分けることができる.

以上の各泳動条件による分離の特色を生かして行う二次元電気泳動は, 複雑なグリコサミノグリカン混合物の分離同定に有効である. 最近はデジタルカメラと組み合わせた画像解析装置を用いて, 発色後ゲル, 膜をそのまま解析し, おおよそのグリコサミノグリカン含量が予想可能である.

d. 第四級アンモニウム塩による分画[34]

GAG のような多価陰イオンはセチルトリメチルアンモニウム, またはセチルピリジニウムのような長鎖をもつ第四級強塩基性アンモニウムイオンと, 水に難溶な複合体を形成し, 0.01% の希薄溶液からでも沈殿として回収することができるので, 尿など体液中の GAG の分離には有用である.

複合体を解離させるために必要な塩濃度 (臨界電解質濃度, 臨界塩濃度) は, GAG の電荷密度によって異なるので相互を分離するのに用いられる. 例えば, 1% 塩化セ

チルピリジニウムで洗浄したセルロースカラム上で複合体の沈殿を形成させたのち，0.1% 塩化セチルピリジニウムを含む 0.15 mol L^{-1}，0.5 mol L^{-1} 塩化ナトリウム，および 1.0 mol L^{-1} 塩化マグネシウムで段階的に溶出すると，ヒアルロン酸，コンドロイチン硫酸およびヘパリンが順次に溶出され，ほぼ 100% 回収することができる．また過剰な塩基性イオンはエタノールに可溶なので，高濃度，例えば 2 mol L^{-1} の塩化ナトリウムを加えて複合体を解離させた後，遊離 GAG はエタノールで沈殿させ，これをエタノールで洗浄することで除くことができる．

4.2.4 グリコサミノグリカンの化学組成分析

おもな GAG の構成成分は，ケラタン硫酸以外はウロン酸とアミノ糖，そして硫酸である．ケラタン硫酸はウロン酸の代わりに D-ガラクトースをもつ点で他と異なる．アミノ糖はヘパリンおよびヘパラン硫酸の一部が N-硫酸化されている以外は，N-アセチル化されている．またアミノ糖としては D-グルコサミンと D-ガラクトサミン，ウロン酸としては D-グルクロン酸と L-イズロン酸であり，硫酸化 GAG では，その骨格構造に硫酸基が結合している．これらの組み合わせによって GAG の種類が決められるが，硫酸基の含量と結合位置の違いだけでなくアミノ糖とウロン酸からなる二糖単位の繰返し構造だけでは説明できない不均一性が見出されている．例えば，デルマタン硫酸，ヘパラン硫酸，ヘパリンはそれぞれ 1 種類のアミノ糖と，それに対し等モルのウロン酸からなるが，そのウロン酸は D-グルクロン酸と L-イズロン酸が様々な割合で含まれている．また，微量成分としてキシロースとガラクトースがコンドロイチン硫酸，デルマタン硫酸，ヘパラン硫酸およびヘパリンの多糖鎖とタンパク質との結合部分に存在する他，フコース，N-アセチルノイラミン酸，D-ガラクトサミン，D-マンノースがケラタン硫酸とタンパク質との結合部分に見出されている．

従来，分析法はおもに比色分析によっていたが，様々な HPLC 手法が開発され特に GAG の種類によって，特異的に分解する酵素が分離精製されて市販されており，生成する不飽和二糖またはオリゴ糖を HPLC で迅速に再現性良く，かつ高感度（nmol～）分析できるため，化学組成分析にとって代わった．しかし，分光度計のようなどこにでもある分析機器だけで定性・定量が可能な化学分析法は，プロテオグリカンや GAG 分析の基本であり，ルーティン（定常）の分析法として重要である．

GAG の構成成分のうち，ウロン酸と中性糖含量は直接強酸と加熱することによって生成するフルフラールまたはその誘導体にカルバゾールやフェノール類を加えて比色定量することができるが，アミノ糖と硫酸基はあらかじめ加水分解して遊離させてか

ら比色定量しなければならない．またこれらの組成を分析するためには，ウロン酸および中性糖もアミノ糖の場合と同様，加水分解したのちクロマトグラフィーによって分離定量しなければならない．

GAG 中のアミノ糖およびウロン酸のグリコシド結合は中性糖のグリコシド結合に比べて，酸により加水分解されにくく，特に N-硫酸基やアミノ基が置換されていないアミノ糖を含むヘパラン硫酸やヘパリンでは定量的な切り出しができない．また，遊離したウロン酸は酸性溶液中で脱炭酸されやすいので，加水分解によってウロン酸組成を定量的に分析することは非常に困難である．

a. ウロン酸[35]

GAG のウロン酸含量を求めるために最もよく用いられているのは，カルバゾール-硫酸法（Bitter-Muir の改良法）[35]である．以下にその概略を示す．

1～30 µg のウロン酸を含む試料 0.5 mL をスクリューキャップ付き試験管に取り，氷水で冷却・撹拌しながら 3.0 mL の硫酸溶液（$Na_2B_4O_7 \cdot 10 H_2O$ 0.95 g を 100 mL の濃硫酸に溶かす）を滴下し，0.125% カルバゾール溶液（カルバゾール 12.5 mg をエタノール 10 mL に溶かす）0.1 mL を加え，十分混合したのち，試験管内部を窒素ガスで置換する．すばやく蓋を締め，沸騰水浴中で 20 min 加熱した後，室温に冷やし，530 nm の吸光度を測定する．空試験（ブランクテスト）値が 0.025 以下になるよう，反応に使用する硫酸のロットに注意する．

D-グルクロン酸と L-イズロン酸の分離定量法としてイオン交換クロマトグラフィーやガスクロマトグラフィーも報告[36]されているが，ウロン酸は酸加水分解条件で 100% 回収することが難しく，定量法としてはこれらのウロン酸を含む適当な標準品を用いて補正しなければならない．

緩和な分解法としては，例えば 90% ギ酸と窒素ガス中 100 ℃ で 16～24 h の分解，1 mol L^{-1} 硫酸と封管中 100 ℃ で 2 h などが検討されている．

これらの問題を克服するため，GAG のウロン酸のカルボキシ基をあらかじめ還元して中性糖に変換してから加水分解し，中性糖として定量する方法も行われているが[37]，カルボキシ基の活性化試薬の取り扱いに熟練を要することなどから，汎用されているとはいえない．

b. アミノ糖[38]

GAG 中のアミノ糖を定量するための加水分解条件としては，脱気し窒素あるいはヘリウムで内部を置換した封管中で，3 mol L^{-1} 塩酸，100 ℃，15 h または 4 mol L^{-1} 塩酸，100 ℃，8 h がよく用いられる．

全アミノ糖含量を測定するには，Elson-Morgan 反応による特異的な比色定量[38]がよく用いられる．またヘパリンおよびヘパラン硫酸中の N-硫酸化グルコサミンを選択的に定量するには，亜硝酸と反応させて生成する 2,5-アンヒドロマンノースをインドール試薬と反応させて比色定量する方法[39]がある．

【実験例 4.25】　Elson-Morgan 反応によるアミノ糖の定量

2～20 µg のアミノ糖を含む試料 0.25 mL（塩酸濃度 0.3 mol L^{-1} 以下）をスクリューキャップ付き試験管に取り，アセチルアセトン試薬（用時調製：アセチルアセトン 1.5 mL を 0.62 mol L^{-1} 炭酸ナトリウムで 50 mL に希釈する）0.5 mL を加え，窒素ガスで内部を置換した後，沸騰水浴中 1 h 反応させる．氷冷後，96% エタノール 5.0 mL を静かに層をなすように加え，続いて Ehrlich 試薬（p-ジメチルアミノベンズアルデヒド 0.8 g を濃塩酸 15 mL と 96% エタノール 15 mL に溶かし，冷暗所に保存，数カ月間使用可能）0.5 mL を加えて，初め静かに，次いで激しく振り混ぜる．このとき二酸化炭素が発生するので反応溶液が噴きこぼれないように注意する．室温に 1 h 置いた後，535 nm で吸光度を測定する．グルコサミンとガラクトサミンはほぼ等しいモル吸光係数を示す．

【実験例 4.26】　ヘパリン，ヘパラン硫酸に含まれる N-硫酸化グルコサミンの定量[39]

試料 0.5 mL に 5% 亜硝酸ナトリウム 0.5 mL と 33% 酢酸 0.5 mL を加えて振り混ぜ，室温で 80 min 反応させると脱硫酸と同時に脱アミノされる．過剰の亜硝酸を 12.5% スルファミン酸アンモニウム 0.5 mL を加えて除く．これに 5% 塩酸 2.0 mL と 1% インドールエタノール溶液 0.2 mL を加え，沸騰水浴中で 5 min 加熱する．濁ったオレンジ色を呈するが，2.0 mL のエタノールを加えると透明化するので，492 nm の吸光度を測定する．

グルコサミンとガラクトサミンの分離定量は，現在 HPLC を用いたアミノ酸分析計により分析する方法が最もよく用いられている[40]．また，加水分解後再 N-アセチル化し，2-アミノピリジル化などして蛍光誘導体とし，逆相 HPLC により定量することもできるが，このようなプレカラム HPLC は分析対象糖類の蛍光誘導体化に熟練を要し，高感度ではあるが実験者の技量に依存する分析法で，汎用性には欠ける．

c.　硫酸基[41]

ヘパリンおよびヘパラン硫酸の構成成分である N-硫酸化グルコサミンの硫酸基は，酸で遊離されやすく，0.04 mol L^{-1} 塩酸と 100 ℃，2 h の加熱で 100% 硫酸を遊離する．一方，O-硫酸エステルはこの条件では安定で，さらに強い条件，例えば 1.0 mol L^{-1} 塩

酸と 100 ℃，2 h 加熱すると加水分解される．

　GAG の硫酸基の定量に用いられている方法のうち，硫酸バリウムとして測定する比濁法は簡便であるが，μg～mg レベルの試料量を要する．また鋭敏な微量定量法として優れているベンジジン法は，加水分解により遊離した硫酸をベンジジン硫酸塩として沈殿させ，余分な試薬を洗浄除去した後，沈殿を希塩酸に溶かし，亜硝酸ナトリウムを加えてベンジジンをジアゾ化後，505 nm の吸光度を測定するものだが，操作に熟練を必要とする．

　近年イオンクロマトグラフィーによる簡便かつ高感度な分析法[41)]が開発され，装置もポンプ 1 台と電気伝導度検出器だけで定量することができる．

【実験例 4.27】　　比濁法[42)]による硫酸基の定量

　GAG の硫酸基含量が 40～90 μg/0.2 mL になるように 1 mol L^{-1} 塩酸を加え，封管中電気炉あるいは油浴を用いて 105～110 ℃ で 6 h 加水分解する．0.2 mL の加水分解液に 0.1 mol L^{-1} 塩酸 3.8 mL を加えて混合し，ゼラチン溶液（ゼラチン 0.5 g を水 10 mL に 60～70 ℃ に温めて溶かし，4 ℃ で一晩後）0.5 mL を加えた空試験に対し，塩化バリウムのゼラチン溶液（上述のゼラチン溶液 50 mL に塩化バリウム 0.5 g を加えて室温に 4 h 以上静置する）を加えてよく混合し，室温に 20 min 放置する．沈殿が生じていないことを確認し 1 h 以内に 360 nm または 500 nm で比濁測定する．360 nm では 500 nm に比べて 1.5 倍感度が高いが，直線性がよくない．検体の数をできるだけ増やして正確を期したい．

【実験例 4.28】　　ロジゾン酸法[43)]による硫酸基の定量（右肩下がり（試料の硫酸含量が高いと得られる吸光度が低い）の検量線が得られる）

　GAG 0.2 mg を含む 1 mol L^{-1} 塩酸 0.5 mL をスクリューキャップ付き試験管に取り，密栓をして（窒素ガスで置換する必要はない）沸騰水浴中で 1 h 加水分解した後，60～65 ℃ でエバポレーターを用い減圧乾固して塩酸を除去し，1.0 mL の水に溶かす．その 0.5 mL を別のスクリューキャップ付き試験管に取り，エタノール 2.0 mL を加える．沈殿を生じた場合には遠心分離除去する．これに 1.0 mL の塩化バリウム溶液と 1.5 mL のロジゾン酸ナトリウム溶液を加えてよく混合する．室温に 10 min おいたのち，520 nm の吸光度を測定する．硫酸基を含まない試料（加水分解する前の同量の試料を用いるのが望ましい）を用いて空試験（ブランクテスト）を行い，空試験値から試料を差引いて計算すると，0～12 μg の硫酸を ±5% の誤差で定量できる．

d.　中性糖

　GAG の中性糖含量を求めるには，アントロン硫酸法，フェノール硫酸法，オルシ

ノール硫酸法による比色定量法が用いられる．ここでは，再現性の比較的よいアントロン硫酸法[44)]について紹介する．

2～30 μg の中性糖を含む試料 0.5 mL をスクリューキャップ付き試験管に取り，あらかじめ氷冷する．これにアントロン試薬（試薬特級のアントロン 200 mg を硫酸 100 mL（5 容の水と 95 容の濃硫酸の混合物）3.0 mL に氷冷しながら溶解，さらに冷水 20 mL を加える）を容量分析用ビュレット，全量ピペットなどを用いて正確に，振り混ぜながら加える．窒素ガスで試験管内部を置換してからすばやく蓋をし，沸騰水浴中 10 min 加熱する．冷却後生じた緑色を 30 min 以内に 620 nm で測定する．単糖の種類によって発色率が異なるので，成分が同定できていたら対照物質として標準品の単糖を用いて検量線を作成するとよい．ウロン酸は徐々に 540～550 nm に吸収を示すようになるので 30 min 以内，できるだけすばやく測定する．アミノ糖は呈色しない．

中性糖の組成を一斉に分析するためには，HPLC[45)] や GC[46)] が適している．窒素ガスで試験管内を置換し中性糖として 1～10 μg を取り，5 mol L^{-1} トリフルオロ酢酸により 100 ℃，6 h 加水分解したのち，減圧下に酸を除く．この単糖混合物を再度水に溶かし，陰イオン交換 HPLC，例えば TSKgel Sugar AXI カラム（東ソー株式会社）を用いて分離し，ポストカラム法により蛍光試薬を用いて微量で定量する方法，または 2-アミノピリジンなどで蛍光誘導体としたのち，ODS カラムを用いた逆相 HPLC を用いて分離分析[47)]する．

e. シアル酸[48)]

シアル酸としては，軟骨ケラタン硫酸に見出される *N*-アセチルノイラミン酸があるが，これを定量するには，あらかじめ加水分解する必要がなく，共存する他の糖，アミノ酸による妨害も少なく鋭敏な過ヨウ素酸-レゾルシノール法がよい．その概略を以下に述べる．

0.2 μmol 以下のシアル酸を含む試料 0.5 mL をガラス栓付き試験管に取り，0.04 mol L^{-1} ヨウ素酸ナトリウム 0.1 mL を加え，氷冷下で 60 min 酸化する．レゾルシノール試薬（用時調製：試薬特級レゾルシノール 0.6 g を，硫酸銅(II)五水和物 6.3 mg を含む濃塩酸 60 mL に溶かす）1.25 mL を加えて氷水中に 5 min 静置する．その後 100 ℃ で 15 min 反応させ，冷やした後 95% *t*-ブチルアルコール 1.25 mL を加えて激しく振り混ぜた後，630 nm の吸光度を測定する．

4.2.5 グリコサミノグリカンの ^{1}H-NMR スペクトル[49,50)]

GAG のプロトン核磁気共鳴（^{1}H-NMR）スペクトルは，GAG が高分子であること

から有用な構造情報は得られないとの懸念があったが,磁場の大型化,コンピューターの高速化に伴い分解能,感度が著しく向上し,糖鎖の構造解析に必須の分析機器となった.一般に糖鎖の ^{1}H-NMR スペクトルの解析に当たっては,構成糖のアノメリックプロトンを除いて糖環プロトン由来シグナルが狭い共鳴領域に集中し(3.5〜4.5 ppm),一次元スペクトルだけですべてのシグナルを完全に解析することは困難であるが,GAG の場合,規則正しい二糖の繰返し構造により,同じ分子量のタンパク質のスペクトルに比べて驚くほどそのスペクトルは単純である.図 4.22, 4.23 におもな GAG の一次元スペクトルを示す.硫酸化の多様性により,あるいは構成するウロン酸(グル

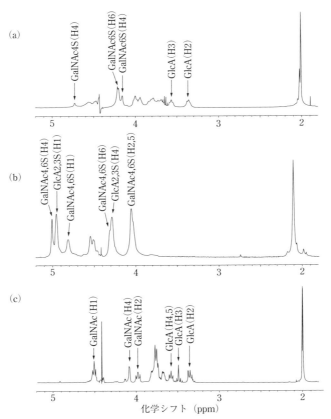

図 4.22 コンドロイチン硫酸の ^{1}H-NMR スペクトル
(a) サメ軟骨由来コンドロイチン硫酸 (b) 完全 O-硫酸化コンドロイチン硫酸 (c) サメ軟骨由来コンドロイチン硫酸を化学的に脱硫酸して調製したコンドロイチン

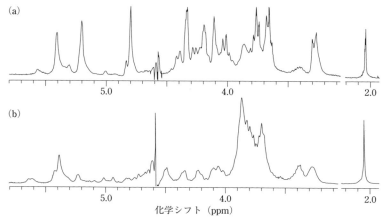

図 4.23 ヘパリン，ヘパラン硫酸の ^{1}H-NMR スペクトル
(a) ウシ肺由来ヘパリン　(b) ブタ小腸粘膜由来ヘパラン硫酸

クロン酸あるいはイズロン酸)，アミノ糖の構造異性化(脱アセチル化・硫酸化)により多様性はあるものの，未知試料を手にした場合，^{1}H-NMR スペクトルは非破壊分析法であり100%試料が回収可能なので，ぜひ測定を試みて頂きたい．硫酸化の程度，位置に関する情報など，構造解析に必ず役立つに違いない．また，得られたスペクトルが図 4.22，4.23 に示した標準品のスペクトルのどれにも相当しない場合，新規の糖鎖である可能性が高い．

現在，さらに大型の超伝導磁石が開発され，1 GHz の観測周波数をもつ NMR 装置も実用段階に入ってきており，磁場勾配型検出器や高速のデータ処理用コンピューターの導入とともに，さらに迅速で強力な糖鎖構造解析法となる可能性を秘めている．特殊な場合(重水に溶けにくいなど)を除いて GAG の NMR スペクトルは重水中で測定される．試料濃度は 0.1～0.5 mmol L^{-1} で測定すれば簡単な二次元スペクトルも含めて測定することができるが，プロトン専用検出器あるいは高分解能の装置を用い，十分な積算時間が確保できれば，さらに低濃度 (10 μmol L^{-1} 以下) でも解析可能な一次元スペクトルを得ることができる (図 4.22，4.23)．ただし，糖のアノメリックプロトンのシグナルが重水中に含まれる HOD のシグナルの近傍に観測されるため，解析不可能な場合がある．すなわち低濃度の試料を測定する場合，感度を得るために homogated decoupling 法などで HOD を照射するため，場合によると HOD 近傍のシグナルも消失する可能性がある．このような場合は測定温度を変えて測定する．HOD シグナルの化学シフトは検出器の温度を 10 ℃ 上昇させると約 0.1 ppm 高磁場側にシフトす

るが，糖鎖プロトンに由来するシグナルの化学シフトはほとんど測定温度に影響されない．さらに試料が十分ある場合には多次元 NMR を用いた解析も有効である．

4.2.6 ヒアルロン酸[51]

ヒアルロン酸（図 4.24）は細胞外マトリクスおよび体液の重要な構成要素であり，プロテオグリカンをはじめ他のマトリクス分子と結合することによって軟骨などの組織の構造を維持・形成し，組織の物理的特性を調節・制御することが知られている．ヒアルロン酸は，その高い保水力により，細胞および組織が活発に増殖，成長，分化あるいは再生するための環境を構築しているものと考えられている．また細胞内の多くのシグナル伝達系における引き金の役割も演じていることが明らかになり，増殖，遊走，接着，細胞死，細胞形態の変化あるいは多剤耐性獲得などの過程に影響を及ぼしていることも明らかになってきた．

ヒアルロン酸は，細胞外マトリクスのほかに，細胞に近接した糖衣とよばれる細胞周囲コートにもみられる．滑膜細胞および中皮細胞などの摩擦軽減表面を形成する細胞のほか，結合組織の柔軟性を保つ線維芽細胞や平滑筋細胞などにも大規模なヒアルロン酸コートがみられる．さらに，損傷した皮膚上皮の角化細胞のように，傷害を受けて炎症が惹起された組織の細胞上にはヒアルロン酸の細胞周囲コートが大きく広がり，創傷治癒に必要な角化細胞の増殖と再構成とを促進する．また，ヒアルロン酸コートは動脈平滑筋細胞の遊走と増殖を刺激する．

ヒアルロン酸の分析は，特異的分解酵素ヒアルロニダーゼ（EC 3.2.1.35）により電気泳動上でそのバンドが消失することによりある程度推定可能である（図 4.21）が，硫酸基をもたないコンドロイチンもヒアルロニダーゼにより分解されるため，注意が必要である．また特異的分解酵素により処理した後，HPLC（【実験例 4.29】）あるいはポリアクリルアミドゲル電気泳動（PAGE），キャピラリー電気泳動（CE）を用いてヒアルロン酸，コンドロイチン由来不飽和二糖（図 4.25）を分離することにより確認することができる（図 4.26）．HPLC は不飽和二糖を誘導体化することなく紫外部検出できるため簡便性は高いが，微量（μg 以下）で行いたい場合はポストカラム HPLC[52]

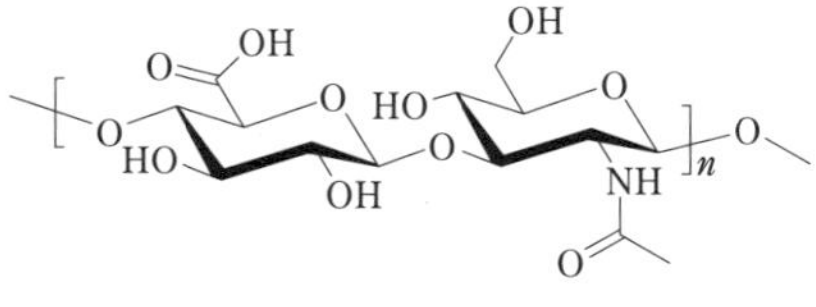

図 4.24 ヒアルロン酸の構造

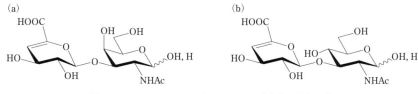

図 4.25 コンドロイチンとヒアルロン酸由来不飽和二糖
(a) ΔDi-0S (b) ΔDi-HA

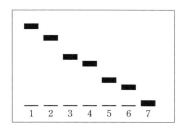

図 4.26 2-アミノアクリドン（AMAC：2-aminoacridone）誘導体化単糖および不飽和二糖のポリアクリルアミド電気泳動
1：GalNAc, 2：GlcNAc, 3：ΔDi-HA, 4：ΔDi-0S, 5：ΔDi-6S, 6：ΔDi-4S, 7：ΔDi-SB など二硫酸化不飽和二糖.

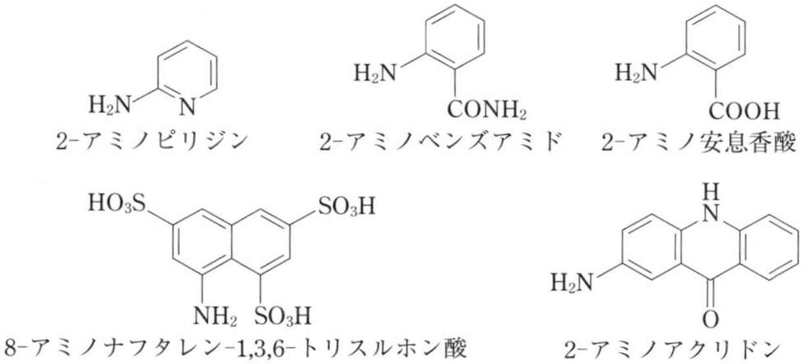

2-アミノピリジン　　2-アミノベンズアミド　　2-アミノ安息香酸

8-アミノナフタレン-1,3,6-トリスルホン酸　　2-アミノアクリドン

図 4.27 還元アミノ化蛍光誘導体化試薬の例

あるいは還元アミノ化により還元末端を蛍光物質（図4.27）で誘導体化し PAGE，あるいは CE を用いる方法（図4.28）が有効である．以下に実験例を示す．

【実験例 4.29】　ヒアルロン酸構成二糖の HPLC による分離

各 0.5〜1 μg のヒアルロン酸とコンドロイチンを含む試料 10 μL を 0.2 mol L^{-1} トリス塩酸緩衝液（pH8.0）20 μL および 0.05 U/10 μL コンドロイチンリアーゼ ABC を加え，37 ℃で 3 h 消化する．消化液を 0.45 μm の膜フィルターで濾過し，グラファイトカーボンカラム，例えば Carbonex（内径 4.6 mm, 長さ 100 mm）カラムを用い，流速 0.75 mL min^{-1}，カラム温度 40 ℃ に保ち，溶離液に 60 mmol L^{-1} リン酸塩緩衝液

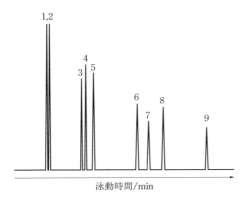

図 4.28 コンドロイチン硫酸由来不飽和二糖のキャピラリー電気泳動
1：ΔUA-GlcNAc（ΔDi-HA），
2：ΔUA-GalNAc（ΔDi-0S），
3：ΔUA-GalNAc4S（ΔDi-4S），
4：ΔUA-GalNAc6S（ΔDi-6S），
5：ΔUA2S-GalNAc（ΔDi-UA2S），
6：ΔUA2S-GalNAc4S（ΔDi-S_B），
7：ΔUA2S-GalNAc6S（ΔDi-S_D），
8：ΔUA-GalNAc4S,6SΔDi-S_E，
9：ΔUA2S-GalNAc4S,6S（ΔDi-triS）.

（pH 11.0，4.0％ アセトニトリルを含む）を用いて紫外部 232 nm で検出すると，コンドロイチン由来不飽和二糖に引き続いて，ヒアルロン酸由来不飽和二糖が溶出される．またこの分離系に，ポストカラム発蛍光試薬である 0.5％ 2-シアノアセトアミドと 1 mol L^{-1} NaOH を両液を交互に送ることのできるダブルプランジャーポンプを用いて，流速 0.25 mL min^{-1} で送液して混合し，温度制御のできるアルミブロック反応槽で 110 ℃，約 2 min（テフロンチューブ内径 0.5 mm，長さ 15 m）で反応させた後氷水中冷却（テフロンチューブ内径 0.5 mm，長さ 5 m）後，HPLC 用蛍光検出器を励起波長 346 nm, 蛍光波長 410 nm に設定して検出することもできる．紫外部検出に比べて，装置の性能にもよるが数十倍の感度で定量が可能である．

4.2.7　コンドロイチン硫酸[53]

　コンドロイチン硫酸は，デルマタン硫酸，ヘパリン，ヘパラン硫酸，ヒアルロン酸などとともに GAG に属する，分子量数千〜数十万の直鎖の酸性多糖類の一種である．構造的には N-アセチル-D-ガラクトサミン（GalNAc）に D-グルクロン酸（GlcA）が β1-3 結合した二糖単位の繰返し構造を基本骨格としている（図 4.29）．また，コンドロイチン硫酸は GalNAc の C4 位または C6 位のヒドロキシ基，あるいは GlcA の C2 位のヒドロキシ基の一部が硫酸化されており，硫酸基の結合位置や結合数の違いにより様々な異性体が存在する．

　コンドロイチン硫酸は，軟骨や骨，皮膚の主要な成分であり，長年それらの組織の構造を支持することがおもな機能であると考えられてきた．しかし，近年の研究によりコンドロイチン硫酸は中枢神経系の発達や創傷治癒，感染，細胞増殖因子を介したシグナル伝達や形態形成に関与するなど，生体内における様々な機能や生理活性を示

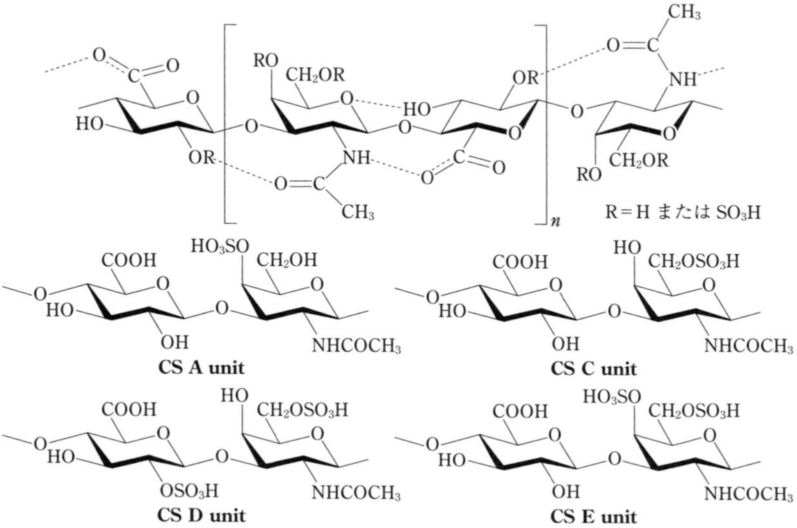

図 4.29 コンドロイチン硫酸の構造多様性

すことが明らかとなってきた．これらの報告を背景に，コンドロイチン硫酸の医薬品としての臨床面への応用にも期待が高まっており，なかでもコンドロイチン硫酸の抗炎症作用[54)]や軟骨保護作用は変形性関節症などの関節疾患の治療薬として製品開発が進められており，コンドロイチン硫酸分析の社会的重要性が高まってきている．

　コンドロイチン硫酸の分析に関しては，コンドロイチン硫酸を構成するグルクロン酸，N-アセチルガラクトサミン，硫酸基を分析対象として既述の方法を用いて分析することが簡便である．しかしながら GAG を分析試料から分離精製し，それがコンドロイチン硫酸であるのか，あるいは他の GAG，例えばヒアルロン酸とデルマタン硫酸，あるいはヘパリンの混合物であるかを見極めるには，さらに特異性の高い方法を選択しなければならない．現在のところ，確実にコンドロイチン硫酸であることを同定し，定量できる方法として推奨できるのは，コンドロイチン硫酸に特異的な分解酵素コンドロイチナーゼを用いた消化と，可能であれば分解後に生成した不飽和二糖（コンドロイチナーゼがリアーゼであるため，生成した二糖に不飽和二重結合が生じるためこのように呼称される）を直接あるいは蛍光誘導体化して HPLC あるいは電気泳動で分離分析する方法である．以下にその概要を紹介する．

【HPLC によるコンドロイチン硫酸由来不飽和二糖の分析】
　強塩基性陰イオン交換カラムを分離に用いる方法と，逆相系の ODS（C_{18}）カラム

や，さらに炭素鎖の長い担体を充填したカラムを用いて，逆相イオンペアの分離モードで行われる．例えば，Senshu Pak Docosil C_{22} カラム（内径 4.6 mm，長さ 150 mm）を用いた場合では，流速 1.2 mL min^{-1}，カラム温度を 60 ℃ に保ち，短時間（30 min 以内）で分離溶出するためには 4 液グラジエントが可能な送液系をもつ HPLC ポンプを用意し，A 液：H_2O，B 液：0.2 mol L^{-1} NaCl，C 液：10 mmol L^{-1} テトラブチルアンモニウム硫酸塩，D 液：50% CH_3CN を用い，0～10 min：1→4% B 液，10～11 min：4→15% B 液，11～20 min：15→25% B 液，20～22 min：25→53% B 液，22～29 min：53% B 液で溶出を行う．分析後 1% B で 20 min 平衡化し次の試料を分析することができる．C 液は 12%，D 液は 17% の一定濃度で送液した．ポストカラム発蛍光試薬で

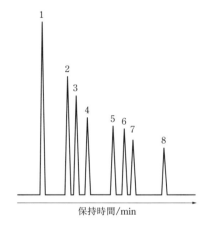

図 4.30 HPLC によるコンドロイチン硫酸由来不飽和二糖標準品の分離
1：ΔUA-GalNAc（ΔDi-0S），
2：ΔUA-GalNAc4S（ΔDi-4S），
3：ΔUA-GalNAc6S（ΔDi-6S），
4：ΔUA2S-GalNAc（ΔDi-UA2S），
5：ΔUA-GalNAc4S,6S ΔDi-S$_E$，
6：ΔUA2S-GalNAc6S（ΔDi-S$_D$），
7：ΔUA2S-GalNAc4S（ΔDi-S$_B$），
8：ΔUA2S-GalNAc4S,6S（ΔDi-triS）.

二糖	R$_1$	R$_2$	R$_3$	分子量	二糖	R$_1$	R$_2$	R$_3$	分子量
ΔDi-0S	H	H	H	379	ΔDi-S$_B$	SO$_3$H	H	SO$_3$H	539
ΔDi-4S	SO$_3$H	H	H	459	ΔDi-S$_D$	H	SO$_3$H	SO$_3$H	539
ΔDi-6S	H	SO$_3$H	H	459	ΔDi-S$_E$	SO$_3$H	SO$_3$H	H	539
ΔDi-UA2S	H	H	SO$_3$H	459	ΔDi-triS	SO$_3$H	SO$_3$H	SO$_3$H	619

図 4.31 コンドロイチン硫酸とデルマタン硫酸由来不飽和二糖

ある 0.5% 2-シアノアセトアミドと 0.25 mol L^{-1} NaOH はダブルプランジャーポンプで両液とも流速 0.25 mL min^{-1} で送液し，その他の条件はヒアルロン酸，コンドロイチン由来不飽和二糖の分析と同様である．典型的なクロマトグラムを図 4.30 に，各不飽和二糖の構造を図 4.31 に示す．イオンペア試薬を変えると，溶出順序が変化するが，標準品の保持時間と比較して同定することができる．このポストカラムの反応系を省略し，232 nm における紫外部検出することも可能であるが，グラジエント溶出によるベースラインの変動が大きいため定量性が悪くなるので，分析試料が mg 単位で用意できる場合は，溶出に時間はかかるがイオン交換カラムを用いた HPLC[55] が有効である．

4.2.8　デルマタン硫酸[56]

　デルマタン硫酸は別名コンドロイチン硫酸 B とも称され，N-アセチルガラクトサミンとおもにイズロン酸から構成される二糖単位（図 4.32）で構成されたグリコサミノグリカンの一種である．その名の示すとおり"皮膚"を構成するマトリックス中に多量に見出されているが，その生体内分布はかなり広範であり，硫酸化度，硫酸基の結合位置の多様性とともに様々な生命現象に関わることが推測されている．

　デルマタン硫酸の化学分析もコンドロイチン硫酸の分析に準ずるが，グルクロン酸とイズロン酸のカルバゾール-硫酸法に対する発色率の違いや酸加水分解に対する安定性の違いが指摘されている．市販のブタ皮膚由来デルマタン硫酸標準品などを用いて比較分析することが望ましい．また，さらにデルマタン硫酸を同定・定量するには，デルマタン硫酸特異的分解酵素コンドロイチナーゼ B（イズロン酸を含む配列しか切断しない）による処理で，セルロースアセテート膜電気泳動上で分解されることを確認した後，デルマタン硫酸に含まれるグルクロン酸を含む配列をも同時に分解することのできる酵素コンドロイチナーゼ ABC で処理し，生成するすべての不飽和二糖を前述した HPLC あるいは電気泳動による分離・検出法に従って確認，定量することが必

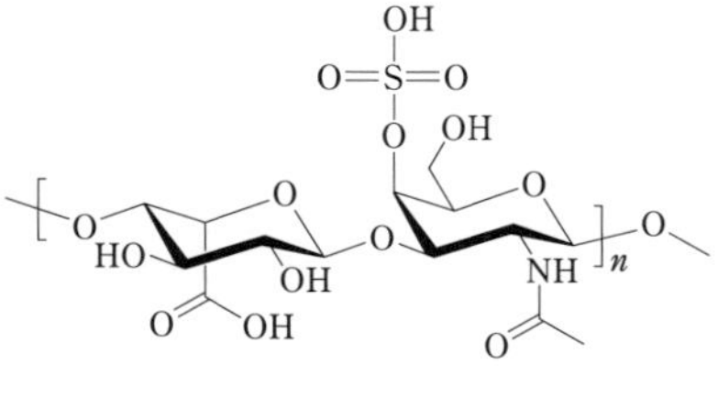

図 4.32　デルマタン硫酸の構造

要である．これは，デルマタン硫酸に見出されるウロン酸が100%イズロン酸である場合はこれまで報告されておらず，10～20%のグルクロン酸を必ず含んでいるためにとられる方法である．ただし，酵素がイズロン酸，あるいはグルクロン酸1個を認識して切断しているとは考えられず，また酵素処理により生成する不飽和二糖はウロン酸の4, 5位に不飽和二重結合が生じるため，酵素が作用する前のウロン酸5位の立体配置に関する情報が失われてしまい，残念ながらデルマタン硫酸に含まれるグルクロン酸とイズロン酸の比率は，この方法によって正確に調べることはできない．

4.2.9 ケラタン硫酸[57]

ケラタン硫酸（KS：Keratan sulfate）は，動物体の角膜，軟骨，骨に見出されるGAGの一種であり，他のGAGと異なりウロン酸を含んでおらず，その代わりにD-ガラクトースを含み，分子量も数千～数万と他のグリコサミノグリカンに比べて低分子量の糖鎖として単離される場合が多い．1953年，ウシの角膜から初めて単離されたが，そのときはケラト硫酸（Kerato sulfate）と名付けられた．タンパク質との結合様式によってKS-IとKS-IIに分けられる．ケラタン硫酸は通常，-3Galβ1-4GlcNAcβ1-の二糖の繰り返しで構成され，硫酸基はD-ガラクトースとN-アセチルグルコサミンの両方または片方の6位炭素に結合した構造を有している（図4.33）．

一般に，髄核，軟骨にみられるケラタン硫酸（KS-II）は，角膜のケラタン硫酸（KS-I）に比べて硫酸基の含量が多く，ムチン型の糖タンパク質結合領域をもつためN-アセチルガラクトサミンを含む．これに対してKS-Iはタンパク質のアスパラギン残基にトリマンノシルキトビオース（糖タンパク質に見出される五糖橋渡し構造）を含むN-グリコシド結合である．同定・定量を目的に分析を行う場合，やはりKS特異的分解酵素を用いた確認が必要である．KSの定量は，酵素に対する応答でKSであることが確認できた場合は，そこに含まれるガラクトース，N-アセチルグルコサミン，硫酸基を対象に化学分析することが必要である．さらにN-アセチルガラクトサミンの有無を確認することでムチン型（KS-II）か，Asn型（KS-I）かを決定する．

R=HまたはSO$_3$H　　図4.33　ケラタン硫酸の構造

KSを特異的に分解する酵素としてケラタナーゼが市販されているので,この酵素に対する応答と,酸で加水分解した後に検出される硫酸イオンの確認により同定することが確実である.また KS 検出用のキット(モノクロナール抗体を用いた ELISA 法)も市販されているが,かなり高価であり,抗体の特異性など不明な点も多く一般的な分析には向かない.

4.2.10 ヘパリン[58]とヘパラン硫酸[59]

ヘパリンは医薬品であり,その抗血液凝固作用に着目した血栓塞栓症や播種性血管内凝固症候群(DIC)の治療に用いられ,また人工透析,血液体外循環の際の血液凝固防止などに用いられる.またヘパリンと相互作用する生体内分子が 200 種類以上同定されており,その生理的な重要性は高いものと推察されている.ヘパリンのおもな原料はウシやブタの肺あるいは腸粘膜から採取されるが,プリオン病であるウシ海綿状脳症(BSE)発生後は健康なブタから採取されたものがほとんどである.ヘパリンはマスト(肥満)細胞でのみ生合成されるが,小腸,筋肉,肺,脾など生体内に幅広く存在する.ヘパリンはおもに α-L-イズロン酸と D-グルコサミンが α1→4 結合により重合した高分子で,後述するヘパラン硫酸と比べて,イズロン酸含量および硫酸化の度合いの両者が特に高いという特徴がある(図 4.34).ヘパリン分子中に多数含まれる硫酸基が負に帯電しているため,種々の生理活性物質と相互作用するものと予想されている.

ヘパラン硫酸はおもに D-グルクロン酸と N-アセチルグルコサミンからなる二糖の繰返し構造により構成される GAG である.その一部のグルコサミンが脱アセチル化-硫酸化されたり,硫酸基が遊離したアミノ基($-NH_2$)を含むグルコサミンを含むな

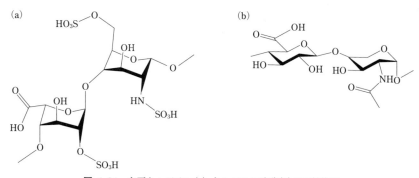

図 4.34 主要なヘパリン(a)とヘパラン硫酸(b)の二糖構造

ど,硫酸化度,硫酸基の結合位置関する構造多様性はGAGの中でも最たるもので,構造解析は困難を極めているのが現状である.さらに細胞膜上にプロテオグリカンとして存在し細胞膜表面に存在する糖鎖として,様々な生命現象に関わり,特に"heparanome""heparanomics"とよばれる研究領域を形成し,その構造と機能については最近緒に就いたといっても過言ではない.

ヘパリン,ヘパラン硫酸は生体内における機能はまったく異なるものと考えられているが,構造的には非常に類似点が多いために分析法もほとんど同様の方法がとられている.ヘパリン,ヘパラン硫酸の存在が確実であれば,それぞれ単離精製を行った後,可能であれば ^{1}H-NMR による確認を行い(図4.23),化学分析することによりウロン酸,グルコサミン,硫酸基をそれぞれ定量することになる.一方,ヘパリン,ヘパラン硫酸の場合にも特異的分解酵素ヘパリンリアーゼ I, II, III とよばれる3種類の酵素を使い分けて不飽和二糖(図4.35)にまで分解し,HPLC[60]あるいは電気泳動法[61]で分離定量することになる.酵素分解法およびHPLCによる分離定量法について以下概説する.

1〜10 μgのヘパリン,あるいはヘパラン硫酸を含む試料 10 μL を容量 1 mL の蓋付きポリエチレンチューブにとり,0.02%酢酸カルシウムを含む 0.1 mol L^{-1} 酢酸緩衝液(pH 7.0)10 μL を加え,20 mU/10 μL ヘパリンリアーゼ 5 μL,20 mU/10 μL ヘパリン

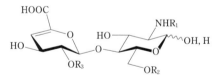

不飽和二糖の構造	R$_1$	R2	R$_3$
ΔUA-GlcNAc	Ac	H	H
ΔUA-GlcNAc(6S)	Ac	SO$_3$H	H
ΔUA(2S)-GlcNAc	Ac	H	SO$_3$H
ΔUA(2S)-GlcNAc(6S)	Ac	SO$_3$H	SO$_3$H
ΔUA-GlcNS	SO$_3$H	H	H
ΔUA-GlcNS(6S)	SO$_3$H	SO$_3$H	H
ΔUA(2S)-GlcNS	SO$_3$H	H	SO$_3$H
ΔUA(2S)-GlcNS(6S)	SO$_3$H	SO$_3$H	SO$_3$H

図 4.35 ヘパリンとヘパラン硫酸由来不飽和二糖

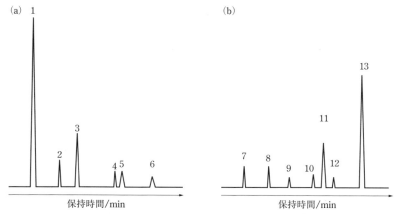

図 4.36 ヘパラン硫酸，ヘパリン由来不飽和二糖の HPLC
1,7：ΔUA-GlcNAc, 2,8：ΔUA-GlcNAc6S, 3,9：ΔUA-GlcNS, 10：ΔUA2S-GlcNAc6S,
4,11：ΔUA-GlcNS6S, 5,12：ΔUA2S-GlcNS, 6,13：ΔUA2S-GlcNS6S.

リアーゼI 5 μL, 20 mU/10 μL ヘパリンリアーゼ II 5 μL を加えてよく攪拌する．1500 g で 2 min 遠心分離したチューブを 37 ℃ で 5 h 消化し，反応溶液を 5 min 沸騰水浴中におき酵素を失活させた後，再び 1500 g で遠心分離し凍結乾燥後，水 20 μL を加えて攪拌し，HPLC あるいは電気泳動に供する．コンドロイチン硫酸がヘパリンあるいはヘパラン硫酸と同量存在すると，酵素分解反応を阻害するため，コンドロイチンリアーゼで前処理して分解し，75％ エタノールで洗浄するなどして除かなければならない．HPLC の条件は 4.2.7 項で記載した方法をそのまま用いることができるが，十分な分離が得られない場合はグラジエント条件を改良することで必ずベースラインの分離が得られるので，試されたい．図 4.36 に，ブタ小腸粘膜由来ヘパリン，ヘパラン硫酸を酵素消化して得られた HPLC のクロマトグラムを示す．各二糖単位を定量する場合には，市販されている不飽和二糖標準品が入手可能である．

4.3 糖 脂 質

本節では，第 3 の複合糖質とよばれる糖脂質を取り上げる．糖脂質は分子内に水溶性糖鎖と脂溶性基の両者を含む両親媒性物質の総称である．一方で糖脂質は，リン脂質（分子内にリン酸エステル部位をもつ脂質の総称である．）と並んで複合脂質にも分類される．糖脂質はさらに，スフィンゴ糖脂質とグリセロ糖脂質に大別される．脂溶

性基がセラミド（N-アシルスフィンゴシン，IUPAC-IUB[62)]略号は Cer）である分子をスフィンゴ糖脂質，アシル-，あるいはアルキルグリセロールである分子をグリセロ糖脂質とよぶ．

スフィンゴ糖脂質は分子内に糖鎖と長鎖脂肪酸のほかに長鎖塩基であるスフィンゴシンまたはフィトスフィンゴシンその他を含む．最も単純なスフィンゴ糖脂質は脳や腎臓などに見出されるセレブロシド［ガラクトシルセラミド（ガラクトセレブロシド，GalCer），図 4.37］であるが，さらにそれに硫酸基のついたスルファチド，中性糖が数分子ついたセラミドオリゴヘキソシド，アミノ糖のついたグロボシド，シアル酸のついたガングリオシドの類も，スフィンゴ糖脂質に分類される．

グリセロ糖脂質は，分子内に糖鎖と脂溶性基としてジアシルグリセロール（図 4.38），アルキルアシルグリセロールをもつ糖脂質の一群の総称である．中性糖のみを含むものを中性グリセロ糖脂質とよび，これに対してウロン酸，sn-グリセロール 1-リン酸，3-ホスファチジル基，硫酸基を含む群を酸性グリセロ糖脂質とよぶ．

他にステロイド（ステリルグリコシド，ステロイド配糖体），ヒドロキシ脂肪酸（ラムノリピド）などの脂溶性基をもつグリコシドも広い意味での糖脂質に含まれる．また，シアル酸（ガングリオシド），ウロン酸，硫酸（スルファチド，スルホリピド），リン酸などをもつ糖脂質を特に酸性糖脂質とよんで，中性糖脂質と区別することもある．

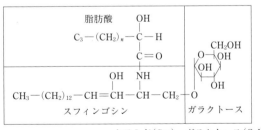

図 4.37　ガラクトシルセラミド（ガラクトセレブロシド）

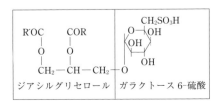

図 4.38　6-スルホキノボシルジアシルグリセロール

本節では，糖脂質の分析法を理解するうえで必要な（1）主要糖脂質の分類，名称，構造と記号について，（2）組織や細胞における糖脂質の分析に必須である分離・精製について概略を説明する．なお，構成単糖やオリゴ糖の分析は，3.2節で取扱い，脂質部分の分析は"試料分析講座．脂質分析"で取り上げているので省略する．

a. 主要糖脂質の分類と記号

スフィンゴ糖脂質は，生合成経路（図4.39）も踏まえて，セラミドに結合する糖鎖構造の違いにより，大きく八つに分類される．また新しい糖鎖系列（モルやアルトロ）[63]が加えられ分類と略号が提唱された（表4.6）．糖鎖構造は構成単糖の種類や数，配列順序，単糖の相互の結合における結合炭素位とアノマー構造に基づいて分類される．おもな糖脂質の基本糖鎖構造は，IUPAC-IUBの命名委員会が1977年に提唱した分類，呼称，略号が系統名として広く用いられている[62]．表は10の基本糖鎖系列の名称，構造と略号を示す．また，ガングリオ系列のガングリオシドはSvennerholmの命名法[64]が簡単で，現今最も多く使われている．例えば，Svennerholm表記によるガングリオシドGD1aは，

$$\begin{array}{c} \text{Gal}\beta1 \to 3\text{GalNAc}\beta1 \to 4\text{Gal}\beta1 \to 4\text{Glc}\beta1 \to 1\text{Cer} \\ 3 \qquad\qquad\qquad\qquad 3 \\ \uparrow \qquad\qquad\qquad\qquad \uparrow \\ 2\alpha\text{NeuAc} \qquad\qquad 2\alpha\text{NeuAc} \end{array}$$

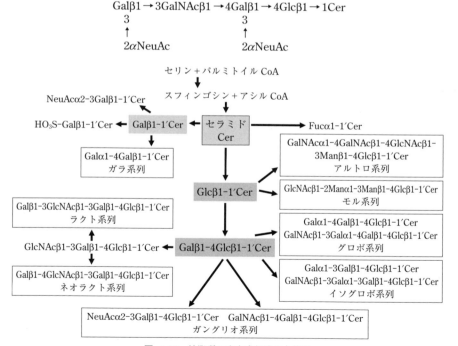

図 4.39 糖脂質の生合成経路の全体図

表 4.6 糖脂質の基本糖鎖：系列，名称，構造，略号

基本糖鎖系列	基本糖鎖の名称	基本糖鎖を含む糖脂質の構造	略号
グロボ系列	グロボトリアオース	Galα1→4Galβ1→4Glcβ1→1′Cer	Gb_3Cer
	グロボテトラオース	GalNAcβ1→3Galα1→4Galβ1→4Glcβ1→1′Cer	Gb_4Cer
	グロボペンタオース	Galβ1→3GalNAcβ1→3Galα1→4Galβ1→4Glcβ1→1′Cer	Gb_5Cer
イソグロボ系列	イソグロボトリアオース	Galα1→3Galβ1→4Glcβ1→1′Cer	iGb_3Cer
	イソグロボテトラオース	GalNAcβ1→3Galα1→3Galβ1→4Glcβ1→1′Cer	iGb_4Cer
ラクト系列	ラクトトリアオース	GlcNAcβ1→3Galβ1→4Glcβ1→1′Cer	Lc_3Cer
	ラクトテトラオース	Galβ1→3GlcNAcβ1→3Galβ1→4Glcβ1→1′Cer	Lc_4Cer
ネオラクト系列	ネオラクトテトラオース	Galβ1→4GlcNAcβ1→3Galβ1→4Glcβ1→1′Cer	nLc_4Cer
	ネオラクトヘキサオース	Galβ1→4GlcNAcβ1→3Galβ1→4GlcNAcβ1→3Galβ1→4Glcβ1→1′Cer	nLc_6Cer
ガングリオ系列	ガングリオトリアオース	GalNAcβ1→4Galβ1→4Glcβ1→1′Cer	Gg_3Cer
	ガングリオテトラオース	Galβ1→3GalNAcβ1→4Galβ1→4Glcβ1→1′Cer	Gg_4Cer
	ガングリオペンタオース	GalNAcβ1→4Galβ1→3GalNAcβ1→4Galβ1→4Glcβ1→1′Cer	Gg_5Cer
	ガングリオヘキサオース	Galβ1→3GalNAcβ1→4Galβ1→3GalNAcβ1→4Galβ1→4Glcβ1→1′Cer	Gg_6Cer
イソガングリオ系列	イソガングリオテトラオース	Galβ1→3GalNAcβ1→3Galβ1→4Glcβ1→1′Cer	iGg_4Cer
ガラ系列	ガラビオース	Galα1→4Galβ1→1′Cer	Ga_2Cer
	ガラトリオース	Galβ1→4Galα1→4Galβ1→1′Cer	Ga_3Cer
ムコ系列	ムコトリオース	Galβ1→4Galβ1→4Glcβ1→1′Cer	Mc_3Cer
	ムコテトラオース	Galβ1→3Galβ1→4Galβ1→4Glcβ1→1′Cer	Mc_4Cer
アルトロ系列	アルトロペンタオース	GalNAcα1→4GalNAcβ1→4GlcNAβ1→3Manβ1→4Galβ1→1′Cer	Ar_5Cer
モル系列	モルテトラオース	GlcNAcβ1→2Manα1→3Manβ1→4Glcβ1→1′Cer	Ml_4Cer

Glc：グルコース，Gal：ガラクトース，GlcNAc：N-アセチルグルコサミン，GalNAc：N-アセチルガラクトサミン，Man：マンノース．

の構造を示し，IV^3-N-アセチルノイラミニル-α-II^3-N-アセチルノイラミニル-α-ガングリオテトラオシルセラミドとよばれ，$IV^3NeuAcα$,$II^3NeuAcα$-Gg_4Cer と略記される．詳細は別途参照されたい[65]．なお，グリセロ糖脂質の命名法[62]に関しては省略する．

b. 糖脂質の分離・精製

目的とする糖脂質の分離・精製は，各項目で詳細に解説されるので，概略のみ触れておく．大量試料と微量試料では異なるが，総糖脂質の抽出は，一般的に，クロロホルム-メタノール-水混液[66]が用いられる．その後，中性糖脂質と酸性糖脂質（ガングリオシド，含硫糖脂質，ウロン酸含有糖脂質）を分離するために，弱陰イオン交換樹脂（DEAE-Sephadextなど）[67]が用いられる．また，Folch 分配法[68]を用いると，下層（クロロホルム-メタノール）に中性糖脂質，スルファチドなどの分画が，上層（メタノール-水）にガングリオシドと水溶性成分が分画される．その後各々の分画は，アルカリ処理を行い，脱塩して分析用の試料とする．

以降，スフィンゴ糖脂質（セレブロシド，スルファチド，セラミドオリゴヘキソシド，グロボシド，ガングリオシド），グリセロ糖脂質，および酸性糖脂質の代表的な分析事例を紹介する．

4.3.1 中性スフィンゴ糖脂質

中性のスフィンゴ糖脂質は，最小構造であるセレブロシドから，種々のオリゴ糖がセラミドに結合したもの，さらにそのアミド結合している脂肪酸の炭素数の長さが異なるものまで入れると，非常に多様な構造を示すとともに，生物活性も多岐にわたる．

a. セレブロシド：ガラクトシルセラミドとグルコシルセラミド

セレブロシドはガラクトシルセラミドとグルコシルセラミドが知られ，初めて報告されたセレブロシドであるガラクトシルセラミドは脳の白質（white matter）に多く含まれる．また，ガラクトシルセラミドのガラクトースがグルコースにおきかわった構造のグルコセレブロシドはリソソーム病の一つであるゴーシェ病患者の脾臓や脳などに蓄積していることが知られている．ここではゴーシェ病患者の脳に蓄積しているグルコシルセラミドの抽出と薄層クロマトグラフィー（TLC）による定量法について取りあげる．

（i）ゴーシェ病患者脳組織中グルコシルセラミドの定量　　ゴーシェ病は，グルコシルセラミドを分解する酵素であるグルコセレブロシダーゼの欠損により，肝臓や脾臓などにグルコシルセラミドが蓄積する疾患である．現在，治療法としては欠損しているグルコセレブロシダーゼの製剤を定期的に点滴投与する方法がある．しかし，酵素は血液-脳関門に阻まれ，脳神経系の症状の改善には効果が望めないため，新しい治療法の開発が待たれる中，蓄積物質であるグルコシルセラミドの測定は重要である．

凍結保存されていた患者の脳組織について，脳実質と脳皮質に分けた後，ただちに

4.3 糖脂質

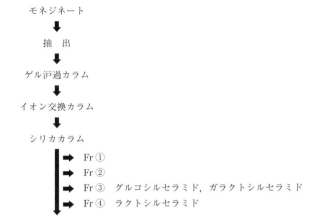

図 4.40 セレブロシドの抽出と分離の概要

ホモジネートする．ホモジネートは脳組織の重量の 3 倍量（w/v）の蒸留水で行う．総脂質の抽出は 20 倍量（w/v）のクロロホルム（C）-メタノール（M）-水（W）（4：8：3, v/v/v）で 2 回行う．この抽出液をエバポレート後，残査を C-M-W（60：30：4.5, v/v/v）で再溶解し，総脂質溶液とした．この総脂質溶液を次に示すように各々のスフィンゴ糖脂質の画分に分離する（図 4.40）．

初めに DEAE-Sephadex A-25（GE ヘルスケア・ジャパン株式会社）により総脂質を中性と酸性の脂質に分離させる．総脂質溶液を DEAE-Sephadex A-25 にアプライした後，カラム容積の 10 倍量の C-M-W（30：60：8, v/v/v）で中性脂質が溶出される．この中性脂質画分を，シリカゲル G（230〜400 メッシュ）10 g を充填したカラムにのせる（アプライする）．① C-M（1：1）100 mL，② C-酢酸（19：1）100 mL，③ C-M（9：1）100 mL，④ C-M（4：1）100 mL，⑤ C-M（1：1）100 mL で順次溶出させる．フラクション（Fr）①，② は糖脂質を含まず，Fr③ がグルコシルセラミドを含むセレブロシドの画分となる．さらに，Fr④ はラクトシルセラミドを，Fr⑤ はセラミドオリゴヘキソシドとグルコシルセラミドの脂肪酸のはずれたグルコシルスフィンゴシンを含んでいる．

Fr③ はグルコシルセラミドとガラクトシルセラミドを含むセレブロシド画分であり，これらのセラミドはホウ酸を含浸させたシリカゲルを用いた TLC（120 ℃ で活性化）により C-M-W（80：20：2, v/v/v）で展開分離できる．この条件下，グルコシルセラミドの移動度はガラクトシルセラミドより大きくなる．分離後，酢酸銅試薬に

より発色させデンシトメーターにより標準と比較しながら定量することができる．この結果，大脳皮質において，健常人では検出限界以下のグルコシルセラミドがⅡ型のゴーシェ病患者で130〜530 µmol kg^{-1}（湿重量），Ⅲ型のゴーシェ病患者で37〜65 µmol kg^{-1}（湿重量）と測定された（表4.7）．

さらに単離されたグルコシルセラミドについては塩酸-メタノールで加水分解後，ガスクロマトグラフィーにより脂肪酸組成が検討されている．一方，ガラクトシルセラミドやラクトシルセラミドでは大きな変化は認められなかったが，グルコシルスフィンゴシンはグルコシルセラミドと同様に健常人では検出されないが，ゴーシェ病患者で測定された．また，グルコシルスフィンゴシンについては新しい知見としてゴーシェ病患者の血漿中でその濃度が上昇していることが報告された．

（ii）　ゴーシェ病患者の血漿中グルコシルスフィンゴシンの定量　　−20 ℃ で保存してあったゴーシェ病患者のエチレンジアミン四酢酸（EDTA）血漿 10 µL に C-M（2：3, v/v）を 500 µL 加え遠心分離しタンパク質を除く．上清にクロロホルム 100 µL，

表 4.7　大脳皮質におけるグルコシルセラミド濃度および関連脂質組成

ゴーシェ病型：ケース	コレステロール	リン脂質	ガングリオシド (NeuAc)	ガラクトシルセラミド	グルコシルセラミド	ラクトシルセラミド	グルコシルスフィンゴシン
	mmol kg^{-1}（湿重量）				µmol kg^{-1}（湿重量）		
標　準							
6〜24/m, $n=11$	23.6±2.54	41.1±3.09	3.19±0.32	0.98[a]	5[a]	30[a]	—[b]
5〜20/y, $n=9$	26.5±1.15	43.8±2.82	3.54±0.22	nd	nd	nd	—[b]
Ⅱ：1	28.1	46.4	3.69	0.71	377	54	8.8
Ⅱ：2	27.3	44.6	2.53	0.56	130	62	4.3
Ⅱ：3	27.5	40.0	3.20	1.70	530	130	6.0
Ⅱ：4	25.8	42.9	3.50	0.56	140	56	5.4
Ⅱ：5	26.0	44.3	3.00	1.02	150	38	3.8
Ⅲ：1	25.4	48.2	3.02	0.78	45	32	2.2
Ⅲ：2	24.2	46.3	3.45	0.66	38	26	0.8
Ⅲ：3	26.6	52.6	2.43	2.33	37	78	0.9
Ⅲ：4	23.5	42.5	3.37	1.09	44	55	4.4
Ⅲ：5	28.3	48.0	3.13	1.90	43	53	1.0
Ⅲ：6	22.3	41.1	3.22	0.75	65	44	0.8
Ⅲ：8	23.8	41.7	3.61	0.67	60	35	1.0
Ⅲ：13	28.7	47.4	3.65	2.09	42	115	4.6
Ⅰ/Ⅲ	27.5	44.8	3.20	0.63	38	39	0.7

[a] L. Svennerholm, *et al.*：*J. Lipid Res.*, **21**, 53 (1980).　　[b] 検出なし．　　nd：検出限界以下．
[O. Nilsson, L. Svennerholm：*J. Neurochem.*, **39**, 709 (1982)]

水 260 μL を加え,相分離させて下層を集める.上層にクロロホルム 300 μL を加えて再び相分離させた下層を先のものと合わせ,37 ℃ で窒素気流下,乾固させる.これをメタノール 100 μL に溶解し,その 10 μL をエレクトロスプレーイオン化質量分析法(LC-ESI-MS/MS)にて測定する.

【LC 条件】　カラム:C18(内径 1 mm,長さ 50 mm),
　溶離液 A:1 mmol L^{-1} ギ酸アンモニウムと 0.5% ギ酸を含む 37% メタノール
　　　　　 B:1 mmol L^{-1} ギ酸アンモニウムと 0.5% ギ酸を含む 99.5% メタノール
　　　　　 C:クロロホルム-メタノール(2:1)
　時　間:0 min(100% A)　⇒　2.5 min(100% B)
　　　　 〜4.0 min(100% B)　⇒　5.0 min(100% A)
　　　　　　　　　　　　　　　⇒　5.5 min(100% A)

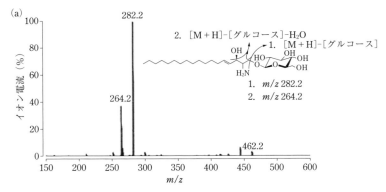

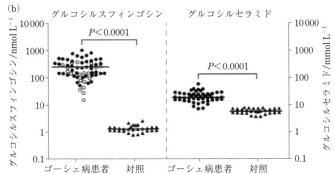

図 4.41　グルコシルスフィンゴシンの MS/MS スペクトル(a)とゴーシェ病患者血漿中グルコシルスフィンゴシンとグルコシルセラミド濃度(b)
[N. Dekker, J.M. Aerts, *et al.*:*Blood*, **118**, e120(2011)]

流　速：250 μL min^{-1}

　図 4.41(b) に示すようにグルコシルセラミドの濃度分布は健常人と重なる部分があるのに対し，グルコシルスフィンゴシンは明瞭な差が認められることから，グルコシルスフィンゴシンはゴーシェ病の診断にとって効果的なマーカーといえる．

b. グロボトリアオシルセラミド

　グロボトリアオシルセラミド（Gb3）は，セラミドトリヘキソシド（CTH）ともよばれ，図 4.42(a) に示すように Galα1-4Galβ1-4Glcβ1-1 セラミドの構造をもつ中性スフィンゴ脂質である．細胞膜表面の Gb3 はベロ毒素の受容体（レセプター）であり，このことから Gb3 の多い組織はベロ毒素による障害を受けやすい．また，その代謝酵素である α-ガラクトシダーゼ A が欠損または活性低下によって Gb3 が蓄積しファブリー病を発症する．ファブリー病は X 染色体性の遺伝形式をとるため，ヘミ接合体である男性は重篤な症状を示すが，ヘテロ接合体である女性では無症状から重症例までが認められる．この臨床的多様性のため，その診断は難しく，的確なバイオマーカーが探索されてきた．おもな蓄積物質である Gb3 は以前から測定されてきたが，近年，Lyso-Gb3 がより優れたバイオマーカーとして注目されている（図 4.42(b)）．

（i） 尿中 Gb3 の TLC による測定
ファブリー病はリソソーム酵素の α-ガラ

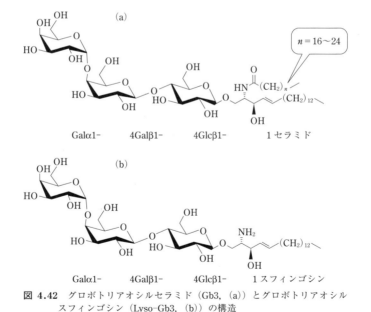

図 4.42 グロボトリアオシルセラミド（Gb3，(a)）とグロボトリアオシルスフィンゴシン（Lyso-Gb3，(b)）の構造

クトシダーゼAが欠損または活性が低下する遺伝性の難病でリソソーム病の一つである．ファブリー病の診断はα-ガラクトシダーゼA活性の測定が一次検査ではあるが，確定診断のために蓄積物質であるGb3を測定する場合が多い．また，女性，つまりヘテロ接合体患者では血漿中α-ガラクトシダーゼA活性がほぼ健常人と変わらない程度からかなり低いレベルまで様々な値をとる．このことからヘテロ接合体患者における確定診断には蓄積物質であるGb3の測定は重要となる．Gb3の蓄積は生検組織で確認することが最も有効であるが，通常，非侵襲的に採取できる尿がよく用いられる．尿中Gb3のほとんどは尿沈渣に吸着しており，その測定は沈渣からのクロロホルム-メタノールによる抽出が必要である．尿量10〜50 mLから抽出後，薄層クロマトグラフィーによる分離（同一条件で2プレート行う），一方は，オルシノール発色によりGb3のスポットを確認，もう一方は，抗Gb3抗体を用いて染色することでGb3のスポットであることを確かめることができる（図4.43）．オルシノール発色ではGb3として0.2 μg，免疫染色ではその1/10程度の検出下限である．

（ⅱ）タンデム質量分析計による尿中Gb3の定量　尿沈渣からのGb3の測定には抽出操作が必要なことから，タンデム質量分析計（LC-MS/MS）を用いてGb3の定量が行える．

内標準物質として用いるC17-Gb3（セラミドの脂肪酸の炭素鎖長が17のGb3）は米国Genzyme社より供与される．

（1）前処理：

1) 直接法(尿タンパク質陰性検体)：全尿200 μLに内標準物質としてC17-Gb3 200 ngを添加後，その20 μLをLC-MS/MSへ注入する．

2) 抽出法（尿タンパク質陽性検体）：全尿50 μLに内標準物質としてC17-Gb3 50

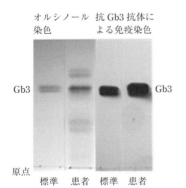

図4.43　ファブリー病患者尿中Gb3の検出

表 4.8 HPLC 条件

HPLC	JASCO 2000 シリーズ　セミミクロ HPLC		
カラム	Phenomenex AJ0-4290 C8（内径 30 mm, 長さ 40 mm）		
移動相	A：2 mmol L^{-1} 酢酸アンモニウム＋0.1% ギ酸を含む水		
	B：2 mmol L^{-1} 酢酸アンモニウム＋0.1% ギ酸を含むメタノール		
溶出条件	時間/min	A（%）	B（%）
	0〜1.0	50	50
	1.0〜2.5	0	100
	2.5〜3.0	50	50
流　速	0.4 mL min^{-1}		
温　度	45 ℃		

表 4.9 MS/MS 条件

MS/MS	Waters Quattro micro API
イオン源	エレクトロスプレーイオン化（＋）
イオン	[M＋Na]$^+$
スキャンモード	選択反応モニタリング
測定イオン	m/z 1046.4〜1158.5（親イオン）（IS：m/z 1060.5）
分析時間	2.5 min/試料

ng を添加後，クロロホルム-メタノール（2：1）を 1 mL 加えて抽出後，LC-MS/MS で測定する．

（2）測　定： Gb3 を測定する際の HPLC 条件と MS/MS 条件を表 4.8, 4.9 に示す．

（3）定量結果： Gb3 はセラミドの脂肪酸の炭素数が異なるアイソフォーム（isoform）が存在するため，C16, C22：1, C22, C24：1 そして C24 の五つのイオンを検出してその総量を Gb3 としている．

図 4.44 にファブリー病ヘミ接合体患者と健常人の全尿の MS/MS スペクトルを示す．五つの異性体すべてで上昇が認められるが，C24 の Gb3 で著明な上昇が確認された．本測定は検体が尿であるため，その測定値はクレアチニン補正値で表される（表 4.10）．最近では表 4.10 中の亜型ヘミ接合体という分類は遅発型ヘミ接合体として示され，腎型という分類も使われない．

（ⅲ）タンデム質量分析計による血漿中 Gb3 の定量　　尿に比べ血漿中の Gb3 は濃度も低いうえに，タンパク質濃度の高い血漿からの抽出が必要となる．基本は Folch 法である．

（1）血漿中 Gb3 の抽出： 血漿 60 µL にクロロホルム-メタノール（2：1）を 1200 µL および 5 µg mL^{-1} C17-Gb3 48 µL を加え，15 min ボルテックス混合する．遠心分離

4.3 糖脂質

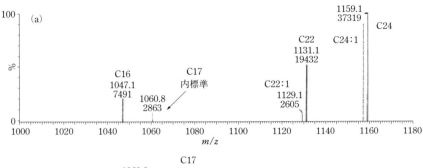

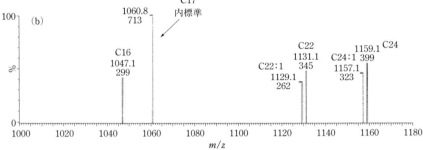

図 4.44 尿中 Gb3 の MS/MS スペクトルの比較
(a) ファブリー病患者尿　(b) 健常人尿
[石毛信之, 鈴木　健, 大和田操, 大橋十也, 衛藤義勝, 田中あけみ, 北川照男：日本マス・スクリーニング学会誌, **16**(3), 69 (2006)]

表 4.10 尿中 Gb3 測定値

			$Cr/\mu g\ mg^{-1}$	
		n	平均値 ± 標準偏差	範　囲
健常人		1140	0.17 ± 0.13	0.04〜0.46
古典型ヘミ接合体患者	腎機能正常	26	12.80 ± 11.27	0.81〜52.25
	腎機能低下	8	12.46 ± 12.12	0.85〜28.38
亜型ヘミ接合体患者	腎　型	3	1.98	0.20〜4.44
	心　型	3	5.00	0.15〜7.71
ヘテロ接合体患者	臨床症状あり	19	0.97 ± 0.85	0.05〜2.75
	臨床症状なし	6	0.69 ± 0.50	0.06〜1.18

[石毛信之, 鈴木　健, 大和田操, 大橋十也, 衛藤義勝, 田中あけみ, 北川照男：日本マス・スクリーニング学会誌, **16**(3), 69 (2006)]

後，上清 1000 μL を別のチューブに移す．これに水 200 μL を加え，30 s ボルテックス混合後，遠心分離する．有機相（下層）をガラスチューブにとり，窒素気流下減圧濃縮（エバポレート）する．クロロホルム 1000 μL で再溶解したものを総脂質溶液とする．

総脂質溶液からの Gb3 の抽出は ODS が充填（500 mg）された前処理用のミニカラムを用いる（例えば，LiChrolut RP-18）．クロロホルム 1 mL でコンディショニングしたカラムに，クロロホルム 0.5 mL をのせる．次に総脂質溶液をのせ，自然流下させる．クロロホルム 1 mL で洗浄後，アセトン-クロロホルム 1 mL で Gb3 を溶出させる．エバポレート後，ジメチルスルホキシド（DMSO）75 μL で再溶解し，この 20 μL を LC-MS/MS にて分析する．

(2) LC-MS/MS による測定

カラム：C8（内径 3 mm，長さ 8 mm），カラム温度は 45 ℃

溶離液 A：2 mmol L^{-1} 酢酸アンモニウムと 0.1% ギ酸を含む水
　　　　B：2 mmol L^{-1} 酢酸アンモニウムと 0.1% ギ酸を含むメタノール
　　　　C：クロロホルム-メタノール（2：1）

時　間：0 min（50% A-50% B）　⇒　0.5 min（0% A-100% B）
　　　　～6.0 min（0% A-100% B）　⇒　9.0 min（0% A-0% B/100% C）
　　　　　　　　　　　　　　　　　　　⇒　10 min（50% A-50% B）

流　速：500 μL min^{-1}

血漿中の Gb3 を測定した報告は多くはないが，正常値としての範囲は 3〜8 μg mL^{-1} 程であるのに対し，ファブリー病ヘミ接合体患者では 20 μg mL^{-1} を超えるときもある．

(iv) **タンデム質量分析計による血漿中 Lyso-Gb3 の定量：** 2008 年にオランダの Aerts らによって Lyso-Gb3（構造は図 4.42(b)）が定量されて以来，ファブリー病のバイオマーカーとして多くの研究がなされている[69〜71]．

(1) **血漿中 Lyso-Gb3 の抽出：** 検量線溶液（血漿へ Lyso-Gb3 を添加）または患者血漿試料 100 μL に内標準溶液（2.5 nmol L^{-1}）200 μL，1% リン酸-40% メタノール溶液 750 μL を加え攪拌後，遠心分離（4 ℃，3000 rpm，10 min）する．上清 1 mL を Oasis MCX Cartridge（30 mg/1 cc，30 μm，コンディショニングはメタノール 1 mL と 2% リン酸溶液 1 mL）に全量負荷，2% ギ酸溶液 1 mL，0.2% ギ酸-メタノール溶液 1 mL で洗浄後，2% アンモニア-メタノール溶液 1 mL で溶出．これを蒸発乾固（窒素気流下，40 ℃）後，水-アセトニトリル（60：40，v/v）200 μL に溶解し LC-MS/MS にて分析する．内標準溶液は，安定同位体で誘導体化された Lyso-Gb3（+4 マス）をメタノールで希釈調製する．

(2) LC-MS/MS による測定：

分析カラム：Shim-pak XR-ODS II（内径 3.0 mm，長さ 100 mm）
カラム温度：40 °C
移動相 A：水-ギ酸（1000：2, v/v）
　　　　B：アセトニトリル
グラジエントプログラム：

時　間/min	0	4	4.01	6	6.01	10
移動相 B（%）	40	40	95	95	40	40

流　速：0.4 mL min^{-1}

(3) MS/MS 条件：

タンデム質量分析計：Triple Quad 6500（AB Sciex Pte 社）
イオン源：エレクトロスプレーイオン化，陽イオンモード
スキャンモード：MRM モード
モニターイオン：Lyso-Gb3　　　　m/z 786.8 → m/z 282.3
　　　　　　　　Lyso-Gb3（内標準）　m/z 790.8 → m/z 286.2

日本人における血漿中 Lyso-Gb3 の基準範囲は 15 歳以上 70 歳未満の健常人（男性 49 名および女性 51 名）につき，全体：0.35〜0.71，男性：0.38〜0.70，女性：0.33〜0.73 nmol L^{-1} と報告された．ファブリー病患者の血漿中 Lyso-Gb3 の平均値と標準偏差は古典型男性 177±61（$n=24$），遅発型男性 16±20（$n=25$），女性ヘテロ接合体 12±13（$n=48$），健常人 0.37±11（$n=34$）であった（図 4.45）[72,73]．

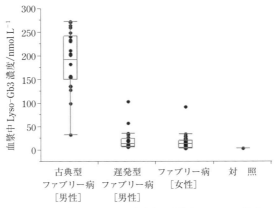

図 4.45　日本人ファブリー病患者の血漿中 Lyso-Gb3 濃度

c. グロボシド

グロボシド（Gb4）は山川民夫により 1951 年に発見され，血球細胞膜の脂質ラフトに蓄積されている最も豊富な中性スフィンゴ糖脂質であり，細胞の情報伝達に関与し，細胞吸着能を増加させ受容体として機能している．また，血液型 P 抗原の基本構造でもある．その構造は GalNAcβ1-4Galα1-4Galβ1-4Glcβ1-1 セラミドである．

（ⅰ）Gb4 の抽出と糖鎖解析　Gb4 を発現していると考えられる組織や細胞から，常法により抽出する．溶媒はクロロホルム-メタノール（1:1, v/v）と 2-プロパノール-ヘキサン-水（55:25:20, v/v/v）を用い繰返し抽出，溶媒を乾固後，陰イオン交換樹脂（例えば，DEAE Sephadex A-25）により中性と酸性の糖脂質を分離する．クロロホルム-メタノール-水（30:60:8, v/v/v）でカラム容積の 5 倍で中性糖脂質が溶出するので，その後 0.8 mol L^{-1} 酢酸ナトリウムのメタノール溶液を流せば酸性糖脂質が溶出される．得られた中性糖脂質画分はメチル化後，MS/MS により構造が解

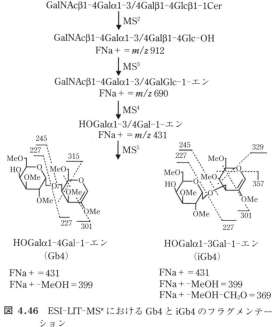

図 4.46　ESI-LIT-MS^n における Gb4 と iGb4 のフラグメンテーション

MS^5 において，Gb4 で特異的な m/z 315，iGb4 で特異的な m/z 357 のフラグメントが見出される．

［Li Yunsen, T. Susann, T. Prakash, B. Albert, B.L. Steven, Z. Dapeng : *Glycobiology*, **18**(2) 158 (2008)］

析され，Gb4の標準から得られるフラグメントイオンと詳細に比較することによって決定することができる．

近年，Gb4とは糖の結合位置だけが異なるイソグロボシド（iGb4）がナチュラルキラーT細胞の糖脂質抗原となることが示され，その生物活性の重要性が論じられるようになった．Gb4とどのように区別して分析を行うか難しかったが，エレクトロスプレーイオン化-リニアイオントラップMS^n（$ESI-LIT-MS^n$）により，MS^5 までのフラグメンテーションを解析することで確実に両者を認識することができるようになった（図 4.46）．

4.3.2 酸性スフィンゴ糖脂質

酸性スフィンゴ糖脂質には，硫酸エステルが結合した一群の糖脂質であるスルファチドと，ラクトシルセラミドを基本骨格としてこれにシアル酸を含有する糖鎖が結合したガングリオシドがある（酸性糖脂質には，この他にスルホリピドなどがあるが後述する）．

a. スルファチドおよびガングリオシド

スルファチドやガングリオシドはリソソーム病の蓄積物質でもあり，遺伝的に欠損するリソソーム酵素の種類により特徴的な酸性スフィンゴ糖脂質の蓄積が認められる．

（ i ） スルファチドおよびガングリオシドのタンデム質量分析計による分析　糖脂質の質量分析はいまだ多くの問題を抱えている．第1に同じ命名上の糖脂質であってもスフィンゴシンや脂肪酸の炭素鎖長や二重結合の数により複数の異性体が存在する点があげられる．これは定量的な解釈を必要とする場合に大きな問題である．第2に，糖脂質のイオン化効率がよくないことに起因する感度の不十分さと，実試料への応用の難しさがあげられる．しかし，イオン化法などの改良に伴い，糖脂質の質量分析も着実に進歩を遂げている．

（1）**マウス脳組織からの糖脂質の抽出：**　25週齢マウス（C57BL/6）の脳500 mgから，クロロホルム(C)-メタノール(M) (2:1, v/v) 9 mLで糖脂質を抽出し，さらにクロロホルム-メタノール-水(W) (1:2:0.8) の7.6 mLで抽出した．抽出液を窒素気流下で乾固後，C-M-W (30:6:8) の7.5 mLに再溶解し，DEAE-Sephadex A-25（内径6 mm，長さ4.5 mm，酢酸型）にのせた．C-M-W (30:6:8) の15 mLで中性脂質を洗浄後，ガングリオシドとスルファチドを含む酸性糖脂質画分をC-M-0.8 mol L^{-1}酢酸ナトリウム (30:6:8) 7.5 mLで溶出させた．

(2) LC-MS/MS による測定： 抽出した酸性糖脂質画分を選択反応モニタリング（SRM：selected reaction monitoring）法で分析する．MS/MS では1段目でプリカーサーイオンを選択し，次のコリジョンセルでこれを壊して3段目で特定のプロダクトイオンを検出するわけであるが，この際に SRM モードでは1段目と3段目で検出する質量の組合せを 10 ms という高速でスキャンさせる．これにより多くの異性体による複雑なイオンからなる糖脂質のスペクトルも容易に解釈できるようになる．図 4.47 にスルファチドとガングリオシドの分析例を示す．

このようにセラミドの種類が異なれば保持時間の差となり，それぞれの溶出位置で SRM モードにより各々の精密な糖脂質の構造が判別される．

（ii） 特異抗体を用いた免疫染色による糖脂質の検出（スルファチドやガングリオシドの測定例）　これまでに糖脂質に対し多くの特異抗体が作成され，市販されているものもあることから，フローサイトメトリー（FACS）による細胞の選別や培養細胞や組織における免疫染色などに広く利用されている．しかし，必ずしもすべての抗体

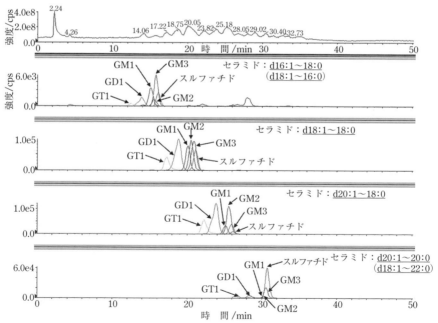

図 4.47 LC-MS/MS を用いたスルファチドとガングリオシドの SRM モードによる検出　ガングリオシドの分類（構造）は文献 65）を参照．
[K. Ikeda, T. Shimizu, R. Taguchi：*J. Lipid. Res.*, **49**, 2678 (2008)]

の特異性が十分高いわけではなく,分析に用いようとしている抗体の性質を十分考慮したうえで利用することがよい結果を生むことになる.

(1) 特異抗体を用いる胃粘膜上皮細胞におけるスルファチドの免疫染色: スルファチドは胃粘膜におけるピロリ菌の接着受容体(レセプター)として,また多くのウイルスや細菌の受容体としても知られ,さらに細胞膜上の"ラフト"の形成に関与していることから,これを膜上あるいは組織上で染色により検出することは重要な研究手段であることはいうまでもない.

【実験例 4.30】 胃粘膜上皮細胞の染色操作

家兎またはヒトの胃粘膜の小片をただちに凍結させる.免疫組織化学の場合,抗原性の維持という点で凍結切片法が優れている.クライオスタットにより 5 μm の厚さでスライド上に置き,冷アセトンで固定する.抗-スルファチドモノクローナル抗体で 4 °C,一晩反応させる.リン酸緩衝生理食塩水(PBS)で洗浄後,ビオチン化抗-マウス IgG と反応させ,続いて PBS で洗浄後,フルオレセインイソチオシアネート(FITC)-アビジンと反応させたものを蛍光顕微鏡により観察する(図 4.48).コントロールは一次または二次抗体を除いたものを,それぞれ作成する.

(2) 特異抗体を用いる培養細胞における GM2 の免疫染色: ガングリオシドは神経系細胞に豊富に存在し,神経細胞の突起伸長,神経組織修復,細胞の分化・増殖,受容体機能などの作用を有するとされるが,未解明の部分も多い.

ガングリオシドの一つ GM2 ガングリオシドはリソソーム内に存在する β-ヘキソサミニダーゼにより N-アセチルガラクトサミン残基が加水分解され代謝されるが,本酵素の欠損あるいは活性低下により GM2 ガングリオシドが中枢神経系細胞に過剰蓄積し,重篤な神経障害をきたす.

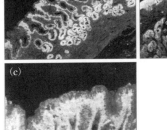
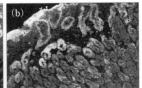

図 4.48 ヒト胃粘膜スルファチドの免疫染色
(a) 幽門洞粘膜 (b) 胃底粘膜
(c) (b)の部分を拡大

[K. Sugano, T. Tai, I. Kawashima, M. Kotani, H. Natomi, S. Kamisago, Y. Fukushima, Y. Yazaki, M. Iwamori: *J. Clin. Gastroenterol.*, **21**, S98 (1995)]

【実験例 4.31】　細胞の固定と GM2 ガングリオシドの染色操作

培地を取り除き，PBS で数回洗浄後，4% パラホルムアルデヒド 500 μL を加え，室温で 15 min 固定する．固定後，PBS で洗浄し 4 ℃ で保存し，固定後の神経細胞が付着したカバーガラスを適当な容器にピンセットを用いて移す．これに 2% ウシ血清アルブミン（BSA）-PBS をカバーガラス 1 枚当たり 250 μL 加え，室温で 1 h ブロッキングする．2% BSA-PBS で希釈した GM2 に対する一次抗体をカバーガラス 1 枚当たり 250 μL 加え，室温で 2 h 反応させる．2% BSA-PBS で洗浄後，遮光しながら Alexa-Fluor568 ヤギ抗マウス IgM をカバーガラス 1 枚当たり 250 μL 加え，室温で 1 h 反応させる．PBS で洗浄後，PBS で希釈した Hoechst 33258 溶液をカバーガラス 1 枚当たり 250 μL 加え，室温で 5 min 反応させる．PBS で洗浄後，細胞付着表面の裏側から水 1 mL で滴下洗浄し，キムワイプで軽く吸い取ったら，スライドガラスの上に封入剤 1 滴を滴下後，細胞付着表面を下にして包埋した．これを蛍光顕微鏡で観察する（図 4.49）．

4.3.3　グリセロ糖脂質

グリセロ糖脂質はジアシルグリセロールに単糖またはオリゴ糖が結合した構造をとる．リポタンパク質を構成する成分として生体膜に，またグラム陽性細菌や高等植物

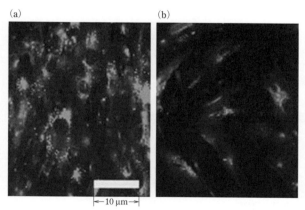

図 4.49　テイ・サックス病患者線維芽細胞に蓄積した GM2 の免疫染色：テイ・サックス病患者線維芽細胞(a) とコントロールの線維芽細胞(b)
[H. Akeboshi, Y. Chiba, Y. Kasahara, M. Takashiba, Y. Takaoka, M. Ohsawa, Y. Tajima, I. Kawashima, D. Tsuji, K. Itoh, H. Sakuraba, Y. Jigami：*Appl. Environ. Microbiol.*, **73**,4805（2007）]

4.3 糖脂質

葉緑体にも存在する．グリセロ糖脂質（glycoglycerolipid）は中性グリセロ糖脂質（neutral glycoglycerolipid）の他に，硫酸，リン酸，ウロン酸などの酸性の修飾基がついた酸性グリセロ糖脂質（acidic glycoglycerolipid）が知られている．

一般的に，総脂質の抽出液をケイ酸カラムクロマトグラフィーにかけ，クロロホルム-アセトンにより溶出することでグリセロ糖脂質画分を得ることができる．しかし，他の糖脂質同様，個々のグリセロ糖脂質を得るにはさらに薄層クロマトグラフィー（TLC）による分離を必要とする．そこで，本項ではグリセロ糖脂質であるセミノリピドを対象とし，分離を必要としない新しい分析法である質量顕微鏡法による分析法を取り上げる．

a. 質量顕微鏡によるマウス精巣中セミノリピドの局在解析

精巣の糖脂質の 90% 以上は，セミノリピド（図 4.50）とよばれるグリセロ糖脂質が占め，精子にのみ特異的に発現している．糖鎖の部分はスルファチドと同じで，生合成酵素も共通であることが報告されている．また，セミノリピドは精子形成に必須であるとされ，精巣における精子の発生過程での生合成と局在について多くの研究から，その重要性が増している．

図 4.51 に質量顕微鏡法の概略を示す．従来の質量分析法では解析対象分子を分離精製する前処理が必要であり，組織内での分布や局在といった位置情報は失われていた．日本では質量顕微鏡法は瀬藤らにより開発され，試料を破砕せず生体内での位置情報を分析する手法として発展してきている．特に，その局在情報が生体メカニズムや疾患の発症機構の解明にとって重要である糖脂質の分析法として有用性は高い．質量顕微鏡法の装置は非常に精度の高いステージを備えた顕微鏡にマトリックス支援レーザー脱離イオン化（MALDI）法によるイオン化室を接続し，四重極イオントラップと飛行時間質量分析計（TOF-MS）を連結した構造をとっている．現時点では組織からのイオン化効率と分解能にさらなる発展が望まれるものの，以下に述べるような位置情報を伴う質量分析結果が画像として得られる．

初めに精巣抽出物を TLC により分離後，存在するセミノリピドの異性体の分子量に

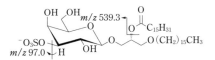

(1-*O*-ヘキサデシル-2-*O*-ヘキサデカノイル-3-*O*-β-D-(3'スルホ)-ガラクトピラノシル-*sn*-グリセロール)

図 4.50　セミノリピドの構造
(C16：0/C16：0)　m/z 795.5

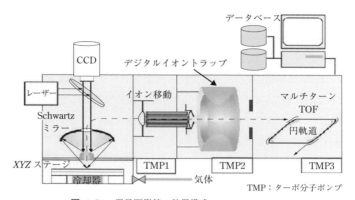

図 4.51 質量顕微鏡の装置構成
[新間秀一, 瀬藤光利:表面科学, **27**, 79 (2006)]

表 4.11 マウス精巣抽出液中のセミノリピド分子種の MALDI-MS の相対強度と m/z

分子種	m/z	相対強度(%)
C16:0-alkyl-C14:0-acyl または C14:0-alkyl-C16:0-acyl	767	6.5
C16:0-alkyl-C16:0-acyl	795	85.4
C17:0-alkyl-C16:0-acyl	809	30.6
C18:1-alkyl または C18:0-alkenyl-C16:0-acyl	821	2.3
C18:0-alkyl-C16:0-acyl または C16:0-alkyl-C18:0-acyl	823	1.8

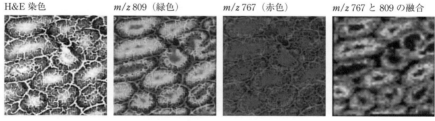

図 4.52 マウス精巣組織のセミノリピドの MS イメージング
装置:Ultraflex2 TOF-TOF, 355 nm Nd:YAG レーザー, 200 回照射/スポット
[N. Goto-Inoue, T. Hayasaka, N. Zaima, M. Setou:*Glycobiology*, **19**(9), 950 (2009)]

関する情報を得るために,TLC プレートから PVDF(ポリフッ化ビニリデン)膜に糖脂質を転写し,これを MALDI-MS により測定し表 4.11 に示す m/z の値を得る.この分子量情報をもとに質量顕微鏡によるマウス精巣組織のセミノリピドのイメージングを行うと,週齢が 2〜8 週でセミノリピドが生成していることが観察され,さらに異性体ごとの位置情報も得られる(図 4.52).

MS イメージングから，セミノリピドの分子種ごとの存在位置が示される．このような位置情報を含んだ MS は糖脂質が蓄積するタイプの疾患の治療や研究に非常に有効であると考えられる．

4.4 リポ多糖

リポ多糖（LPS：lipopolysaccharide）は脂質と多糖の複合体で，主としてグラム陰性細菌の細胞壁表層，外膜成分として存在し，エンドトキシン（内毒素）の本体である．LPS は様々な生物活性を示し，特に感染症においては細胞膜表面に存在する Toll 様受容体 4（TLR4：Toll-like Receptor 4）を介して炎症性サイトカイン発現に関与する重要な物質の一つである[77]．リポ多糖の化学構造はサルモネラ属の菌種で最も研究され，図 4.53 に示すように O 抗原，コア多糖およびリピド A の三つの部分から構成されている．

本節では LPS そのものをエンドトキシンとして定量的にとらえるエンドトキシン測定法，次に LPS を構成する三つの部分の測定について記述する．

4.4.1 LPS の測定（エンドトキシン測定法）

LPS はエンドトキシンであり，生体にとって多様な生物活性を示し，特に炎症や発熱などを引き起こすパイロジェンとして，あるいは生体防御反応を研究するうえで，エンドトキシン試験として測定されてきた．その測定法の基本原理はリムルス反応として知られているものであり，カブトガニ（*Limulus polyphemus*）の血球抽出物による LPS とのゲル化反応を利用するものである．ゲル化は LPS が抽出物中の一連の凝固因子を活性化するものであるが，このゲル化の程度を定量的に測定するという点で多くの改良が行われてきた．ゲル化に要する時間は反応時の LPS（エンドトキシン）量に反比例することから，ゲル化時間を測定することで LPS 量を求めることができることになる．

現時点で，ゲル化法，比濁時間分析法，発色合成基質法による測定キットが各社から市販されているが，感度や特異性の面から，どのような検体について適しているのかあらかじめ検討しておく必要がある．いずれの方法もリムルス反応カスケードを利用したものである（図 4.54）[78～80]．

（1）ゲル化法： 定性的なものから半定量的なものまで簡易であることから広く用いられてきたが，ゲル生成の再現性を得るには守るべき条件が厳しくなってしまい，

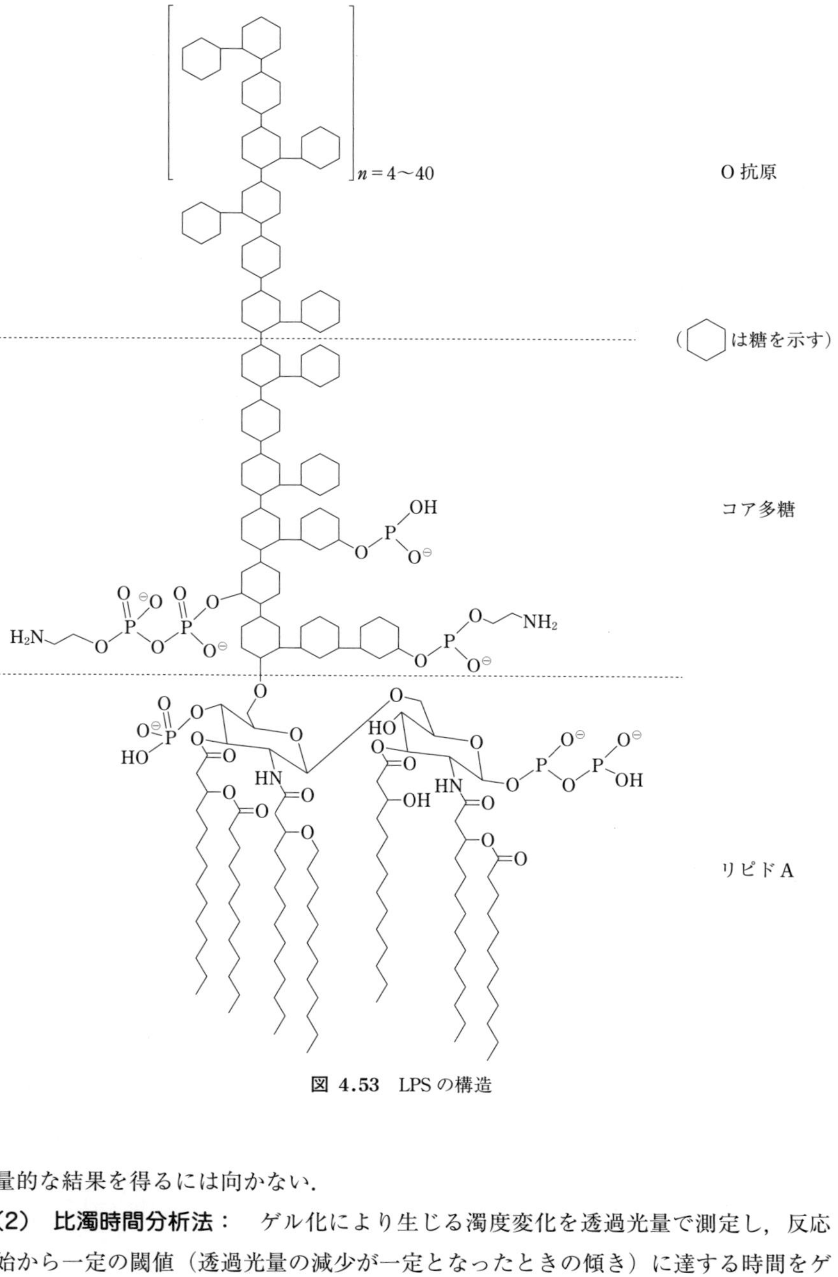

図 4.53 LPS の構造

O抗原

(⬡ は糖を示す)

コア多糖

リピドA

定量的な結果を得るには向かない．

(2) **比濁時間分析法**： ゲル化により生じる濁度変化を透過光量で測定し，反応開始から一定の閾値（透過光量の減少が一定となったときの傾き）に達する時間をゲ

4.4 リポ多糖   161

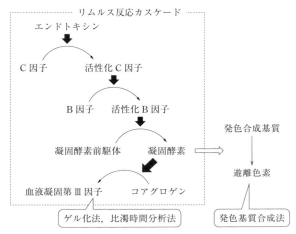

図 4.54 リムルス反応カスケードとエンドトキシン測定法

ル化時間とする．エンドトキシン濃度とゲル化時間とは両対数プロットでほぼ直線に近い関係を示すこと，さらにゲル化法に比べ100倍程度の感度上昇が認められた．また，再現性を得るために複数の試料を同時に測定可能なシステムも市販されている．

（3） **発色合成基質法**：　図4.54に示したように凝固酵素がコアグロゲンを基質とする反応で発色合成基質を用い，凝固酵素のアミダーゼ活性により遊離した色素の吸光度を測定しエンドトキシン量とするものである．

これらの方法は医薬品などの製造工程におけるパイロジェンの確認などの試験に汎用されているが，一方で臨床検体に用いるには必ずしも十分な感度とはいい切れないことから，より高感度なエンドトキシン測定法としてレーザー散乱光で粒子の増加を検出する方法や発光合成基質（benzoyl-Leu-Arg-Arg-aminoluciferin）と高輝度ルシフェラーゼを使ってより高感度化した方法が開発されている．

4.4.2　LPSを構成するリピドAおよびO抗原，コア多糖の分析

前述したように，LPSはグラム陰性細菌の細胞壁表層に存在し三つの部分から構成される．それぞれの部分の構造は細菌によっても，さらにO抗原は同種の細菌でも菌株ごとに異なった構造を示す．このことから細菌からLPSを抽出し，LPSの三つの部分の構造を決定することは，細菌の分類とそれを利用した診断，また，その感染性，病原性の強さを研究するうえで重要な情報となる．特に細菌の鑑別ではO抗原，感染性，病原性ではリピドAが検討される．本項では，単離した細菌のLPSのリピドAお

よび O 抗原とコア多糖の解析について述べる．

a. LPS の抽出

嫌気的条件下で培養した細菌の菌体から通常，トリクロロ酢酸による抽出またはフェノール水による抽出により LPS を単離する．トリクロロ酢酸による抽出後，エタノール沈殿により LPS を得る方法はタンパク質の混じる割合が多く，その後に LPS の構造解析を行う場合には 45% 熱フェノール水により抽出する Westphal 法が一般的である．

水に浮遊させた菌体にフェノールを加えて 65～70 ℃ で 15～30 min 抽出し，冷後遠心分離（10000 g, 1 h）により上層（水層）と下層（菌体残査を含む）を分離する．水層を透析，濃縮，凍結乾燥する．この方法でもタンパク質や核酸などを含むので，1 回フェノール水により抽出後，DNA, RNA 分解酵素およびプロテイナーゼを作用させ，これをフェノール水により再抽出する．さらにこの LPS 画分を疎水性クロマトグラフィーで精製することも可能である．

b. LPS の加水分解と分離

LPS は温和な加水分解でリピド A 部分，コア多糖，O 抗原に分けられる．LPS を 0.6% 酢酸中 105 ℃ で 2.5 h 加熱することで構成部分に分解される．加水分解溶液をクロロホルム-メタノール-水（2:1:3, v/v/v）で分配抽出後，リピド A を含む疎水性画分は薄層クロマトグラフィー（TLC）により分離され，検出はアニスアルデヒド硫酸試液により行うことでリピド A を得る．一方，親水性画分はゲルクロマトグラフィー（Sephacryl S-200 HR など）により，リン酸と糖の含量を測定しながら分離され，O 特異抗原を含む画分のみ透析，凍結乾燥する．

c. リピド A の構造解析

リピド A はエンドトキシンの活性を示す中心であり，LPS の加水分解溶液の疎水性画分に含まれ，ケイ酸カラムクロマトグラフィーや分取 TLC により精製される．図 4.53 に示したようにリピド A は，グルコサミンが β1-6 結合し，これにリン酸と脂肪酸がついた構造をしている．しかし，リピド A の脂質部分が必ずしも一定な組成ではないことから，単離は容易ではない．

LPS 画分のリピド A については質量分析法と核磁気共鳴（NMR）法を駆使した解析が一般的である．糖の含量はアンスロン硫酸法，中性糖およびアミノ糖の組成と糖鎖結合位置はメチル化とアルジトールアセテート法を利用した GC-MS により，また脂肪酸は GC-MS により測定される．さらに，糖の絶対配置は NMR により決定される．

表 4.12 にクローン病患者の便から単離された *B. vulgates* の LPS の化学組成を示す．

この段階で既知の LPS 組成との比較からも分類に関する有用な情報が得られる．

表 4.12 の組成と図 4.55(a) のマトリックス支援レーザー脱離イオン化飛行時間型質量分析計（MALDI-TOFMS）の解析から *B. vulgates* のリピド A はモノリン酸で 3～5 個の脂肪酸鎖をもつ構造に対応したスペクトルであることが示され，さらに詳細な構造解析結果を DQF-COSY（double quantum filtered（二量子フィルタ）-correlation spectroscopy（同種核相関分光法））や TOCSY（total correlation spectroscopy）を利用した NMR データおよび高速原子衝撃 FAB-MS/MS を用いて脂肪酸組成と糖への結合位置を知ることができる．

d. O 抗原およびコア多糖の解析

O 抗原はガラクトース，マンノース，ラムノースなどからなり，基本構造が繰り返すことで抗原決定基を形成している．またコア多糖は 2-ケト-3-デオキシオクトン酸（KDO），ヘプトース，*N*-アセチルガラクトサミンなどからなり菌種間での差は大きくない．LPS 加水分解物の親水性画分のゲル沪過クロマトグラフィーにより得られた O 抗原やコア多糖の糖鎖につき組成分析を行い，GC-MS により構成糖を決定し，さら

表 4.12 *B. vulgatus* から精製した LPS の化学組成

組　成	量/μmol mg^{-1}		
	LPS	疎水性画分	O 抗原の多い親水性画分
糖　類	2.22	0.81	3.28
ラムノース（Rha）	0.71	nd	1.32
フコース（Fuc）	0.19	nd	nd
マンノース（Man）	0.43	nd	1.38
ガラクトース（Gal）	0.41	nd	0.37
グルコース（Glc）	0.37	nd	0.21
グルコサミン（GlcN）	0.11	0.81	nd
脂肪酸	0.7	1.33	nd
12-Me-13：0	0.03	0.04	
14：0	0.01	0.02	
13-Me-14：0	0.07	0.11	
12-Me-14：0	0.06	0.13	
15：0	0.01	0.02	
15：0（3-OH）	0.1	0.15	
16：0（3-OH）	0.29	0.57	
15-Me-16：0(3-OH)	0.05	0.15	
17：0(3-OH)	0.08	0.13	
リン酸塩	0.26	0.56	nd

nd：検出限界以下，Me：メチル基．
[M. Hashimoto, *et al.*：*Eur. J. Biochem.*, **269**(15), 3715 (2002)]

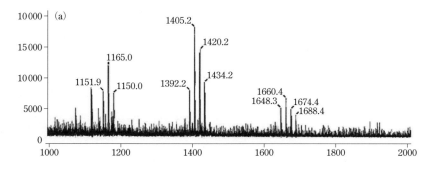
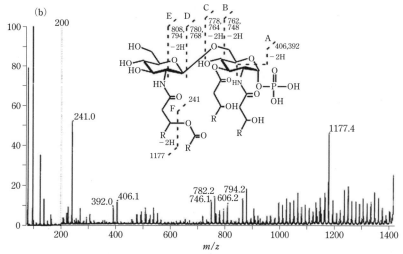

図 4.55 *B. vulgatus* 由来 LPS 加水分解物の疎水性画分の MALDI-TOF-MS スペクトル(a) と m/z 1420 を親イオンとした FAB-MS/MS スペクトル(b)
[M. Hashimoto, F. Kirikae, T. Dohi, S. Adachi, S. Kusumoto, Y. Suda, T. Fujita, H. Naoki, T. Kirikae: *Eur. J. Biochem.*, **269**(15), 3715 (2002)]

に ^{1}H と ^{13}C-NMR スペクトルの化学シフトおよびそれらの二次元 NMR スペクトルデータから糖の配置と繰返し構造が決定される.

NMR の分解能は飛躍的に向上したため,これまで重なりのため解析が困難であった糖鎖についても帰属が可能となった. 高磁場 NMR 装置の利用, COSY, HOHAHA による構成糖の同定と糖鎖 ^{1}H の帰属, NOESY による結合位置の決定などの二次元 NMR による解析は,糖鎖 NMR データベースの蓄積とともに多糖の構造解析のおもな方法となっている.

また，イオン化効率の低さから困難が伴っていた MS による構造解析であったが，ESI によるイオン化とフーリエ変換イオンサイクロトロン共鳴（FT-ICR）による MS^n 解析の利用は複雑な多糖の構造解析への貢献が期待される[81,82]．

4.5　ペプチドグリカン

マイコプラズマを除きすべての細菌は，それを覆う細胞壁を構築する粘性の被膜（エンベロープ）にペプチドグリカン（狭義にはムレイン murein）を含んでいる[83,84]．ペプチドグリカンはおもに浸透圧変化による細胞破壊を防御し，細菌の形状維持，栄養素の取込み調節などに機能しているものと考えられている[84]．ペプチドグリカンの構造は菌種によって異なるが，代表的な例としてグラム陽性の黄色ブドウ球菌（*Staphylococcus aureus*）では，N-アセチルグルコサミン（GlcNAc）と N-アセチルムラミン酸（MurNAc）がそれぞれ β1→4 グリコシド結合した繰返し二糖（図 4.56）配列直鎖構造をとり，これらの糖鎖がオリゴペプチド（多くの場合 4～5 グリシンあるいはアラニン残基）によって架橋され，らせん状の構造体を形成している[83]．一部細胞膜リン脂質あるいはタンパク質にリン酸エステル結合を介して結合しているが，多糖間の架橋に用いられるペプチドのアミノ酸配列や架橋の度合いなど，ペプチドグリカンの構造は細菌種間で多様性があることが知られている[85]．またペプチドグリカン層の厚さはグラム陽性菌で数十 nm，グラム陰性菌で数 nm と，グラム陽性菌のペプチドグリカン層が厚く，陰性菌では乾燥重量の 10% 程度であるのに対し，陽性菌では 90% 以上に達する場合がある．

ペプチドグリカンを構成する基本的な二糖類は記述のとおり N-アセチルグルコサミン（GlcNAc）と N-アセチルムラミン酸（MurNAc）であるが，これらの二糖単位は生合成，あるいは分化・成長の過程で修飾を受けることが知られている（図 4.57）．これらの修飾がペプチドグリカン分解酵素，例えばリゾチーム（lysozyme）に対する

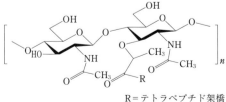

R=テトラペプチド架橋

図 4.56　ペプチドグリカン糖鎖基本二糖単位構造

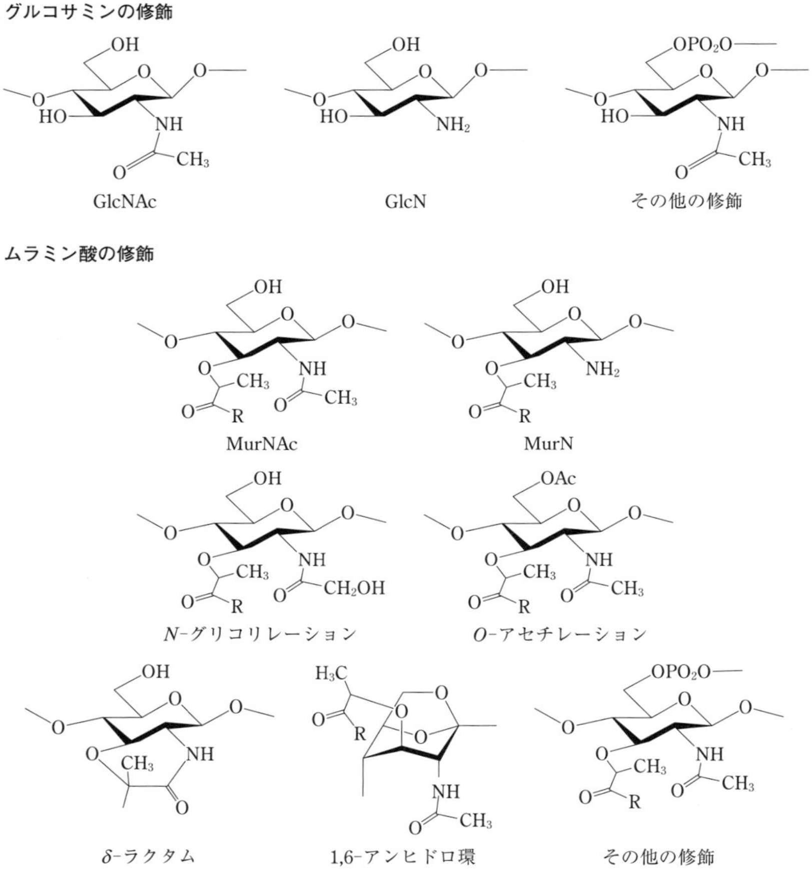

グルコサミンの修飾

GlcNAc　　　GlcN　　　その他の修飾

ムラミン酸の修飾

MurNAc　　　MurN

N-グリコリレーション　　　O-アセチレーション

δ-ラクタム　　　1,6-アンヒドロ環　　　その他の修飾

図 4.57　ペプチドグリカン糖鎖構造の修飾

抵抗性を示すことが知られており，細菌の宿主への感染メカニズム，薬剤抵抗性などとともに興味がもたれる．しかし，糖鎖中の修飾された位置を特定するための分析法はいまだ開発されていないが，修飾の度合いを知るための工夫が報告されている．以下におもな手法を紹介したい．

4.5.1　ペプチドグリカンの抽出[86]

ペプチドグリカンは細胞膜成分と結合して存在しているため，その抽出には様々な工夫が必要である．ここではペプチドグリカンの迅速調製法について示す．

培養液から遠心分離などにより集菌し，10倍希釈液の650 nmにおける吸光度が1.0程度になるように10%(w/v)トリクロロ酢酸水溶液に懸濁する．沸騰水浴中に20 minおき，室温に冷却後遠心分離し沈殿したペレットを蒸留水で洗浄し，はじめの菌湿重量50 mg当たり2 mgのトリプシンを含む0.1 mol L^{-1}リン酸緩衝液10 mL，または0.1 mol L^{-1}トリス塩酸緩衝液（pH 7.8）10 mLに懸濁する．37℃で2 hタンパク質を消化した後遠心分離する．沈殿物を蒸留水で洗浄しペプチドグリカン画分として以下の分析に供する．

4.5.2　総アミノ糖の分析

ペプチドグリカン画分を4 mol L^{-1}塩酸で100℃，4 h加水分解するとグルコサミンとムラミン酸が遊離してくる．加水分解に用いる容器は内部を窒素ガスで置換し，酸素を除くと回収率がよい．また，脱アセチル化を受けたグルコサミン，ムラミン酸を含む場合，この加水分解条件では抵抗性を示し回収率が低下するので，あらかじめペプチドグリカン画分を無水酢酸で処理し，N-アセチル化後加水分解を行うとよい．

加水分解後，3 mol L^{-1}の水酸化ナトリウムで中和し，Elson-Morgan法により比色定量を行い，アミノ糖量を定量する．中和した試料30 μLに飽和炭酸水素ナトリウム溶液10 μLと同量の無水酢酸を加え，室温に10 minおきグルコサミン，ムラミン酸をN-アセチル化する．過剰の無水酢酸を分解するために，沸騰水浴中につけ5 min冷却した後5%(w/v)四ホウ酸カリウム50 μLを加え100℃で10 min沸騰水浴中におく．冷却後600 μLのElson-Morgan試薬[*1]を加え，37℃で，20 min反応を行い，585 nmで比色定量する．グルコサミン，ムラミン酸は純度の高い標準品が市販されているので，求めた検量線から定量を行う．どちらのアミノ糖も同じモル吸光係数をもつ．

4.5.3　アミノ糖の分離定量[87)]

グルコサミン，ムラミン酸の分離定量には高速液体クロマトグラフィー（HPLC）によるアミノ酸分析計が用いられる場合が多い．前述した加水分解の条件によりペプチドグリカンを処理した後，水酸化ナトリウムで中和しHPLCに直接注入することもできるが，アンモニア水で中和したのち溶媒を留去し，蒸留水に懸濁してもよい．

一方，ペプチドグリカンをメタノリシスし，ガスクロマトグラフィー（GC）で分離

[*1] p-ジメチルアミノベンズアルデヒド16 gを酢酸95 mLに溶かし，塩酸5 mLを加える．この溶液1容量に対して2.5倍量の酢酸を加え分析に用いる．

定量することも可能である．アミノ糖量として10〜20 nmolのペプチドグリカンをテフロンライナー付きスクリューキャップ試験管にとり，五酸化二リン存在下デシケーター中で一晩減圧乾燥する．1 mol L^{-1}塩酸無水メタノール溶液0.5 mL[*2]を加え，試験管内を窒素ガスで置換し，80℃で16 h加熱する．ヘキサン1 mLを用いて2回メタノール層から脂質成分を除き，無水ピリジン150 μL，無水酢酸100 μLを加えN-アセチル化する．窒素ガスにより溶媒を留去し一晩，五酸化二リン存在下デシケーターで減圧乾燥した後，30 μLのシリル化試薬-無水ピリジン試薬（2：1容量比）を加えて中極性のカラム，例えばOV-101などを用いて分離定量する．検出は水素炎イオン化検出器あるいは質量分析計を用いると高感度で分離分析できる．

4.5.4 修飾されたアミノ糖の分析

前述したようにペプチドグリカンは修飾されたグルコサミン，ムラミン酸を含む場合が多い．これらの修飾されたアミノ糖残基を正確に定性・定量する方法はない．しかし，N-アセチル基が脱離したグルコサミン，ムラミン酸は酸加水分解に対して抵抗性を示すため，化学的なN-アセチル化の前後，あるいはアシル化されていないアミノ基（-NH$_2$）に対する亜硝酸分解の前後で各アミノ糖の定量値を比較することで，ある程度見積もることはできる．また，N-アセチル化するとリゾチームによる分解を受けるため，酵素消化前後の還元末端の定量値を比較することにより簡単に見積もることもできる．一方，N-グリコリルムラミン酸や分子内ラクタムを含むムラミン酸は，リゾチームなどN-ムラミン酸1位とN-アセチルグルコサミン4位のグリコシド結合を切断するリゾチームなどによる酵素分解後に，切断されずに残ったオリゴ糖をMALDI-TOF-MSで同定することによって同定・定量されている．また，糖脂質やグリコサミノグリカンなどで報告があるように，非破壊分析法である赤外吸収（IR）スペクトル，核磁気共鳴（NMR）スペクトルなどを用いると修飾したアミノ糖残基を一斉に同定・定量が可能であろうとは予想できるが，まだ例がない．今後の進展が期待される．

[*2] あらかじめ無水メタノールの試薬瓶ごと重量を量り，塩酸ガスを吹き込んで増加した重量から溶解した塩酸量を求める．

4.6 リン酸-フェニルヒドラジンを用いた糖のHPLC-ポストカラム分析法

　糖類は一般に特異的な紫外・可視吸収や蛍光をもたず，高速液体クロマトグラフィー（HPLC：high performance liquid chromatography）では検出が難しい物質の一つである．一般に示差屈折率計（RID：refractive index detector），蒸発光散乱検出器（ELSD：evaporative light scattering detector）やコロナ荷電化粒子検出器（CAD：charged aerosol detector）などが利用されているが，本節ではリン酸フェニルヒドラジンを用いたポストカラム誘導体化法を紹介する．糖類の末端がヘミアセタール基を生じ還元性を示す化学的特徴に着目し，選択的に誘導体化して検出しやすくすることが広く行われている．分析前に誘導体化するプレカラム誘導体化法，カラムで糖類を分離してから誘導体化するポストカラム誘導体化法のいずれでも多くの方法が提唱されている[88,89]．一般的にプレカラム誘導体化法はシンプルなHPLCシステムで分析でき，ポストカラム誘導体化法は成分分離後に自動的に誘導体するため再現性がよい．

　糖分析システム（リン酸-フェニルヒドラジン法）はリン酸酸性下，糖の還元末端で生じるヘミアセタール構造と，フェニルヒドラジンが結合して蛍光を生じることを利用している．定量精度が高く再現性もよいことから，食品などに含まれる遊離糖を分析する品質管理によく使われている．誘導体化法では還元末端をもたない糖類は検出しないのが一般的であるが，このリン酸-フェニルヒドラジン法では，反応時にリン酸酸性下150℃まで加熱するため，グリコシド結合が切断を伴う[90]．このため本法では，糖の還元末端がタンパク質など他の物質と結合している複合糖質でも，加水分解により還元糖を生じて発色・分析することができる．本節では，まず遊離糖の分析，次いで糖ペプチド，最後に配糖体の分析を紹介する．

4.6.1　遊離糖の分析

　（i）装置　システム例を図4.58に示す．通常のHPLCのセット（ポンプ，インジェクターもしくはオートサンプラー，カラムオーブン，蛍光検出器およびコントロール・データ解析用コンピューター）に，反応液送液ポンプと反応槽が加わる．本項では株式会社日立ハイテクノロジーズの反応システムを用いた実験例を示す．

　システムを各自で組み立てる場合，特に注意を要するのは反応槽である．ここで用いる反応槽は加熱された金属円筒上に配管を巻きつけたものであるが，空気を媒体と

第4章 複合糖質の分析

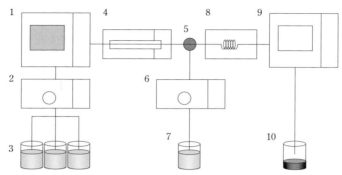

図 4.58 糖分析システム（リン酸-フェニルヒドラジン法）
1：オートサンプラー，2：移動相送液ポンプ（低圧グラジエント，デガッサー付き），3：移動相，4：カラムオーブンとカラム，5：三方ジョイント，6：反応液送液ポンプ，7：反応液，8：反応槽，9：蛍光検出器，10：廃液.

した加熱では加熱効率が低く，設定温度や反応コイルの仕様を検討する必要がある．その他配管・コネクターについても加熱効率やピークの広がりなどに影響を与える可能性がある．

（ii）**試　薬**　アセトニトリルは液体クロマトグラフ用を，リン酸は特級（85%）を用いる．反応溶液はドラフト中で，酢酸 180 mL にフェニルヒドラジン 6 mL を加え攪拌溶解した後，85% リン酸 220 mL を加え攪拌する．フェニルヒドラジンは窒素ガス置換して保存する．反応溶液は用時調製する．

（iii）**分析条件**　遊離糖標準品 23 種類の一斉分析のクロマトグラムを図 4.59 に，分析条件を表 4.13 に示す．ここでは 1 h 程度かけて多種の糖を分離しているが，成分に応じてカラムや分析条件を変えて分析時間を短縮することができる．

蛍光強度は有機溶媒濃度に影響され，水中のアセトニトリル濃度 25% と 75% では，75% の方が 1.7 倍の強度がある．また，糖の種類によっても蛍光強度が異なる．したがって，検量線は同じ成分・分析条件下で作成する必要がある．

4.6.2 糖タンパク質解析研究への応用

タンパク質の多くには糖鎖がついて糖タンパク質となっている．糖鎖は細胞と他の細胞・微生物・ホルモン・毒素などとの相互作用に役立っており，タンパク質の機能発現をコントロールしている．近年，薬として大きく伸びているタンパク質医薬品も糖鎖がついているものが多い．抗体医薬品で使われる免疫グロブリン（Ig）や，エリス

4.6 リン酸-フェニルヒドラジンを用いた糖のHPLC-ポストカラム分析法

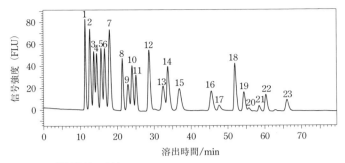

図 4.59 糖標準品の分析
1：キシロース，2：アラビノース，3：フルクトース，4：アロース，5：マンノース，6：グルコース，7：ガラクトース，8：スクロース，9：ニゲロース，10：マルトース，11：コージビオース，12：メリビオース，13：マルトトリオース，14：ラフィノース，15：パノース，16：マルトテトラオース，17：α-シクロデキストリン，18：スタキオース，19：マルトペンタオース，20：γ-シクロデキストリン，21：β-シクロデキストリン，22：マルトヘキサオース，23：マルトヘプタオース．

表 4.13 遊離糖の分析条件例

移動相	（A）アセトニトリル-水-リン酸（90：9.5：0.5, v/v/v）
	（B）アセトニトリル-水-リン酸（75：24.5：0.5, v/v/v）
	（C）アセトニトリル-水-リン酸（65：34.5：0.5, v/v/v）
グラジエント	0.0 min A = 100% → 20.0 min B = 100% → 35.0 min B = 100% → 55 min C = 100% → 75.0 min C = 100%
流速（移動相）	1.0 mL min^{-1}
カラム	Asahipack NH2P-50 4E（内径 4.6 mm，長さ 250 mm）
カラム温度	40 ℃
反応溶液	リン酸-酢酸-フェニルヒドラジン（220：180：6, v/v/v）
流速（反応溶液）	0.4 mL min^{-1}
反応温度	150 ℃
検 出	蛍光検出器 Ex. 330 nm, Em. 470 nm

ロポエチンなども糖タンパク質であり，その糖鎖構造が生理活性に大きく影響することが知られている．

これらの糖鎖研究には糖鎖の構造と結合位置の二つの情報が必要になる．糖タンパク質をプロテアーゼ分解して糖ペプチドとし，質量分析法で分析することが一般的であるが，糖ペプチドはペプチドに比べて質量分析感度が低く精製する必要がある．HPLCの紫外可視分光光度計（UV-VIS）や蛍光検出器などでは糖ペプチドとペプチドは判別できない．しかし，糖分析システム（リン酸-フェニルヒドラジン法）では結合

表 4.14　糖ペプチドの分析条件

移動相	（A）0.1%トリフルオロ酢酸
	（B）アセトニトリル
グラジエント	0.0 min B = 2% → 60.0 min B = 47%
流速（移動相）	1.0 mL min^{-1}
カラム	Inertsil ODS-3, 5 μm（内径 4.6 mm，長さ 250 mm）
カラム温度	40 ℃
反応溶液	リン酸-酢酸-フェニルヒドラジン（220：180：6, v/v/v）
流速（反応溶液）	0.4 mL min^{-1}
反応温度	150 ℃
検　出	紫外検出器　215 nm
	蛍光検出器　Ex. 330 nm, Em. 470 nm

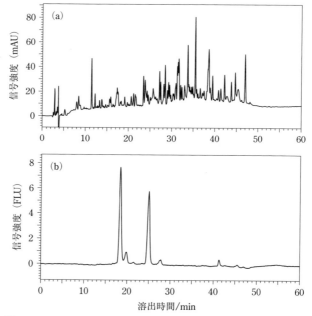

図 4.60　ペプチド，糖ペプチドの分析：免疫グロブリンのトリプシン消化物のクロマトグラム
（a）UV 検出　　（b）リン酸-フェニルヒドラジン法
検出器を直列に繋いでいるため，ピークの溶出に時間差がある．

している糖も検出できるため，糖ペプチドのみが容易に分析でき精製の効率化を図ることができる．このときにはペプチドの溶出位置も重要な情報なので，UV 検出器をカラム出口側と反応溶液が合流する三方ジョイント（図 4.58 の 5）の間に加える．UV

検出器の後には反応コイルや蛍光検出器などが接続されるため，UV 検出器のフローセルに圧力が掛かり破損するおそれが高くなる．特にフッ素樹脂の軟質の配管を繋ぎ変えた場合，締めつけが強く潰れることもある．フローセルにかかる圧力が耐圧以下であることを毎回チェックすることが必要である．分析条件を表 4.14，クロマトグラムを図 4.60 に示す．抗体医薬品としても使われる Ig をトリプシンで分解し，分析したものである．図(a) のクロマトグラムは UV 254 nm で検出したものであり，どれが糖ペプチドのピークかわからない．図(b) のクロマトグラムはリン酸-フェニルヒドラジン法で糖のみを検出したもので，糖ペプチドの溶出がよくわかる．リン酸-フェニルヒドラジン法では糖ペプチドの溶出が高感度でモニターできるので，HPLC による精製条件も容易に検討でき，糖ペプチド分画を効率的に精製できる．純度が高い糖ペプチドが得られることにより，糖鎖の構造とその糖鎖がどのアミノ酸に結合しているかの解析が容易になる．

4.6.3 配糖体分析への応用

配糖体は生薬の有効成分であり，分析のニーズが高い．しかし，そのほとんどはアグリコン（非糖部）の紫外・可視吸収を見るものである．アグリコン部の構造により吸光度が異なり，また配糖体以外の物質も検出するという問題がある．ここでは生薬配糖体のスウェルチアマリン，プエラリン，ペニオフロリン，センノシド，グリチルリチン酸の標準品（各 50 mg L^{-1}）を分析した条件を表 4.15 に，クロマトグラムを図 4.61 に示す．糖ペプチド分析に準じて，UV 検出器をフォトダイオードアレイ検出器に変更したシステムを用いた．

プエラリンとグリチルリチン酸の感度が低いが，プエラリンは C-グリコシドで加水分解されにくく，グリチルリチン酸は糖がウロン酸であるためと考えられる．市販のセンナ末のクロマトグラムを図 4.62 に示す．リン酸フェニルヒドラジン法で多くのピークが検出される．遊離糖の多くは極性が高く，この分析条件下ではホールドアップボリューム付近に溶出すると考えられるので，多くの配糖体が存在していることがわかる．

糖分析システム（リン酸-フェニルヒドラジン法）は，糖を選択的に高感度で検出でき，再現性も良いため，食品中などの遊離糖の品質管理におもに用いられている．しかし，他の成分に結合している複合糖質の糖でも，加水分解して遊離し反応することがわかったことから，医療分野で注目されている糖タンパク質糖鎖解析や，生薬中の有効成分の配糖体でも，本システムで分析できる．

表 4.15 配糖体の分析条件

移動相	(A) 10 mmol L^{-1} リン酸カリウム緩衝液 pH 3.0
	(B) アセトニトリル
グラジエント	0.0 min B = 10% → 20.0 min B = 30% → 25.0 min B = 70% → 35.0 min B = 70%
流速(移動相)	1.0 mL min^{-1}
カラム	LaChrom C18(内径 4.6 mm,長さ 150 mm)
カラム温度	40 ℃
反応溶液	リン酸-酢酸-フェニルヒドラジン(220:180:6, v/v/v)
流速(反応溶液)	0.4 mL min^{-1}
反応温度	150 ℃
検出	フォトダイオードアレイ検出器 抽出波長 nm
	蛍光検出器 Ex. 330 nm,Em. 470 nm

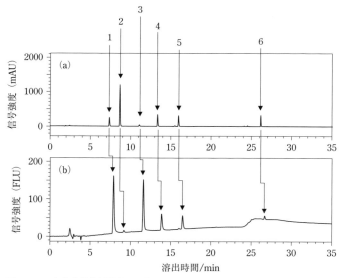

図 4.61 生薬配糖体標準品の分析
(a) UV 検出 (b) リン酸-フェニルヒドラジン法
1:スウェルチアマリン,2:プエラリン,3:ペニオフロリン,4:センノシド B,5:センノシド A,6:グリチルリチン酸.
検出器を直列に繋いでいるため,ピークの溶出に時間差がある.

参　考　文　献　　175

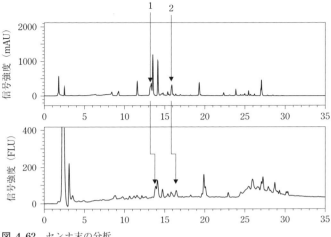

図 4.62　センナ末の分析
(a) UV 検出　　(b) リン酸-フェニルヒドラジン法
1：センノシド B, 2：センノシド A. 検出器を直列に繋いでいるため、
ピークの溶出に時間差がある.

参　考　文　献

1) J.E. Hodge, B.T. Hofreiter："Methods in Carbohydrate Chemistry"（R.L.Whistler, M.L. Wolfrom, eds）, vol.1, p.338, Academic Press（1962）.
2) R.D. Marshall, A. Neuberger："Glycoproteins"（A. Gottschalk, ed.）, p.253, Elsevier（1972）.
3) L.A. Elson, W.T. Morgan：*Biochem. J.*, **27**, 1824（1933）.
4) W.T. Morgan, L.A. Elson：*Biochem. J.*, **28**. 988（1934）.
5) L. Svennerholm：*Biochim. Biophys. Acta*, **24**, 604（1957）.
6) U. Leuenberger, R. Gauch, E. Baumgartner：*J. Chromatogr.*, **161**, 303（1978）.
7) S. Honda, E. Akao, S. Suzuki, M. Okuda, K. Kakehi, J. Nakamura：*Anal. Biochem.*, **180**, 351（1989）.
8) W.T. Wang, N.C. LeDonne, Jr., B. Ackerman, C.C. Sweeley：*Anal. Biochem.*, **141**, 366（1984）.
9) S. Hase, T. Ikenaka, Y. Matsushima：*Biochem. Biophys. Res. Commun.*, **85**, 257（1978）.
10) S. Hara, Y. Takemori, M. Yamaguchi, M. Nakamura, Y. Ohkura：*Anal. Biochem.*, **164**, 138（1987）.
11) A. Kawabata, N. Morimoto, Y. Oda, M. Kinoshita, R. Kuroda, K. Kakehi：*Anal. Biochem.*, **283**, 119（2000）.
12) N. Morimoto, M. Nakano, M. Kinoshita, A. Kawabata, M. Morita, Y. Oda, R. Kuroda, K. Kakehi：*Anal. Chem.*, **73**, 5422（2001）.
13) S. Hase, T. Ibuki, T. Ikenaka：*J. Biochem.*, **95**, 197（1984）.
14) S. Hase, K. Ikenaka, K. Mikoshiba, T. Ikenaka：*J. Chromatogr.*, **434**, 51（1988）.
15) K.R. Anumula, S.T. Dhume：*Glycobiology*, **8**, 685（1998）.
16) K.R. Anumula, P.B. Taylor：*Eur. J. Biochem.*, **195**, 269（1991）.
17) A. Guttman, C. Starr：*Electrophoresis*, **16**, 993（1995）.
18) A. Klockow, R. Amado, H.M. Widmer, A. Paulus：*J. Chromatogr, A*, **716**, 241（1995）.
19) M. Stefansson, M. Novotny：*Carbohydr. Res.*, **258**, 1（1994）.
20) F.T. Chen, R.A. Evangelista：*Anal. Biochem.*, **230**, 273（1995）.

21) A. Guttman, T. Pritchett：*Electrophoresis*, **16**, 1906 (1995).
22) S. Kamoda, C. Nomura, M. Kinoshita, S. Nishiura, R. Ishikawa, K. Kakehi, N. Kawasaki, T. Hayakawa：*J. Chromatogr. A.*, **1050**, 211 (2004).
23) K. Kakehi, M. Kinoshita, D. Kawakami, J. Tanaka, K. Sei, K. Endo, Y. Oda, M. Iwaki, T. Masuko：*Anal. Chem.*, **73**, 2640 (2001).
24) K. Nakajima, M. Kinoshita, Y. Oda, T. Masuko, H. Kaku, N. Shibuya, K. Kakehi：*Glycobiology*, **14**, 793 (2004).
25) K. Nakajima, Y. Oda, M. Kinoshita, K. Kakehi：*J. Proteome. Res.*, **2**, 81 (2003).
26) A.D. Theocharis, S.S. Skandalis, G.N. Tzanakakis, N.K. Karamanos：*FEBS J.*, **277**(19), 3904 (2010).
27) T.R. Rudd, M.A. Skidmore, M. Guerrini, M. Hricovini, A.K. Powell, G. Siligardi, E.A. Yates：*Curr. Opin. Struct. Biol.*, **20**(5), 567 (2010).
28) 日本生化学会 編："新生化学実験講座3. 糖質2 プロテオグリカンとグリコサミノグリカン", 東京化学同人 (1991). 全編にわたって詳細なグリコサミノグリカンの分析法について記載されている.
29) H. Sakaguchi, M. Watanabe, C. Ueoka, E. Sugiyama, T. Taketomi, S. Yamada, K. Sugahara：*J. Biochem.*, **129**(1), 107 (2001).
30) K. Takagaki, M. Iwafune, I. Kakizaki, K. Ishido, Y. Kato, M. Endo：*J. Biol. Chem.*, **277**(21), 18397 (2002).
31) K. Mayer, D. Davidson, A. Linker, P. Hoffman：*Biochim. Biophys. Acta*, **21**, 506 (1956).
32) Z. Liu, S. Masuko, K. Solakyildirim, D. Pu, R. J. Linhardt, F. Zhang：*Biochemistry*, **49**, 9839 (2010).
33) 文献28), p.3.
34) J. E. Scott："Methods in Carbohydrate Chemistry", (R.L. Whistler, ed.), p.38, Academic Press (1964).
35) T. Bitter, H. Muir：*Anal. Biochem.*, **4**, 330 (1962).
36) F. Eisenberg, Jr.：*Anal. Biochem.*, **60**(1), 181 (1974).
37) T. Toida, G. Qiu, T. Matsunaga, Y. Sagehashi, T. Imanari：*Anal. Sci.*, **8**, 799 (1992).
38) C. A. White, S. W. Vass, J. F. Kennedy：*Carbohydr. Res.*, **114**(2), 201 (1983).
39) T. R. Bosworth, J. E. Scott：*Anal. Biochem.*, **223**(2), 266 (1994).
40) L. M. Dominguez, R. S. Dunn：*J. Chromatogr. Sci.*, **25**(10), 468 (1987).
41) S. Sakai, E. Otake, T. Toida, Y. Goda：*Chem. Pharm. Bull.*, **55**(2), 299 (2007).
42) K. S. Dodgson, R. G. Price：*Biochem. J.*, **84**, 106 (1962).
43) T. T. Terho, K. Hartiala：*Anal. Biochem.*, **41**, 471 (1971).
44) 第十五改正日本薬局法：一般試験法, p.143 (2006).
45) S. Honda, M. Takahashi, Y. Nishimura, K. Kakehi, S. Ganno：*Anal. Biochem.*, **118**, 162 (1981).
46) R. Varma, R. S. Varma：*J. Chromatogr.*, **128**(1), 45 (1976).
47) H. Takemoto, S. Hase, T. Ikenaka：*Anal. Biochem.*, **145**, 245 (1985).
48) G. W. Jourdian, L. Dean, S. Roseman：*J. Biol. Chem.*, **246**, 430 (1971).
49) T. Toida, H. Toyoda, T. Imanari：*Anal. Sci.*, **9**, 53 (1993).
50) M. Sudo, K. Sato, A. Chaidedgumjorn, H. Toyoda, T. Toida, T. Imanari：*Anal. Biochem.*, **297**, 42 (2001).
51) B. P. Toole, T. N. Wight, M.I. Tammi MI：*J. Biol. Chem.*, **277**(7), 4593 (2002).
52) A. Mada, H. Toyoda, T. Imanari：*Anal. Sci.*, **8**, 793 (1992).
53) N. Maeda：*Cent. Nerv. Syst. Agents Med. Chem.*, **10**(1), 22 (2010).
54) S. Sakai, H. Akiyama, Y. Sato, Y. Yoshioka, R. J. Linhardt, Y. Goda, T. Maitani, T. Toida：*J. Biol. Chem.*, **281**, 19872 (2006).
55) A. Kinoshita, K. Sugahara：*Anal. Biochem.*, **269**(2), 367 (1999).
56) C. Malavaki, S. Mizumoto, N. Karamanos, K. Sugahara：*Connect. Tissue Res.*, **49**(3), 133 (2008).
57) A. J. Quantock, R. D. Young, T. O. Akama：*Cell Mol. Life Sci.*, **67**(6), 891 (2010).
58) B. Casu, A. Naggi, G. Torri：*Matrix Biol.*, **29**(6), 442 (2010).
59) J. E. Turnbull, R. L. Miller, Y. Ahmed, T. M. Puvirajesinghe, S. E. Guimond：*Methods Enzymol.*, **480**,

65 (2010).
60) H. Toyoda, T. Nagashima, R. Hirata, T. Toida, T. Imanari : *J. Chromatogr.*, **704**, 19 (1997).
61) C. J. Malavaki, A. D. Theocharis, F. N. Lamari, I. Kanakis, T. Tsegenidis, G. N. Tzanakakis, N. K. Karamanos : *Biomed. Chromatogr.*, **25**, 11 (2011).
62) IUPAC-IUB Commission on Biochemical Nomenclature : *Lipis*, **12**, 455 (1977).
63) A. Makita, N. Taniguchi : "New Comprehensive Biochemistry" (H. Wiegant, ed.), Vol.10, p.1 Elsevier (1985).
64) L. Svennerholm : *J. Neurochem.*, **10**, 613 (1963).
65) 鈴木康夫，安藤　進："生物化学実験法 35. ガングリオシド研究法 I", p.1, 学会出版センター (1995).
66) L. Svennerholm, P. Fredman : *Biochim. Biophys. Acta*, **617**, 97 (1980).
67) R.W. Ledeen, R. K. Yu : Methods in Enzymology", (V. Ginsburg, ed.). Vol. 83, p.139, Academic Press (1982).
68) J. Folch, M. Less, G.H. Sloane-Stanley : *J. Biol. Chem.*, **226**, 497 (1957).
69) J. M. Aerts, J.E. Groener, S. Kuiper, W.E. Donker-Koopman, A. Strijland, R. Ottenhoff, C. van Roomen, M. Mirzaian, F.A. Wijburg, G.E. Linthorst, A.C. Vedder, S.M. Rombach, J. Cox-Brinkman, P. Somerharju, R.G. Boot, C.E. Hollak, R. O. Brady, B.J. Poorthuis : *Proc. Natl. Acad. Sci. USA*, **105**(8), 2812 (2008).
70) T. Togawa, T. Kodama, T. Suzuki, K. Sugawara, T. Tsukimura, T. Ohashi, N. Ishige, K. Suzuki, T. Kitagawa, H. Sakuraba : *Mol. Genet. Metab.*, **100**(3), 257 (2010).
71) H. Sueoka, J. Ichihara, T. Tsukimura, T. Togawa, H. Sakuraba : *PLoS One*, **10**(5), e0127048 (2015).
72) H. Sakuraba, T. Togawa, T. Tsukimura, H. Kato : *Clin. Exp. Nephrol.*, **22**(4), 843 (2018).
73) H. Sakuraba, T. Tsukimura, T. Togawa, T. Tanaka, T. Ohtsuka, A. Sato, T. Shiga, S. Saito, K. Ohno : *Mol. Genet. Metab. Rep.*, **17**, 73 (2018).
74) 日本生化学会 編："新生化学実験講座 4. 脂質 3　糖脂質", 東京化学同人 (1990).
75) 谷口直之，伊藤幸成 監修："糖鎖科学の新展開", エヌ・ティー・エス (2005).
76) 糖鎖工学編集委員会 編："糖鎖工学", 産業調査会バイオテクノロジー情報センター (1992).
77) R. Shimazu, S. Akashi, H. Ogata, Y. Nagai, K, Fukudome, K. Miyake, M. Kimoto. : *J. Exp. Med.*, **189**, 1777 (1999).
78) 小幡　徹：血栓止血誌, **20**, 66 (2009).
79) T, Obayashi H. Tamura, S. Tanaka, M. Ohki, S. Takahashi, M. Arai, M. Masuda, T. Kawai : *Clin. Chim. Acta*, **149**, 55 (1985).
80) K. Noda, H. Goto, Y. Murakami, A.B. Ahmed, A. Kuroda : *Anal. Biochem.*, **397**(2), 152 (2010).
81) 木幡　陽，箱守仙一郎，永井克孝 編，"グリコテクノロジー", p.93, 講談社サイエンティフィク (1994).
82) 文献 75), p.76.
83) W. Vollmer, D. Blanot, M. A. de Pedro : *FEMS Microbiol.*, **32**, 149 (2008).
84) W. Weidel, H. Pelzer : *Adv. Enzymol.*, **26**, 193 (1964).
85) W. Vollmer, S. J. Seligman : *Trends Microbiol.*, **18**, 59 (2010).
86) M. Zanol, L. Gastaldo : *J. Chromatogr.*, **536**, 211 (1991).
87) K. H. Schleifer : "Methods in Microbiology" (G. Gottschalk, ed.), vol.18, p.123, Academic Press (1985).
88) S. Honda : *J. Chromatogr. A*, **720**(1-2), 183 (1996).
89) F. N. Lamari, R. Kuhn, N. K. Karamanos : *J. Chromatogr. B*, **793**(1), 15 (2003).
90) H. Suzuki, E. Kato, A. Matsuzaki, M. Ishikawa, Y. Harada, K. Tanikawa, H. Nakagawa : *Anal. Sci.*, **25**(8), 1039 (2009).

第5章

糖鎖工学における基本技術

　近年,ポストゲノム研究として,タンパク質の機能解明とともに糖鎖機能についても注目されている.糖鎖には前章で述べたように糖のみが10種類以上連なったオリゴ糖のものと,さらにオリゴ糖がタンパク質や脂質などに結合したものがある.前者は生体においてはエネルギー源や動植物の支持体(繊維)としての役割がある.これに対し,後者は細胞表面などに存在し,細胞間の認識や相互作用に関わり,がんや感染症,免疫,発生などにおいて重要な役割を担っている.例えばインフルエンザによる感染では,ウイルスの表面上にあるヘマグルチニンというタンパク質が宿主細胞上の糖鎖に結合し接着することにより感染が生じるものといわれている.またある種のがんでは,腫瘍細胞の表面に特異的な糖鎖が発現し,これががんの転移に大きく関わっていると考えられている.このように,糖鎖は生体にとって極めて重要な役割を担っている.糖鎖構造は,構成糖質としてグルコース(Glc),ガラクトース(Gal),マンノース(Man),フコース(Fuc),N-アセチルグルコサミン(GlcNAc),N-アセチルガラクトサミン(GalNAc),N-アセチルノイラミン酸(NeuAc),キシロース(Xyl),アラビノース(Ara)などが関与し,さらにこれら単糖の配列,結合様式,分岐様式により,その構造は他の高分子と比べ非常に複雑で,種類も膨大である.したがって,これら糖鎖の解析には化学反応,酵素特異反応,分離分析,ブロットアッセイやイムノアッセイなど多種多様な分析法が利用されている.また,糖鎖は遺伝子による直接的な翻訳産物ではなく,翻訳された酵素により糖鎖がタンパク質などに修飾されることで合成される.すなわち,そこには多くの糖鎖合成関連遺伝子が関与していることになる.したがって,"糖鎖合成関連遺伝子"を網羅的に取得し,ライブラリーを構築することも重要な課題となっている.そこで本章では,これら糖鎖解析での最新の技術について,(1)糖鎖遺伝子,(2)糖鎖の切り出し,(3)糖鎖解析法について解説する.最初の糖鎖遺伝子では,糖鎖の機能の解明と *in vitro* での生合成を可能にするた

めの遺伝子ライブラリーの構築とリコンビナント糖転移酵素の発現について概説する．2番目の糖鎖の切り出し技術では，糖タンパク質糖鎖の化学的および酵素法による N-グリコシドと O-グリコシド結合型糖鎖の切断方法について述べ，続く糖の分析では，糖を解析するための分離法と高感度検出法について述べる．ここでは，高速液体クロマトグラフィー（HPLC：high performance liquid chromatography）の高感度検出法としての蛍光法や精密分析としての質量分析法（MS：mass spectrometry），核磁気共鳴（NMR：nuclear magnetic resonance）法による糖鎖の配列解析，そしてコンホメーション（立体配座）の解析を述べる．また分離法としてはキャピラリー電気泳動（CE：capillary electrophoresis）法やマイクロチップ電気泳動法による先端的分析技術を紹介する．これらの方法は HPLC の方法と比べ，理論段は 1 桁高く，また分離時間も数秒から数分と高速化が可能である．このように，本章は糖鎖構造の解析技術について，試料の調製から解析方法までを先進的技術を含めて解説する．

5.1 糖鎖遺伝子ライブラリーの構築

生体内で機能するタンパク質の多くは翻訳後修飾を受けている．その中で最も主要な修飾は糖鎖付加であり，全タンパク質のおよそ半数，膜タンパク質や分泌タンパク質はそのほとんどが糖鎖修飾を受けた糖タンパク質である．糖鎖修飾に関連する酵素などをコードする遺伝子は糖鎖遺伝子とよばれ，これまでにヒトではおよそ200種類の糖鎖遺伝子が報告されている[1]．一部のマイナーなものを除いて，報告されているほとんどの糖鎖構造の合成酵素遺伝子が明らかになり，糖鎖生合成経路の全貌がほぼ明らかになったといえる．ヒトの糖鎖合成酵素をリコンビナント酵素として発現させることで，生体内での複雑な糖鎖生合成反応の一部を生体外に取り出して利用することも可能である．本節では糖鎖生合成の主役である糖鎖遺伝子を網羅した糖鎖遺伝子ライブラリーの構築と，リコンビナント酵素の発現について概説する．

5.1.1 糖 鎖 遺 伝 子

糖鎖遺伝子とは，生体内で糖鎖修飾に関連している遺伝子の総称で，グリコシルトランスフェラーゼ（糖転移酵素），スルホトランスフェラーゼ（硫酸転移酵素），糖ヌクレオチドトランスポーターなどをコードする遺伝子を含む．リボソームで合成されたポリペプチド鎖は小胞体で正しい形に折りたたまれ，同時に小胞体やゴルジ装置に存在するグリコシルトランスフェラーゼやスルホトランスフェラーゼによって，逐次

的に何段階もの糖転移反応，硫酸転移反応による修飾を受け，成熟した糖タンパク質として細胞内外で生理機能を発揮する．

　グリコシルトランスフェラーゼによる糖転移反応には糖供与体基質（糖ヌクレオチド）と糖受容体基質とが必要とされ，酵素は非常に厳密な基質特異性を有している．また，多くの場合，その反応は二価カチオン要求性であり，酵素活性部位の中に二価カチオンとの結合部位である DXD あるいは DXH といったアミノ酸配列モチーフが存在する．ほとんどの場合，一つの酵素は 1 種類の糖供与基質から 1 種類の糖受容基質へ 1 種類の結合様式で糖を転移する反応を触媒する．生体内ではこのような糖転移反応の組み合わせで複雑な糖鎖構造が合成されている．

　グリコシルトランスフェラーゼの構造は大きく分けて 3 種類に分けられる．1 番目は複数回膜貫通領域をもつもので，このタイプは N-グリコシド結合型糖鎖合成の脂質中間体を合成する酵素や O-マンノース転移酵素など，小胞体に局在するものに多くみられる．2 番目は N 末端側に膜貫通領域をもつ II 型膜タンパク質の構造のもので，スルホトランスフェラーゼを含め，グリコシルトランスフェラーゼのおよそ 8 割はこのタイプである．図 5.1 にこのタイプのグリコシルトランスフェラーゼの構造を示すが，N 末端に存在する数アミノ酸からなる短い細胞質領域，平均 20 個の疎水性アミノ酸から構成される膜貫通部位，その直後にはプロリンに富んだ幹（ステム）領域（Pro-rich）が存在し，C 末端はゴルジ装置内腔側にあり，およそ 200～1000 個のアミノ酸からなる酵素活性部位が存在する．3 番目は N 末端側に分泌シグナルをもち，分泌タンパク質として合成されるもので，小胞体における O-フコース型糖鎖の合成に関わる酵素はこのカテゴリーに分類される．このタイプは小胞体膜へ保持されるためのシグナルを

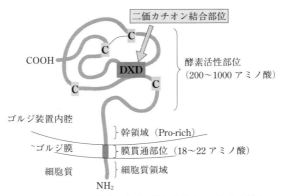

図 5.1　ゴルジ装置膜局在型の糖転移酵素の一般的な構造

C末端側にもっている．これらのグリコシルトランスフェラーゼの中で，リコンビナント酵素として発現するのが容易で，酵素による糖鎖合成に利用可能なのはおもに2番目と3番目のタイプである．

5.1.2 糖鎖遺伝子ライブラリーの構築

ヒトの糖鎖遺伝子をライブラリー化して研究開発を行う場面は大きく分けて二つである．一つは動物細胞などの培養細胞株に糖鎖遺伝子を導入し，細胞表面の糖鎖構造を変化させ，糖鎖の生物機能を研究する場面で，この場合は，糖鎖遺伝子のオープンリーディングフレーム全長をライブラリー化する必要がある（全長型）．もう一つは，グリコシルトランスフェラーゼをリコンビナントタンパク質として生産し，それを酵素源として糖鎖合成を行う場面である．この場合は，前述した細胞質領域や膜貫通部位を除いたグリコシルトランスフェラーゼ活性部位のみをクローニングしてライブラリー化することになる（トランケート型）．本項では，後者のリコンビナント酵素の作製を目指した糖鎖遺伝子ライブラリーの構築とグリコシルトランスフェラーゼの発現について解説する[2,3]．糖鎖遺伝子はInvitrogen社のGateway®システムのエントリークローンとしてライブラリー化を行った．このシステムでは簡単に様々な発現ベクターへの移し替えができ，いろいろな発現宿主を用いて，各種タグ（Tag）を付加し

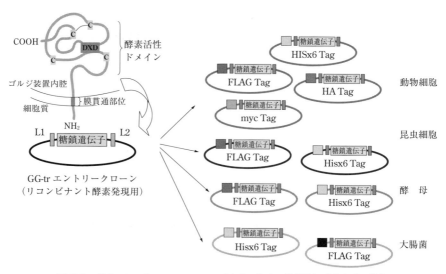

図 5.2 グリコシルトランスフェラーゼ生産のための糖鎖遺伝子発現系の構築

ての酵素発現が可能である（図5.2）．構築した150種類の糖鎖遺伝子のエントリークローンは，現在，製品評価技術基盤機構[*1]から入手可能となっている．

以下に，エントリークローンライブラリーの構築と，ヒト培養細胞と酵母を用いたグリコシルトランスフェラーゼの発現方法を述べる．ヒトのグリコシルトランスフェラーゼを発現させるホストとしては，ヒトの培養細胞が適しており，ほとんどの酵素を活性型として発現することができる．しかしながら，大量発現に不向きなことや培養コストを考慮すると，酵母を用いて発現条件を検討することにより，比較的安価に大量に酵素を生産することも可能である[4]．

【実験例 5.1】 ヒト糖鎖遺伝子のクローニング

リコンビナント酵素発現の対象となるのはN末端に膜貫通部位や分泌シグナルをもつグリコシルトランスフェラーゼで，複数回膜貫通部位をもつ酵素は不向きである．

準備するもの：pENTR/D-TOPO（Invitrogen 社），pFLAG-CMV3（Sigma-Aldrich 社），Gateway® vector conversion system（Invitrogen 社），Gateway® LR Clonase® Enzyme Mix（Invitrogen 社）．

① グリコシルトランスフェラーゼアミノ酸配列中の膜貫通領域の直後，ステム領域がある場合にはさらにその直後にフォワード（Fwd）プライマーを設計する．グリコシルトランスフェラーゼの核酸情報，アミノ酸情報はGlycoGene DataBase[*2]（GGDB）から入手可能である．トランケートする場所によって，酵素の発現量や活性に影響がある場合があるので，複数のコンストラクトを検討するとよい．Gateway® システムの pENTR/D-TOPO ベクターを用いる場合には，Fwdプライマーの5′側にcacc配列を付加する．また，終止コドンにリバース（Rev）プライマーを設計する．

② 目的の糖鎖遺伝子が発現している組織，細胞由来cDNAをテンプレートとしてポリメラーゼ連鎖反応（PCR：polymerase chain reaction）を行い，増幅したDNA断片を精製し，pENTR/D-TOPOベクターにクローニングし，エントリークローンとする．

③ 発現ベクターをデスティネーションベクター化する．発現に用いるベクターのクローニングサイトにデスティネーションベクターコンバージョンカセットを挿入する．このカセットにはccdB遺伝子が含まれるため，組換え体の取得には耐性

[*1] ヒト糖鎖関連遺伝子 Gateway™ エントリークローンについて；https://www.nite.go.jp/nbrc/cultures/dna/hggentry.html（2019年5月現在）

[*2] GlycoGene DataBase：https://acgg.asia/ggdb2/（2019年5月現在）

の大腸菌を用いる必要がある．また，N 末端側に各種タグ配列を付加して発現させる場合には，読み枠を合わせる必要があるため，三つのフレームのコンバージョンカセットを用意しておくと便利である．例えば，N 末端に FLAG タグを付加する発現ベクター pFLAG-CMV3 の場合，クローニングサイトの制限酵素 EcoRV 部位にコンバージョンカセットを挿入し，デスティネーションベクター pFLAG-CMV3-DEST を作製する．

④ デスティネーションベクターに目的の遺伝子を LR 組換え反応[*3]で移し替える．attL-attR 配列を利用した組換え反応により，目的の遺伝子が発現ベクターに組み込まれる．

⑤ 塩基配列を確認し，タグ配列がインフレームで繋がっていることを確認する．

【実験例 5.2】 ヒト培養細胞株を用いたグリコシルトランスフェラーゼの発現と精製

準備するもの：ヒト胎児由来腎臓（HEK：human embryonic kidney）293 T 細胞，DMEM 培地（Gibco®），ウシ胎児血清（FBS：fetal bovine serum, Gibco®），ペニシリン-ストレプトマイシン（Gibco®），ポリ-L-リシン溶液（Sigma-Aldrich 社），Lipofectamine 2000（Invitrogen 社），Opti-MEM®I（Invitrogen 社），FLAG 抗体アフィニティゲル（Sigma-Aldrich 社），リン酸緩衝生理食塩水（PBS：phosphate buffered saline），細胞培養用 CO_2 インキュベーター（5% CO_2 濃度）．

① HEK293 T 細胞の培養は DMEM 培地（10% FBS，ペニシリン，ストレプトマイシンを含む）で行う．

② 培養用シャーレをポリ-L-リシンでコートする．ポリ-L-リシン溶液を 0.01% になるように PBS で希釈し，シャーレ底面を覆うように加え，室温で 10～30 min 程度放置した後，アスピレート（吸引）して取り除く．

③ 培養用シャーレに 10 mL の抗生物質を含まない DMEM 培地（10% FBS）を加え，2.0×10^6 個の HEK293 T 細胞を播き，12 h～CO_2 インキュベーター中で培養する．

④-1 トランスフェクション[*4]の準備：30 μg のプラスミド DNA と 1.5 mL の Opti-MEM®I を混合する．

④-2 30 μL の Lipofectamine 2000 と 1.5 mL の Opti-MEM®I を混合し，室温で 5 min インキュベートする．

[*3] LRClonase を作用させることにより，部位特異的組換え反応が起こること．
[*4] 核酸を真核細胞に導入する手法のこと．

④-3　④-1 と ④-2 をゆっくりと混合し，室温で 20 min 放置する．
⑤　④-3 の混合液を ③ の HEK293 T 細胞上に滴下し，CO_2 インキュベーター中で 24～72 h インキュベートする（この間に酵素が培地中に分泌される）．
⑥　培養上清を回収し，遠心分離して浮遊した細胞を取り除く．すぐに酵素を精製しない場合，遠心後の培養上清は $-30\,℃$ のフリーザーに保管する．培養用シャーレには新しい培地を添加し，さらに 48～72 h インキュベートするが，HEK293 T 細胞は剥がれやすいので，交換する培地は細胞が剥がれないようにゆっくりと加える．
⑦　遠心分離後の培養上清 10 mL に FLAG 抗体アフィニティゲル 50～100 μL を加え，4 ℃ で 1 h から一晩ローテーターを用いて混合する．
⑧　遠心分離し，酵素が結合した FLAG 抗体アフィニティゲルを回収する．
⑨　PBS の添加と遠心分離を 3～5 回繰り返し，洗浄を行った後，最終的に 100 μL の PBS を加える．

このゲル混合液を酵素源として，グリコシルトランスフェラーゼ反応を行う．

【実験例 5.3】　酵母を用いたグリコシルトランスフェラーゼの発現と精製

酵母での発現の場合，コドン使用を最適化した合成遺伝子を用いると発現効率が上昇する場合がある．基本的には動物細胞と同様，N 末端側に精製用のタグ（His, FLAG, PA など）を付加したベクターを構築し，グリコシルトランスフェラーゼ発現に利用する．ここでは市販の *Pichia pastoris* 株を利用したグリコシルトランスフェラーゼ発現を紹介する．

準備するもの：*Pichia pastoris*（GS115 株），発現ベクター（pPIC9），制限酵素 *Sal*I または *Stu*I，YPD 培地（Gibco®），1 mol L^{-1} ソルビトール，エレクトロポレーション用キュベット（0.2 cm, Bio-Rad 社），MicroPulser エレクトロポレーター（Bio-Rad 社），選択培地（Minimal SD Agar Base 26.7 g, -His DO Supplement 0.77 g（Clontech®）を 1 L の H_2O に溶解し，121 ℃, 15 min オートクレーブ後に，50 ℃ まで冷却してプレートを作製），BMGY 培地（2% ペプトン，1% 酵母エキス，2% グリセロール，0.1 mol L^{-1} リン酸カリウム緩衝液（pH 6）），BMMY 培地（2% ペプトン，1% 酵母エキス，1% メタノール，0.1 mol L^{-1} リン酸カリウム緩衝液（pH 6）），1000 mL バッフルフラスコ，ステリトップ-GP，0.22 μm，500 mL 放射線滅菌済（Merck Millipore 社），トリス緩衝生理食塩水（TBS：tris buffered saline, タカラバイオ株式会社），HisTrap（5 mL, GE 社），イミダゾール．

(1) 形質転換とスクリーニング：

① pPIC9 ベクターのマルチクローニングサイトにグリコシルトランスフェラーゼ遺伝子を挿入した発現ベクターを事前に調製しておく（シグナル配列とフレームを一致させるように設計すること）．
② 発現ベクター 1 μg 分を *Sal*I または *Stu*I で切断して直線化する．一部を泳動し，電気泳動で 1 本のバンドであることを確認する．エタノール沈殿，洗浄を行い，5 μL の滅菌水で溶解する．
③ GS115 株を 5 mL の液体 YPD 培地に植菌し，160 rpm，30 ℃ で一晩培養する．
④ OD600＝1〜1.5 となったところで 1500 g，4 ℃，5 min 遠心分離し，上清を捨てる．
⑤ 菌体に 5 mL の冷滅菌水を加え，菌体を再懸濁して遠心分離し，上清を捨てる．
⑥ 菌体に 2.5 mL の冷滅菌水を加え，菌体を再懸濁して遠心分離し，上清を捨てる．
⑦ 菌体に 200 μL の冷 1 mol L^{-1} ソルビトールを加え，菌体を再懸濁して遠心分離し，上清を捨てる．
⑧ 菌体に 100 μL の冷 1 mol L^{-1} ソルビトールを加え，菌体を再懸濁する．
⑨ 50 μL の菌体懸濁液に直線化した DNA 1 μg を混合し，エレクトロポレーション用のキュベット（0.2 cm）に移す．氷中で 5 min 冷却する．
⑩ MicroPulser に設置し，プログラム Sc2 の条件でエレクトロポレーションを行う．
⑪ ただちに 1 mL の冷 1 mol L^{-1} ソルビトールをキュベットに加え，その一部（200〜600 μL）を選択培地に広げる．30 ℃ で 2〜3 日保温し，コロニーの出現を待つ．
⑫ 生育したコロニーを選択培地に線引し，生育することを確認する．
⑬ 線引した菌体の一部を 2 mL の BMGY 培地に植菌し，30 ℃，2 日間培養する．
⑭ 1500 g，4 ℃，5 min 遠心分離し，上清を取り除く．
⑮ 1 mL の BMMY 培地に再懸濁し，再び 30 ℃ で 2 日間培養する．
⑯ 培養上清ウエスタンブロッティングや活性測定を行い，グリコシルトランスフェラーゼの発現を確認する．

（2） グリコシルトランスフェラーゼの発現と精製：

① 100 mL の BMGY 培地を作製し 1000 mL のバッフルフラスコ（三角フラスコでも可）に入れ，オートクレーブしておく．

② 発現が確認された酵母株を選択し，線引した菌体の一部を 5 mL の液体 YPD 培地に植菌し，160 rpm，30 ℃，一晩培養する．
③ 培養液 1 mL を 100 mL の BMGY 培地が入ったバッフルフラスコに植え継ぎ，160 rpm，30 ℃，2 日間培養する．
④ 培地を滅菌した遠沈管に移し，3000 rpm，4 ℃，5 min 遠心分離する．
⑤ 上清を捨て，残った菌体を 100 mL の滅菌済 BMMY 培地に懸濁し，再度 160 rpm，25 ℃，2～3 日間培養する．
⑥ 培地を滅菌した遠沈管に移し，3000 rpm，4 ℃，5 min 遠心分離する．できるだけ菌体を除く．
⑦ 培養上清をステリトップ-GP（0.22 μm フィルター）を通し，菌体を完全に除く．
⑧ フィルター沪過した培養上清を冷トリス緩衝生理食塩水（TBS 緩衝液）3 L に透析する．3 h 透析後，緩衝液を交換し，再度透析する（限外沪過膜を利用して緩衝液交換を行ってもよい）．
⑨ HisTrap（5 mL）に試料を供したのち，50 mmol L^{-1} のイミダゾールを含む TBS 緩衝液で洗浄を行う．280 nm の吸収がゼロに近づくまで洗浄を行う．
⑩ 500 mmol L^{-1} のイミダゾールを含む TBS 緩衝液 25 mL で溶出を行う．
⑪ 得られた溶液を限外沪過膜［分画分子量（MWCO）10K］を用いて脱塩，濃縮し，グリコシルトランスフェラーゼ反応に用いる．

5.1.3 おわりに

この 30 年間以上にわたる糖鎖遺伝子のクローニングと *in vitro* での機能解析によって，ヒトの糖鎖生合成に関与する役者がほぼ明らかとなり，それらを糖鎖遺伝子ライブラリーとして利用することにより，*in vitro* で複雑なヒト型糖鎖を自由自在に合成することが可能となった．今後は酵素による大量合成系の確立が開発課題として残されている．また，糖鎖合成のマシーナリーであるグリコシルトランスフェラーゼの全貌が明らかとなり，生合成系が理解されることで，遺伝子の直接産物ではない糖鎖のシステムズバイオロジーへの展開が可能となった．さらに，糖鎖遺伝子のノックアウトマウスやトランスジェニックマウスの解析から，糖鎖の構造変化が様々な疾患を引き起こすことも明らかになっている．今後はそれらの知見を統合して，特に疾病に関連した糖鎖機能の解明が飛躍的に進むことが期待される．

5.2 糖鎖切り出し技術

　糖タンパク質や糖脂質などの複合糖質中の糖鎖は，種類や結合様式の違いにより，化学的あるいは酵素的な切断法を利用して遊離することができる．複合糖質のうち糖タンパク質の結合様式については，タンパク質中のAsn-X-Ser/Thr（XはPro以外のアミノ酸）のアスパラギン（Asn）残基にN-アセチルグルコサミン（GlcNAc）を介して結合するN-グリコシド結合型糖鎖，セリン（Ser）またはトレオニン（Thr）残基にN-アセチルガラクトサミン（GalNAc）を介し結合するムチン型糖鎖（O-グリコシド結合型糖鎖ともよばれる）およびSer残基にキシロース（Xyl）を介し結合するプロテオグリカン型糖鎖の3種類が存在し，糖鎖の種類によって糖鎖の切り出し方法も異なる．本節では，複合糖質のうち糖タンパク質糖鎖に的を絞り，糖鎖の切り出し技術について概説する．

5.2.1　N-グリコシド結合型糖鎖の切り出し技術

　N-グリコシド結合型糖鎖の切り出しは，酵素的方法あるいは化学的方法のいずれでも可能であるが，試料量や試料の形態（糖タンパク質あるいは糖ペプチド）によって使い分ける必要がある．酵素的切断法は操作が簡単であり，反応後の後処理もほとんど必要ない．一方，化学的切断法は酵素反応では処理できない大量の試料を扱う場合や酵素的切断法では切断できないペプチド鎖の短い糖ペプチドからの糖鎖の切断に適している．なお，いずれの方法で得られた糖鎖も還元末端を有するため，2-アミノピリジン（2-AP），2-アミノ安息香酸（2-AA），2-アミノベンズアミド（2-AB）などにより蛍光性誘導体へ導いて，高速液体クロマトグラフィー（HPLC）やキャピラリー電気泳動（CE）による高感度・高分解能分析を達成できる（5.3節参照）．

a.　N-グリコシド結合型糖鎖の酵素的切断法

　糖タンパク質からN-グリコシド結合型糖鎖を切断する酵素として，*Flavobacterium meningosepticum*から精製されたN-グリカナーゼFとアーモンド由来のグリコペプチダーゼAの2種類の酵素が利用できる[5~7]．いずれの酵素も基質特異性は広く，Asn残基に結合する高マンノース型糖鎖，混成型糖鎖，複合型糖鎖に作用しタンパク質からオリゴ糖を切り離すことができる（図5.3）．グリコペプチダーゼAは糖鎖が結合するペプチド鎖の大きさとしてアミノ酸残基数3~30個程度が適当であるとされ，通常酵素消化に先立ってプロテアーゼ消化が行われる．また，糖タンパク質を変性させて

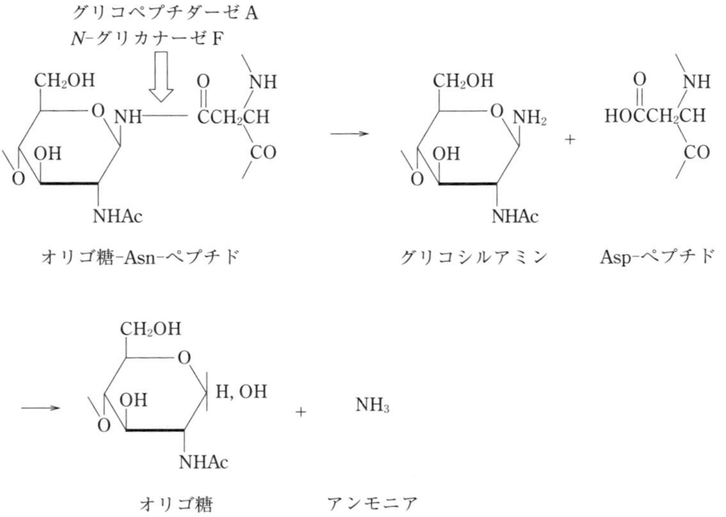

図 5.3 *N*-グリコシド結合型糖鎖の酵素的切断

もよい場合は，種々の変性剤にも比較的強いため，糖タンパク質を変性させてから酵素反応を行うこともできる．グリコペプチダーゼ A はコアのキトビオースに Xyl が結合する植物由来の糖鎖に対しても活性を示すことが特徴であり，植物由来の糖タンパク質中の *N*-グリコシド結合型糖鎖の切断に有用である．なお，酵素の至適 pH は 4.0〜6.0 であり，pH 7.0 以上では急激に酵素反応が低下するので注意が必要である．

N-グリカナーゼ F はグリコペプチダーゼ A と同様，アミダーゼの一種であり，基質特異性の差はほとんどない．*N*-グリカナーゼ F は *N*-グリコシド結合型糖鎖の切断に最も広く使用されている．*N*-グリカナーゼ F の至適 pH は 7.0〜7.5 であり，通常酵素消化に先立って，糖タンパク質を硫酸ドデシルナトリウム（SDS）などの界面活性剤と 2-メルカプトエタノール（2-ME）を用いて変性させてから酵素反応を行う．

【実験例 5.4】 *N*-グリカナーゼを用いる *N*-グリコシド結合型糖鎖の酵素的切り出し

精製した糖タンパク質あるいは生体試料などから調製した糖タンパク質試料（〜1 mg）を 1% SDS-0.1% 2-ME 水溶液 92 μL に懸濁し，100 ℃ で 10 min 変性可溶化する．室温まで冷却し，10% NP-40 水溶液 2 μL と 500 mmol L^{-1} リン酸緩衝液（pH 7.3）2 μL を加えた後，*N*-グリカナーゼ F（2 unit，4 μL）を加え 37 ℃ で 12 h 反応を行う．酵素反応後，冷エタノールを 300 μL 加え 10 min 放置後，遠心分離により上清を回収

し減圧乾固する.

　この方法では，タンパク質や脂質，無機塩類などが存在しても，ほぼ完全に N-グリコシド結合型糖鎖を遊離することができる．ただし，N-グリコシド結合型糖鎖が結合する Asn 残基が N 末端あるいは C 末端に位置する場合は酵素反応効率が低くなるため，酵素消化に先立ってプロテアーゼ消化を行う場合は注意が必要である．

b. **N-グリコシド結合型糖鎖の化学的切断法**

　N-グリコシド結合型糖鎖の化学的切断法として無水ヒドラジンを用いる気相ヒドラジン分解法が古くから利用されている．ヒドラジン分解法はタンパク質の C 末端アミノ酸の決定法として考案され，その後木幡ら[8]によって研究が重ねられ，糖タンパク質から N-グリコシド結合型糖鎖を化学的に切断する方法として広く用いられるようになった（図 5.4）．ヒドラジン分解法は（1）試料の乾燥，（2）ヒドラジンによる糖鎖の切り出し，（3）グルコサミン，ノイラミン酸の再アセチル化，（4）糖鎖の精製からなり，精製糖鎖試料を得るまでに約 1 週間を要する．なお，反応時に水分が存在すると β 脱離反応によりピーリング反応が進行し，還元末端糖残基が一部脱離分解するので注意が必要である．また，使用する無水ヒドラジンは爆発性があり，有毒であるので取り扱いには細心の注意が必要である．

　ヒドラジン分解では糖鎖遊離後の精製操作が煩雑であるため，糖タンパク質をあらかじめプロテアーゼ消化し糖ペプチドとして精製したものを用いれば，純度の高い糖

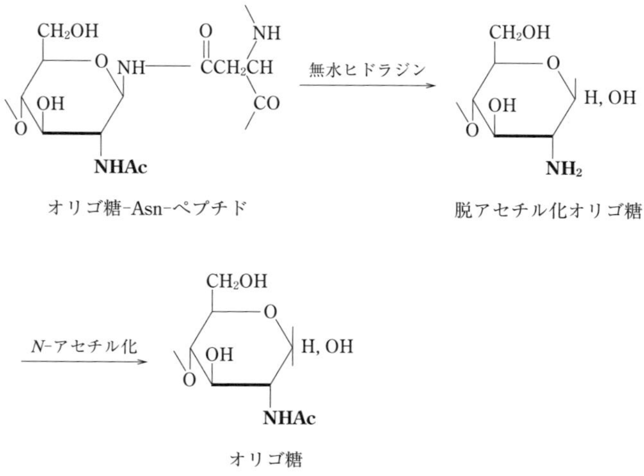

オリゴ糖-Asn-ペプチド　　→（無水ヒドラジン）→　脱アセチル化オリゴ糖

→（N-アセチル化）→　オリゴ糖

図 5.4　N-グリコシド結合型糖鎖の化学的切断

鎖を得やすい．

【実験例 5.5】　気相ヒドラジン分解法による N-グリコシド結合型糖鎖の化学的切り出し

　ガラス製スピッツ試験管（内径 1.0 cm，長さ 5 cm）に糖タンパク質あるいは糖ペプチドを秤り入れる（10～100 mg）．試料の入ったスピッツ試験管を五酸化二リンの入ったデシケーターに入れ，減圧下，50 ℃ に加温しながら 12 h 以上乾燥させる．スピッツ試験管をテフロンキャップ付きねじ口ガラス容器（内径 5 cm，長さ 10 cm）に入れ，ねじ口ガラス容器の底面に無水ヒドラジン 1 mL を慎重に入れ，ただちに蓋をして 100 ℃ で 6 h 反応させる．室温に戻してから蓋を外し，硫酸の入ったデシケーターに入れ，減圧下ヒドラジンを蒸発除去する（図 5.5）．ガラス容器壁面を数滴のトルエンで濡らし減圧する操作を数回繰り返す．反応後の試験管に，飽和炭酸水素ナトリウム水溶液（2 mL）を加え，氷水中で撹拌しながら無水酢酸 20 μL を加え N-アセチル化を行う．同操作を二酸化炭素による発泡が止まるまで繰り返す．発泡が止まったら陽イオン交換樹脂（DOWEX 50WX8，H^+型，100～200 メッシュ，5 mL）を充填したカラムに通し，カラムを 5 倍容量の水で洗い，溶出液を減圧濃縮する．

　ヒドラジン分解後の試料には，多くのアミノ酸が含まれているので，Bio-Gel P4 あるいは Sephadex G25 カラム（内径 1 cm，長さ 100 cm，蒸留水）を用いるサイズ排除クロマトグラフィーにより精製するとよい．

5.2.2　O-グリコシド結合型糖鎖の切り出し技術

　前述したように，N-グリコシド結合型糖鎖の切り出しには広い基質特異性を有する N-グリカナーゼ F が専ら用いられている．一方，O-グリコシド結合型糖鎖に対し広い基質特異性を有する酵素はこれまで発見されておらず，O-グリコシド結合型糖鎖の

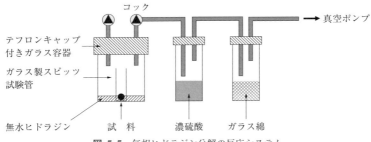

図 5.5　気相ヒドラジン分解の反応システム

切断には緩和なアルカリ条件によるβ脱離反応や緩和なヒドラジン分解などの化学的な切断法が用いられる[9]．本項では，水素化ホウ素ナトリウム存在下，水酸化ナトリウムによるβ脱離反応を利用するアルカリ還元法について解説する．また，筆者らが開発した還元剤のない条件でβ脱離反応を行い，還元末端を有する O-グリコシド結合型糖鎖を得るためのインラインフロー方式の O-グリコシド結合型糖鎖の切断法についても紹介する．

a. O-グリコシド結合型糖鎖の化学的切断法

O-グリコシド結合型糖鎖と Ser/Thr 間の結合は，N-グリコシド結合に比べアルカリに対し不安定であり，弱いアルカリで糖鎖を切り出すことができる．しかし，遊離した糖鎖はアルカリに対し不安定であり，還元末端の N-アセチルガラクトサミン（GalNAc）の 3 位にグリコシド結合が存在すると，β脱離によるピーリング反応とよばれるグリコシド結合の切断が起こる．ピーリング反応を避けるには，反応液に水素化ホウ素ナトリウム（$NaBH_4$）を共存させて，糖鎖が遊離することにより生じた還元末端をただちに N-アセチルガラクトサミニトール（GalNAcol）に変換する．一般に用いられる条件は，0.05 mol L^{-1} 水酸化ナトリウム（NaOH），1 mol L^{-1} $NaBH_4$，45 ℃，12～30 h または 0.1 mol L^{-1} NaOH，0.8 mol L^{-1} $NaBH_4$，37 ℃，72～30 h である．

【実験例 5.6】 アルカリ還元法による O-グリコシド結合型糖鎖の化学的切り出し

ムチン型糖鎖を含む糖ペプチドまたは糖タンパク質をねじ口試験管（内径 1.5 cm，長さ 10 cm）あるいはスクリューキャップ付きマイクロチューブ（1.5 mL 容量）にとり，0.05 mol L^{-1} NaOH および 1 mol L^{-1} $NaBH_4$ を含む水溶液に完全に溶解し 45 ℃，15 h，糖鎖遊離反応を行う．反応後，4 mol L^{-1} 酢酸を加えて過剰の $NaBH_4$ を分解してから，陽イオン交換樹脂（DOWEX 50WX8，H$^+$型，100～200 メッシュ，2 mL）のカラムに通し，カラムの 5 倍量の水で洗浄後，素通り液と洗液を合わせ，1 mol L^{-1} ピリジンで中和し，減圧乾固する．残査を少量の水に溶解しメタノールを加えて減圧乾固する操作を 3～5 回繰り返し，残存するホウ酸をホウ酸のメチルエステルとして留去する．脱塩後の試料は Bio-Gel P4 あるいは Sephadex G25 カラム（内径 1 cm，長さ 100 cm，蒸留水）を用いるサイズ排除クロマトグラフィーにより精製する．

b. インラインフロー装置を利用するアルカリβ脱離反応による O-グリコシド結合型糖鎖の切断

上述したアルカリ還元法では，遊離反応に伴い生じる分解反応（ピーリング反応）を避けるため，遊離後の糖鎖はただちに $NaBH_4$ により還元され，糖アルコールとなる．そのため，糖鎖還元末端を誘導体化し高感度分析することができない．この問題

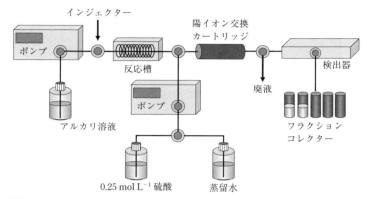

図 5.6 O-グリコシド結合型糖鎖遊離のためのインラインフローシステム（AGC）

は O-グリコシド結合型糖鎖の構造解析を困難にしている要因の一つとなっている．これまでに，還元末端を有したまま O-グリコシド結合型糖鎖を遊離させる方法がいくつか報告されているが，反応に長時間を要することや反応後の糖鎖の精製が煩雑であった．筆者らはアルカリによるβ脱離反応を短時間で行い，反応後ただちにアルカリを除去することで糖鎖の分解反応を抑え，還元末端を有する O-グリコシド結合型糖鎖を得るインラインフロー方式の糖鎖切断法および糖鎖自動切断装置（AGC：auto glyco cutter）を開発した[10,11]．概略を図 5.6 に示す．

　AGC はポンプ，インジェクター，反応槽，陽イオン交換カートリッジ，検出器から構成される全自動装置である．糖タンパク質あるいは糖ペプチド水溶液（10～100 μL）はインジェクターによりアルカリ流路内へ導入され，プランジャーポンプにより反応槽へと送られる．試料は 40～150 ℃ に設定可能な反応槽内の反応コイル（内径 0.25 mm，長さ 10 m）を通過する際にβ脱離反応を受け，糖鎖が遊離される．遊離された糖鎖を含むアルカリ溶液は，ただちに室温まで冷却され，陽イオン交換樹脂（1 mL）を充填したカートリッジを通過し中和される．カートリッジを通過した糖鎖を含む水溶液は紫外部吸収（230 nm）により検出し，フラクションコレクターで回収される．陽イオン交換樹脂は，反応後 0.25 mol L^{-1} 硫酸により再生後，水で洗浄される．AGC では全工程を 10 min で完了できる．このように全自動で制御されたインラインフロー方式による糖鎖の遊離は反応の再現性が極めて高いことが特徴である．本法で得られた O-グリコシド結合型糖鎖は還元末端を有するため還元的アミノ化反応によって蛍光性誘導体へと導くことで，高速液体クロマトグラフィー（HPLC）やキャピラリー電動泳動（CE）による高感度分析を達成できる点が最大の特徴である．

5.3 糖鎖解析技術

5.3.1 蛍光分析

　糖を高感度で，しかも特異的に検出することを目的として様々な蛍光標識法が開発された．当初，高速液体クロマトグラフィー（HPLC）による糖分析ではポストカラム誘導体化が優勢であったが，その後，2-アミノピリジンや p-アミノ安息香酸エチルなどの芳香族アミンと糖のアルデヒド基の間の縮合を伴う還元的アミノ化反応に基づくプレカラム誘導体化法が現れた．また，しだいに HPLC の分離モードとして ODS（オクタデシルシリル）などの分配系が主流となり，糖の高感度検出を目的として数多くのプレカラム誘導体化用試薬が開発された．なかでも 2-アミノピリジンは，長谷ら[12]の精力的な研究から生まれた．さらに高橋ら[13]が HPLC の多次元マップ法を報告するに至り，特に国内では糖タンパク質糖鎖の分析法として標準とよべる地位を確立した．海外では 8-アミノナフタレン-1,3,6-トリスルホン酸とアミノアクリドンを誘導体化試薬に用いて，それぞれオリゴ糖と単糖の誘導体化を行い，スキャナーを内蔵したゲル電気泳動装置で糖を分離・分析するシステムが開発された．その後は様々な機器，試薬メーカーから独自の糖鎖誘導体化試薬キットやオリゴ糖誘導体が販売されている．現在では，この蛍光誘導体化が質量分析法，特にエレクトロスプレーイオン化質量分析法（ESI/MS）やマトリックス支援レーザー脱離イオン化質量分析法（MALDI/MS）における高感度検出に応用されることも多くなった．現在の質量分析法は感度が高くなり，フラグメント解析が容易になった．その結果，構造情報となるフラグメントを与える誘導体化法の開発が検討されている．ここでは，蛍光誘導体化のための具体的な操作や一般的な注意点，分離法と蛍光試薬の関係などについて述べる．

a. 蛍光誘導体化における一般的な注意

　蛍光検出は温度，pH，イオン強度，消光物質の夾雑など様々な環境要因によって影響を受ける．蛍光消光は蛍光物質と相互作用し，蛍光強度を変化させる現象の総称であり，時として重大な影響を与える．よく知られる消光因子には温度，pH などに加えて消光剤の存在がある．一般に温度が 1℃ 上昇すると蛍光強度は 1% 減少するが，ローダミン B のように 1℃ で 5% も蛍光が減少する例も知られる．特にキャピラリー電気泳動（CE）法では，キャピラリー内の温度によって感度が変化する．蛍光検出を行う場合は，十分に温度管理を行わないと，定量性が損なわれる．溶存酸素も影響を与える．HPLC や CE ではデガッサーを用いるが，脱気は定量性と再現性を高める．さら

に，試料の回収などを目的として比較的高濃度の試料を分離するときなどは濃度消光を考慮しなければならない．濃度による感度低下は大きく，10^{-3} mol L^{-1} における蛍光強度は希薄溶液に比べて 20% ほど低いといわれる．分取を行うために 100 倍濃い試料を導入する際は，ピーク強度が予想以上に低くなることがある．この高濃度依存蛍光消光が起こる濃度は蛍光剤ごとに異なるが，経験的に，およそ吸光度が 0.05 以下の濃度であれば問題がないといわれている．

b. 蛍光誘導体化試薬の選択

蛍光検出 HPLC でオリゴ糖の分析を行う場合には，オリゴ糖の構造，すなわちオリゴ糖のヒドロキシ基の配向，数，置換基の種類などに応じた分離が得られるように誘導体化試薬を選択するべきである．糖の蛍光誘導体化に用いられる試薬の中から代表的なものを図 5.7 に示す．図に示したアミン類の中でも，2-アミノピリジンは極性が高く，分子サイズが小さいという特徴をもつ．したがって，糖類の 2-アミノピリジン誘導体は低濃度の有機溶媒組成で逆相系カラムより溶出されるので，糖の構造の相違を反映した分離が得られる．順相の場合でも同様の理由から良好な分離が得られることが多い．すでに，500 種類にも及ぶ N-結合型糖鎖の HPLC に利用され，ODS，アミ

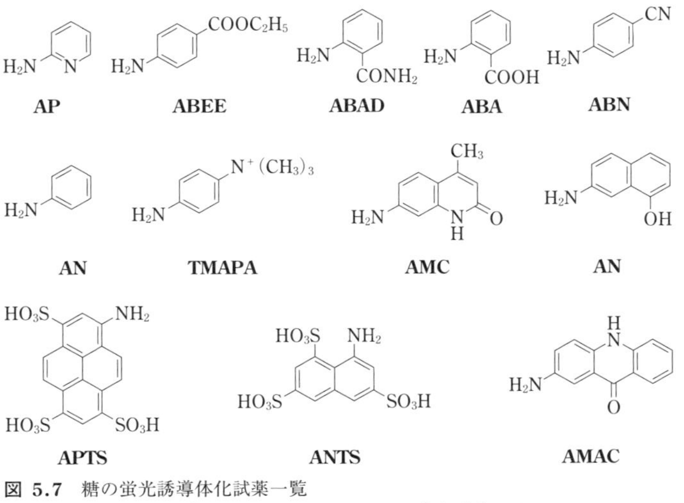

図 5.7 糖の蛍光誘導体化試薬一覧
AP：2-アミノピリジン，ABEE：*p*-アミノ安息香酸エチル，ABAD：2-アミノベンズアミド，ABA：2-アミノ安息香酸，ABN：*p*-アミノベンゾニトリル，AN：アニリン，TMAPA：4-アミノ-*N,N,N*-トリメチルアニリニウム，AMC：7-アミノ-4-メチルクマリン，AN：7-アミノナフトール，APTS：8-アミノピレン-1,3,6-トリスルホン酸，ANTS：8-アミノナフタレン-1,3,6-トリスルホン酸，AMAC：2-アミノアクリドン．

ドおよび DEAE（ジエチルアミノエチル）型カラムにおける保持データが公開されている[*5]．HPLC の保持は使用するポンプの流路構造（配管やミキサー容量）によって異なるので公開データをそのまま利用することは難しいが，質量分析法と組み合わせればかなりの精度で糖鎖構造を判定できる．この他にも様々な還元的アミノ化試薬が開発されている．前述のとおり，HPLC で糖タンパク質糖鎖のような非常に構造の類似した複雑な混合物を分析するには高い分離能が要求される．特に逆相系 HPLC で糖鎖を分析する場合，疎水性が高くかさ高い誘導体化試薬を用いると，移動相中の有機溶媒の比率が上がり，糖鎖の構造が反映された分離を得ることが難しい．また，高マンノース型糖鎖などでは，誘導体化した糖鎖の水への溶解性が悪くなる．しかし，逆に誘導体化後の試薬の除去が溶媒抽出のみで行えるなどメリットも生まれる．

一方，CE の場合には，標識基の電荷が試料成分の泳動速度を向上させる．また，市販の CE 装置は可視光領域の半導体レーザー光源を用いるものが多い．したがって，これらの励起波長にマッチした蛍光試薬を用いる必要がある．8-アミノピレン-1,3,6-トリスルホン酸は構造中に三つのスルホン酸基を有する．また，励起極大が 424 nm であるが，糖誘導体の励起波長は 456 nm まで長波長シフトするので，480 nm 付近での検出が可能となる．この試薬は三つのスルホン酸基を有するので，十分な電気泳動移動度を与える．本誘導体のモル吸光係数は 19 000，蛍光量子収率は 0.5 とそれほど高くない．おそらくフルオレセインには及ばないが，レーザーによる検出感度は十分に高い．一方，この試薬を単糖分析に用いるとスルホン酸の存在は泳動速度を高めるので，単糖の相互分離が難しくなることがある．この場合は 2-アミノアクリドンを用いるとよい．この試薬も 8-アミノピレン-1,3,6-トリスルホン酸と同じレーザーで検出できる．この試薬は塩基性であるために，泳動液にホウ酸緩衝液を用いると，単糖誘導体が酸性のホウ酸錯体を形成し，ヒドロキシ基の配向に応じてホウ酸と結合し，陰イオン性錯体を与えるので，良好な相互分離を示す．また，図 5.7 に示した多くの芳香族アミン類が 300〜350 nm 付近に励起極大をもつ．光源に紫外線レーザーを用いると高感度検出が可能となり，アトモル（amol）レベルで検出が可能である．

c．糖の蛍光誘導体化反応

（ⅰ）**還元的アミノ化反応** 多くの蛍光性芳香族アミンがこの誘導体化法に分類される．本反応の概要を図 5.8 に示す．本反応では糖のアルデヒド基とアミンの間で形成されるシッフ塩基をシアノ水素化ホウ素などの還元剤で還元する方法である．し

[*5] GALAXY；http://www.glycoanalysis.info/galaxy2/systemman.jsp （2019 年 4 月現在）

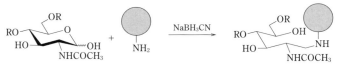

図 5.8 アルドースと芳香族アミンの還元的アミノ化反応

たがって，一般にケトースやシアル酸に適用しても定量的な誘導体化は困難である．これらの中で 2-アミノピリジンは，日本で開発された試薬であり，すでに多くの糖タンパク質糖鎖の HPLC に適用されてきた．CE では 8-アミノピレン-1,3,6-トリスルホン酸がオリゴ糖の高感度分析に利用される．ここではこれらの誘導体化の具体的操作を述べる．

【実験例 5.7】　2-アミノピリジンを用いたオリゴ糖の誘導体化

試　薬：　2-アミノピリジン 300 mg と氷酢酸 100 μL をガラス製バイアルに採取し，加温して溶解する．ジメチルアミン-ボラン 100 mg は氷酢酸 100 μL に溶解する．

注　意：
1. 2-アミノピリジンは n-ヘキサンより繰返し結晶化し，無色の結晶を使用する．
2. 試薬は用時調製とする．
3. 2-アミノピリジン試液の体積は用いた酢酸の 3 倍となる．
4. 反応容器はすべてガラス製を用いる．
5. 2-アミノピリジンは極性の高い試薬で，溶媒抽出が難しい．ゲル沪過クロマトグラフィー，イオン交換固相抽出，有機溶媒との共沸，溶媒抽出，結晶セルロースへの固相抽出などが用いられる．

操　作：
① 凍結乾燥して得た糖試料に 2-アミノピリジン試液 20 μL を加え，よく混合して糖試料を溶解し，90 ℃で 1 h 加熱する．
② さらにジメチルアミン-ボラン試液 20 μL を加え，反応溶液が均一になるまで加温しながらよく混合し，さらに 80 ℃で 50 min 加熱する．
③ 反応溶液を冷却後，水 80 μL を加えて均一に混和し，フェノール-クロロホルム（1：1, v/v）80 μL を加え，よく混合し，注射器などを用いて下層をとり除く．ただし界面にタンパク質が析出した場合は，上層（水層）を別の容器に移す．水層にフェノール-クロロホルム抽出を再度行う．
④ さらにクロロホルム 40 μL を加えて抽出する．
⑤ 水層は遠心式エバポレーターで乾固する．

⑥ ガラス製カラム（内径1 cm, 長さ30 cm）にSephadex G-15を充填し, 10 mmol L^{-1}酢酸で平衡化しておく. 中圧送液システムと蛍光検出器を用い, 励起波長320 nm, 蛍光波長390 nmで溶出液をモニターする.

⑦ 試料を少量の水に溶解し, カラムに通液し, 流速0.5 mL min^{-1}で送液すると, 最初に誘導体化されたオリゴ糖が30 min前後に溶出されるので回収する. 反応残査に含まれる夾雑物の中には, Sephadex G-15カラムに強く吸着し, 溶出するまで200 mL以上を必要とするものが含まれる. また, メタノールなどの有機溶媒を使っても完全には除去されない. ゲルを再利用する場合は, できる限り長時間, 溶出液を通液して洗浄する.

⑧ 2-アミノピリジン-オリゴ糖はエバポレーターで乾固する. ただし, 高マンノース型糖鎖などは, 完全に乾固すると, 水に溶解できないことがある. 完全に乾固する前に, 小チューブに移し, 凍結乾燥を行うか, そのまま溶液として分析に用いる.

注　意：　単糖を2-アミノピリジンで誘導体化する場合には抽出を行うと, 著しく回収率が低下する. この場合は, 試料残査をトルエン50 μLと混合し, 窒素気流下で減圧濃縮装置などを使って60℃で加熱し, 窒素を吹き付けながら真空ラインに接続して加熱・乾固する操作を繰り返し, 過剰試薬を徹底的に留去する. 試料は20 mmol L^{-1}酢酸アンモニウム（pH 4.0）に溶解し, 同緩衝液で平衡化したDowex 50Wx2カラム（内径0.5 mm, 長さ5 cm）に通液し, pH 4〜10までのpH勾配を掛けて溶出すると, 単糖誘導体が先に溶出され, 過剰試薬から分離される.

CEではレーザー励起蛍光検出が一般的であるために, 蛍光誘導体化した試料の多くは吸光度検出されることが多い. この際, 2-アミノピリジン誘導体化糖は感度は低く, 他の誘導体化が必要になる. 6-アミノキノリンは2-アミノピリジンに比べて感度が6倍高い. また, 前述の8-アミノピレン1,3,6-トリスルホン酸を用いることが多い.

【実験例5.8】　8-アミノピレン-1,3,6-トリスルホン酸（APTS）誘導体化

試　薬：　0.2 mol L^{-1} APTS-15% 酢酸溶液. 1 mol L^{-1}シアノ水素化ホウ素ナトリウム-テトラヒドロフラン溶液. APTSは数社から二ナトリウム塩または三ナトリウム塩として発売されている. メーカーによって純度が異なる. 反応はPCRチューブを用いる. 加温時に溶媒が気化しないように, 容器全体を加温する.

① 0.2 mol L^{-1} APTS 2 μLを糖試料に加えて溶かす. 次いで, 水素化シアノホウ素ナトリウム溶液を2 μL加え, よく混合攪拌したあと, 70℃で1 h, 加温する.

② 反応後, 反応物に水20 μLを加えて希釈する.

③ 10 mmol L^{-1} 酢酸で平衡化した Sephadex G25 カラム（内径 1 cm，長さ 30 cm）を用いて分離し，励起波長 470 cm，蛍光波長 510 nm で蛍光検出し，最初に溶出した画分を回収する．

（ii） **カルボキシ基の誘導体化法**　糖のカルボキシ基にアミノナフタレンスルホン酸などの蛍光性アミンを縮合させる誘導体化法が知られる．反応は 1-エチル-3-(3-ジメチルアミノプロピル)カルボジイミド塩酸塩（EDAC：1-ethyl-3-(3-dimethylaminopropyl)carbodiimide hydrochloride）などの縮合剤の存在下，酸性で行う（図 5.9）．この方法は，シアル酸を含む酸性の糖タンパク質糖鎖などの誘導体化に有効である．

（iii） **2 段階誘導体化反応**　アミノ酸やペプチドの誘導体化試薬が数多く報告されている．その多くはアミノ酸のアミノ基に結合し，試薬自体には蛍光がないものの，反応に伴って蛍光を発するなど，優れた特性を有するものが多い．また，前述の還元的アミノ化反応に比べて，格段に緩和な条件で誘導体化が進行する（図 5.10）．

例えば，3-(4-カルボキシベンゾイル)キノリン-2-カルボキシアルデヒド(CBQCA)は優れた量子収率を示す誘導体を与える．糖はアミノ糖を除き，そのままでは反応しないので，あらかじめ酢酸アンモニウムおよび還元剤で処理して，1-アミノ-1-アルジトール誘導体に変換することで誘導体化が可能である．レーザー誘起蛍光検出-CE に CBQCA を用いた例ではサブ zmol オーダーでの分析が可能である．Texas Red 色素をベースにするコハク酸エステル（TRSE）を用いた例では検出下限は 1 zmol オーダーであった．ただし，これらの方法はペプチドをはじめすべてのアミンと反応するので，トリプシン消化などを行った試料には適さない．

ペプチド N-グリカナーゼを使って糖タンパク質から糖鎖を遊離させる際には中間体として，糖鎖はグリコシルアミンとして遊離される．したがって，これらの試薬は酵素消化初期の段階での誘導体化にも利用される．

（iv） **シアル酸の特異的蛍光誘導体化**　シアル酸は前述のとおり還元的アミノ化

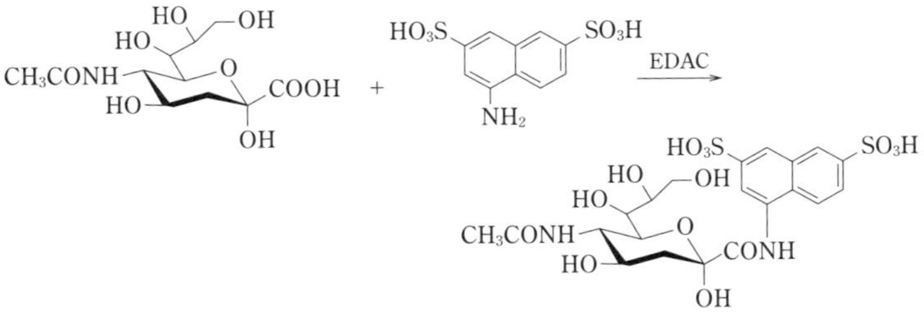

図 5.9　酸性糖のカルボキシ基の誘導体化反応

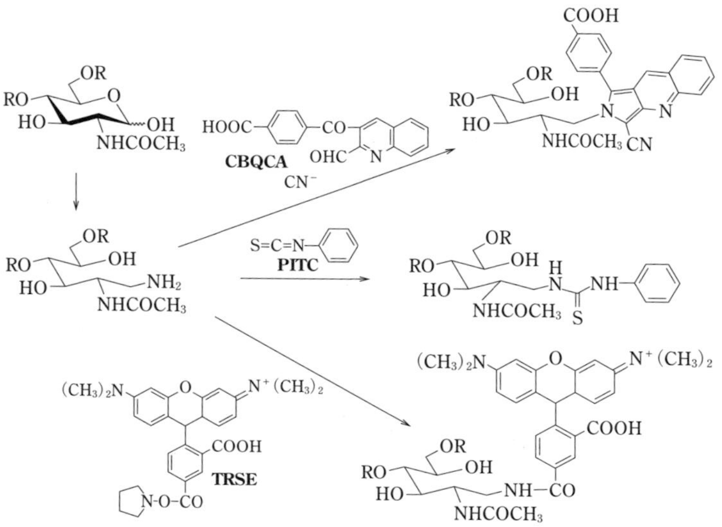

図 5.10 アミノ基誘導体化試薬を用いるアミノ化糖の蛍光誘導体化
CBQCA：3-(4-カルボキシベンゾイル)キノリン-2-カルボキシアルデヒド，
PITC：フェニルイソチオシアネート，TRSE：5-カルボキシテトラメチルローダミンスクシンイミジルエステル．

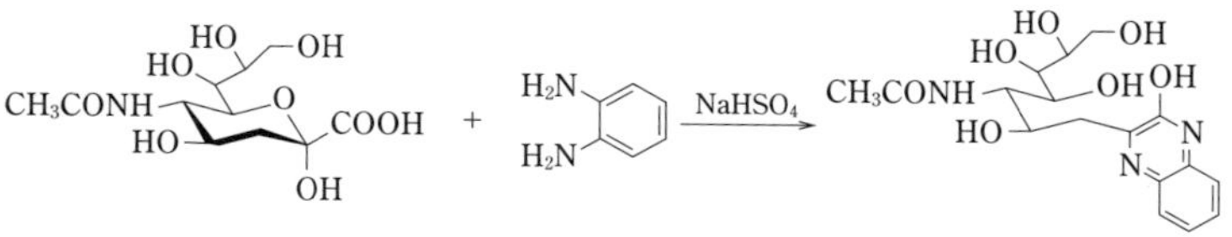

図 5.11 ジアミノベンゼンとシアル酸の反応

反応の対象とはならない．一般にベンゼンジアミノ誘導体を使って誘導体化する．1,2-ジアミノ-4,5-メチレンジオキシベンゼンはシアル酸と特異的に反応し，強い蛍光を有するキノキサリン誘導体を与える（図 5.11）．しかし，本反応の生成物は酸化分解を受けることが知られる．o-フェニレンジアミンを用いる方が操作が簡便でシアル酸含有オリゴ糖を高感度，かつ定量的に分析することができる．

　（v）**その他の方法**　　最近では糖タンパク質の糖鎖分析を対象として，糖タンパク質から糖鎖を遊離させたあと，固相抽出剤上に捕捉し，同時に蛍光誘導体化を行うための試薬など，多機能のものが開発されている．糖鎖のプレカラム誘導体化ではある程度の習熟が必要である．操作に不慣れな場合はこれらキットの使用が推奨される．

5.3.2 遊離糖鎖の LC/MS

　糖タンパク質は，同一の一次構造をもつタンパク質に単糖組成，配列，結合様式，分岐構造などが異なる糖鎖が結合した様々な分子種（グリコフォーム）からなる不均一な集合体である．結合している糖鎖の種類と分布を調べる方法として，質量分析法（MS）がよく用いられている．なかでも，タンパク質から切り出した糖鎖を誘導体化し，吸着クロマトグラフィー用カラムや分配クロマトグラフィー用カラムなどを接続したHPLCで分離しながら，オンラインで質量測定を行う液体クロマトグラフィー質量分析法（LC/MS）は，迅速かつ簡便な方法として医薬品研究開発分野などで広く利用されている．本項では，遊離糖鎖をテトラヒドロホウ酸ナトリウム（$NaBH_4$）で還元した後，吸着力の高いグラファイトカーボンカラムを接続した高速液体クロマトグラフ（HPLC）で分離し，直接エレクトロスプレーイオン化質量分析装置（ESI-MS）およびタンデム質量分析装置（MS-MS）により，質量測定および配列解析する方法について概説する．

a. 実験操作

　グラファイトカーボンカラムを接続したLC-MSおよびLC-MS-MSを用いて，糖タンパク質の糖鎖を解析するときの操作の概略を図5.12に示す．N-結合型糖鎖を切り

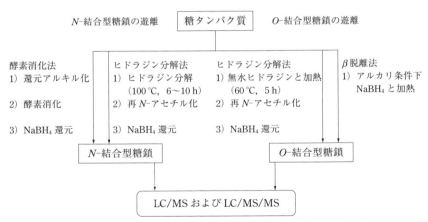

図 5.12 グラファイトカーボンカラムを接続したLC-MSを用いて糖タンパク質の糖鎖を解析するときの操作の概略
　　クロマトグラムから糖鎖の分布を，また，MSにより得られるプリカーサーイオンのm/z値およびMS/MSにより得られたプロダクトイオンm/z値から糖鎖構造を推定する．

出すとき，糖鎖の切り出しを容易にするため，はじめに，ジスルフィド結合の還元とチオール基のアルキル化を行う[*6]．つぎに，酵素処理等により糖鎖を切り出し，LCのカラム内でアノマーが分離されることを防ぐために還元末端を $NaBH_4$ で還元する．グラファイトカーボンが充填された固相抽出管を用いて試料を脱塩し，遊離糖鎖を回収する．O-結合型糖鎖は β 脱離法により遊離させる[14]．別に，ヒドラジンを用いて N-結合型糖鎖および O-結合型糖鎖を切り出す方法がある[14]．遊離糖鎖をグラファイトカーボンカラムを接続した HPLC に注入し，マススペクトルを取得する．スキャンごとに，最もピーク強度の高いイオンをプリカーサーイオンとして MS/MS を行い，プロダクトイオンスペクトルを得る．ポジティブイオンモードで測定した後，必要に応じてネガティブイオンモードで測定する．クロマトグラムより糖鎖の分布を，また，MS により得られたプリカーサーイオンの m/z 値および MS/MS により得られたプロダクトイオンの m/z 値から，糖鎖構造を推定する．

（i） 試料調製
（1） 酵素を用いた N-結合型糖鎖の切り出し：

① 糖タンパク質 50 μg を 8 mol L^{-1} グアニジン塩酸および 5 mmol L^{-1} エチレンジアミン四酢酸（EDTA）を含む 0.5 mol L^{-1} トリス塩酸緩衝液（pH 8.6）135 μL に溶解する．

② 2-メルカプトエタノール 1 μL を加えて室温で 2 h 放置する．

③ 2.8 mg のモノヨード酢酸ナトリウムを加え，暗所に室温で 2 h 放置する．

④ 反応溶液を Sephodex G-25 充填カラムに負荷し[*7]，超純水を用いてタンパク質画分を回収した後，凍結乾燥する．

⑤ 凍結乾燥物を pH 7.4 のリン酸緩衝液 100 μL に溶かし，1 unit の PNGase F を加えて 37 ℃ で 16 h 反応させる[*8]．

⑥ 反応溶液に 233 μL の冷エタノール（最終濃度 70％）を加えてタンパク質を沈殿させる．8000 g で 5 min 遠心分離後，遊離オリゴ糖鎖を含む上清を回収し，減圧下，蒸発乾固する．

⑦ オリゴ糖を 100 μL の超純水に溶かし，100 μL の 0.5 mol L^{-1} $NaBH_4$ を加えて室

[*6] 界面活性剤などの使用を奨励しているプロトコルがあるが，MS を用いる場合は界面活性剤の使用を避けるか，測定前に十分に界面活性剤を除くことが望ましい．

[*7] 市販のゲル濾過カラム（例，PD-10 column, GE Healthcare 社）を用いてもよい．

[*8] その他の酵素として，グリコペプチダーゼ A（概ね 20 アミノ酸残基以下の糖ペプチドから糖鎖を切り出す），エンドグリコシダーゼ H（高マンノース型糖鎖を切り出す）などが用いられる[15,16]．化学的遊離方法として，ヒドラジン分解法がある[17]．

温で 16 h 放置する．

⑧ 希酢酸を少量加えて過剰の試薬を分解する[*9]．反応溶液をグラファイトカーボン充填固相抽出管[*10] に負荷し，超純水で洗浄する．35% アセトニトリルを含む pH 8.5 の 5 mmol L^{-1} 酢酸アンモニウム緩衝液でオリゴ糖を溶出し，凍結乾燥する．

(2) β 脱離法による O-結合型糖鎖の切り出し：

① 糖タンパク質 50 μg を 1 mol L^{-1} NaBH$_4$ を含む 0.1 mol L^{-1} NaOH 水溶液[*11] 50 μL に溶解する．

② 容器内を窒素ガスで置換した後，遮光下 45 ℃ で 16 h 反応させる[*12]．

③ 反応溶液を室温に戻した後，希酢酸で中和して反応を停止させる[*13]．

④ 反応溶液を強酸性陽イオン交換樹脂[*14] に負荷し，10 倍量の超純水で洗浄する．

⑤ 未吸着画分および洗浄画分をオリゴ糖画分として回収し，減圧下，蒸発乾固する．

⑥ メタノールの添加と蒸発乾固を 5 回繰り返し，残存するホウ酸塩を除去する[*15]．

(ii) LC/MS および LC/MS/MS

(1) LC/MS：

① 2% アセトニトリルを含む pH 8.5 の 5 mmol L^{-1} 酢酸アンモニウム緩衝液（移動相 A），および 80% アセトニトリルを含む pH 8.5 の 5 mmol L^{-1} 酢酸アンモニウム緩衝液（移動相 B）を用意し，グラファイトカーボンを充填したカラムを A および B の混液（95：5）で 20〜30 min 平衡化する[*16]．カラム内径が 2.1，1.0，0.2 および 0.1 mm のときの流速は，それぞれ 0.2 mL min^{-1}，50 μL mL^{-1}，2 μL mL^{-1} および 500 nL min^{-1} を目安とする．

② カラムの出口側に電圧を印加するキャピラリーを接続し，X-Y-Z ステージを用いて，質量分析計との距離や角度を調節する．

③ 質量分析計の印加電圧，マルチプライヤー，ガス圧，キャピラリー温度などを適切な値に設定する．あらかじめ標準物質を用いて装置の質量真度を確認してお

[*9] シアル酸結合糖鎖の場合，酸性溶液中でシアル酸が遊離するので，液性が酸性にならないように留意する．
[*10] 市販の固相抽出管を用いてもよい（例えば，EnviCarb-C, Sigma-Aldrich 社）．微量糖タンパク質を扱うときは，グラファイトカーボンが充填されたピペットチップを用いてもよい．
[*11] 使用時ごとに調製する．
[*12] その他の化学的遊離方法として，ヒドラジン分解法がある[17]．
[*13] 発泡するので，試料を冷却しながら，少量ずつ酢酸水溶液を加える．
[*14] 代表的な樹脂として，Dowex AG 50W-X8（H 型，Bio-Rad 社）が用いられる．
[*15] グラファイトカーボン充填固相抽出管を用いて脱塩することもできるが，O-結合型糖鎖の中には固相抽出用樹脂に吸着しないものがあることに留意する．
[*16] 代表的カラム：Hypercarb（Thermo Fisher Scientific 社）．

く．また，必要に応じて質量校正標準物質を用いて質量校正を行っておくことが望ましい．
④　スプレーの安定性を確認するため，移動相を溶出しながらキャピラリーに電圧を印加し，質量分析計を作動させる．スプレーが安定していること，およびバックグラウンドが低く保たれていることを確認する．質量分析計のモードを全イオンモニタリングとし，測定する m/z の範囲を設定する．
⑤　1～20 μL の試料を注入し，LC 勾配と質量分析計のデータ取得を開始する[*17]．
⑥　データ取得後，質量分析計の取り込みを停止させ，カラムを A 液および B 液混液（1：1）で十分に洗浄する[*18]．

(2) LC/MS/MS
①　スキャンごとに，最もピーク強度の高いイオンをプリカーサーイオンとしてプロダクトイオンスペクトルを取得するように設定する．同じプリカーサーイオンのプロダクトイオンスペクトルが繰り返し取得されることを避けるため，一定期間（例えば，30 秒間）は同一 m/z 値をもつイオンをプリカーサーイオンとしないよう設定するとよい．目的糖鎖の質量があらかじめ分かっているときは，その m/z 値をプリカーサーイオンと設定してもよい．
②　適切な開裂条件を設定し，データ取得を開始する．通常，衝突誘起解離（CID：collision-induced dissociation）が用いられる．

(iii)　データ解析　　イデュルスルファーゼ（遺伝子組換え）由来 N-結合型糖鎖のマススペクトルデータを用いて，糖鎖構造解析の概略を示す．
　イデュルスルファーゼは，ヒト線維肉腫細胞株により産生される糖タンパク質で，ヒトイズロン酸-2-スルファターゼと同じアミノ酸配列をもつ．2007 年にムコ多糖症 II 型治療薬として承認されている．ムコ多糖症 II 型は，リソソーム内でムコ多糖の代謝に関係する酵素であるイズロン酸-2-スルファターゼの欠損によって生じる疾患で，ヘパラン硫酸およびデルマタン硫酸エステルがリソソーム内に蓄積し，細胞腫脹，臓器肥大，細胞死，細胞破壊およびその他臓器機能障害が発現する．イデュルスルファーゼは，一連のムコ多糖分解反応においてリソソーム内のヘパラン硫酸およびデルマタン硫酸エステルの非還元末端 2-スルホイズロン酸の硫酸基を分解する．イデュルスル

[*17] 代表的なグラジエント条件：移動相 B の割合を 60 min かけて 45～60% まで直線的に増加させる．N-アセチル基（NeuAc や GlcNAc など）の結合数が増えるほど溶出時間が遅くなり，また Man 残基が増えるほど溶出時間が早くなる傾向があるので，予想される糖鎖構造に合わせて調節する．
[*18] 洗浄が不十分なとき，糖鎖の溶出時間が遅くなることがある．

ファーゼには，八つの N-結合型結合部位が存在する．マンノース 6-リン酸が付加した糖鎖およびシアル酸結合糖鎖は，生物活性や体内動態に影響するので，N-結合型糖鎖の解析は重要である．

図 5.13 はそれぞれ，ポジティブおよびネガティブイオンモードによって得られた N-結合型糖鎖のトータルイオンカレントクロマトグラム（TICC）で，糖鎖の分布の特徴を表している．HPLC や CE などの分離パターンとして表された糖鎖の特徴は，糖鎖プロファイルとよばれる．各ピークの糖鎖構造は，m/z および MS/MS によって得られたフラグメントパターンから推定する．図 5.14(a) に代表的マススペクトルとして，ピーク C の統合マススペクトルを示す．二価（$[M+2H]^{2+}$）のモノアイソトピックピークが検出されており，この m/z 1140.89 から糖鎖の質量は 2079.78 と求めら

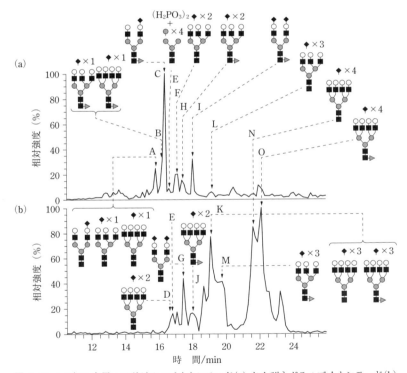

図 5.13 LC/MS を用いてポジティブイオンモード(a) およびネガティブイオンモード(b) で取得されたイデュルスルファーゼ由来 N-結合型糖鎖の TICC，ならびにおもなピークの糖鎖の推定構造
●：マンノース，○：ガラクトース，■：N-アセチルグルコサミン，▲：フコース，
◆：N-アセチルノイラミン酸，H_2PO_3：リン酸エステル基．

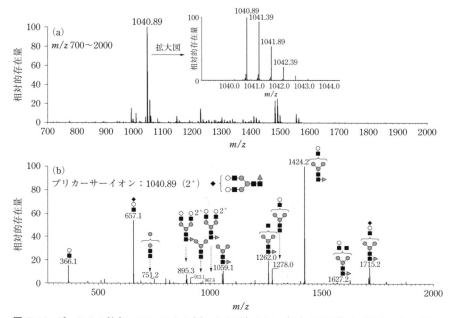

図 5.14 ピーク C の統合マススペクトル(a),および主イオン(m/z 1040.89)をプリカーサーイオンとして得られたプロダクトイオンスペクトルとフラグメントの推定構造(b)
●:マンノース,○:ガラクトース,■:N-アセチルグルコサミン,▲:フコース,◆:N-アセチルノイラミン酸.

表 5.1 モノアイソトピック質量および原子量

元 素	モノアイソトピック質量	原子量
C	12.000000	12.0107
H	1.007825	1.00794
N	14.003074	14.0067
O	15.994915	15.9994
S	31.972071	32.065

れる.糖鎖構成元素のモノアイソトピック質量を加算して得られる計算値と,実験により得られた実測値を照合することにより,単糖組成を推定することができる.表 5.1 に糖鎖構成元素のモノアイソトピック質量を示す.質量が大きい糖鎖を質量分解能が十分でない分析計を用いて測定すると,モノアイソトピックピークが分離されないことがある.そのときは表 5.1 の原子量を用いて平均質量を求め,実験により得られた実測値と照合する.ピーク C で検出された糖鎖(m/z 1040.89)の単糖組成は,質量(2079.78)から,$Fuc_1Hex_5HexNAc_4 NeuNAc_1$(モノアイソトピック質量から求めた計

5.3 糖鎖解析技術

表 5.2 図 5.13 のおもなピークの質量および単糖組成

ピーク		推定単糖組成	電荷	m/z	実測質量	計算質量
A	1	[Hex]$_6$[HexNAc]$_5$[NeuAc]$_1$	[M+2H]$^{2+}$	1150.437	2298.858	2298.835
	2	[Hex]$_5$[HexNAc]$_4$[NeuAc]$_1$	[M+2H]$^{2+}$	967.857	1933.698	1933.703
	3	[Hex]$_7$[HexNAc]$_6$[NeuAc]$_1$	[M+2H]$^{2+}$	1332.997	2663.978	2663.967
B	1	[dHex]$_1$[Hex]$_6$[HexNAc]$_5$[NeuAc]$_1$	[M+2H]$^{2+}$	1223.447	2444.878	2444.893
	2	[dHex]$_1$[Hex]$_7$[HexNAc]$_6$[NeuAc]$_1$	[M+2H]$^{2+}$	1406.017	2810.018	2810.025
C		[dHex]$_1$[Hex]$_5$[HexNAc]$_4$[NeuAc]$_1$	[M+2H]$^{2+}$	1040.877	2079.738	2079.761
D		[Hex]$_7$[HexNAc]$_6$[NeuAc]$_2$	[M−2H]$^{2−}$	1476.530	2955.076	2955.062
E		[Hex]$_7$[HexNAc]$_2$[PO$_3$]$_2$	[M−2H]$^{2−}$	859.240	1720.496	1720.487
F		[Hex]$_6$[HexNAc]$_5$[NeuAc]$_2$	[M+2H]$^{2+}$	1295.967	2589.918	2589.930
G		[Hex]$_5$[HexNAc]$_4$[NeuAc]$_2$	[M−2H]$^{2−}$	1111.390	2224.796	2224.798
H		[dHex]$_1$[Hex]$_6$[HexNAc]$_5$[NeuAc]$_2$	[M−2H]$^{2−}$	1366.990	2735.996	2735.988
I		[dHex]$_1$[Hex]$_5$[HexNAc]$_4$[NeuAc]$_2$	[M+2H]$^{2+}$	1186.427	2370.838	2370.856
J		[dHex]$_1$[Hex]$_7$[HexNAc]$_6$[NeuAc]$_2$	[M−2H]$^{2−}$	1549.550	3101.116	3101.120
K	1	[Hex]$_7$[HexNAc]$_6$[NeuAc]$_3$	[M−3H]$^{3−}$	1081.040	3246.143	3246.157
	2	[dHex]$_1$[Hex]$_7$[HexNAc]$_6$[NeuAc]$_3$	[M−3H]$^{3−}$	1129.730	3392.213	3392.215
L		[Hex]$_6$[HexNAc]$_5$[NeuAc]$_3$	[M+2H]$^{2+}$	1441.507	2880.998	2881.025
M		[dHex]$_1$[Hex]$_6$[HexNAc]$_5$[NeuAc]$_3$	[M−3H]$^{3−}$	1008.020	3027.083	3027.083
N		[Hex]$_7$[HexNAc]$_6$[NeuAc]$_4$	[M−3H]$^{3−}$	1178.070	3537.233	3537.252
O		[dHex]$_1$[Hex]$_7$[HexNAc]$_6$[NeuAc]$_4$	[M−3H]$^{3−}$	1226.750	3683.273	3683.310

Hex: ヘキソース, HexNAc: N-アセチルヘキソサミン, dHex: デオキシヘキソース, H$_2$PO$_3$: リン酸エステル基.
[注: 哺乳類などにおいて, 一般的に Hex にはグルコース, マンノース, ガラクトース, HexNAc には N-アセチルグルコサミン, N-アセチルガラクトサミン, dHex にはフコースが該当する]

算質量: 2079.76) と推定される. 表 5.2 におもなピークの実測値 (m/z 値と質量), 計算質量, および推定単糖組成を示す.

図 5.14(b) は, ピーク C の主糖鎖の二価イオン (m/z 1040.89) をプリカーサーイオンとして, CID MS/MS を行って得られたプロダクトイオンスペクトルである. 糖鎖を CID により開裂させると, 通常, グリコシド結合が開裂して, 非還元末端側を含む B イオンと, 還元末端側を含む Y イオンが生じる (図 5.15(a))[17,18]. B イオンは非還元末端側から順に B$_{1,2,\cdots m}$ と, また Y イオンは還元末端側から順に Y$_{1,2,\cdots n}$ と表記する (図 5.15(b)). これらのフラグメントを再構成することにより, ある程度糖鎖構造を推定することが可能である.

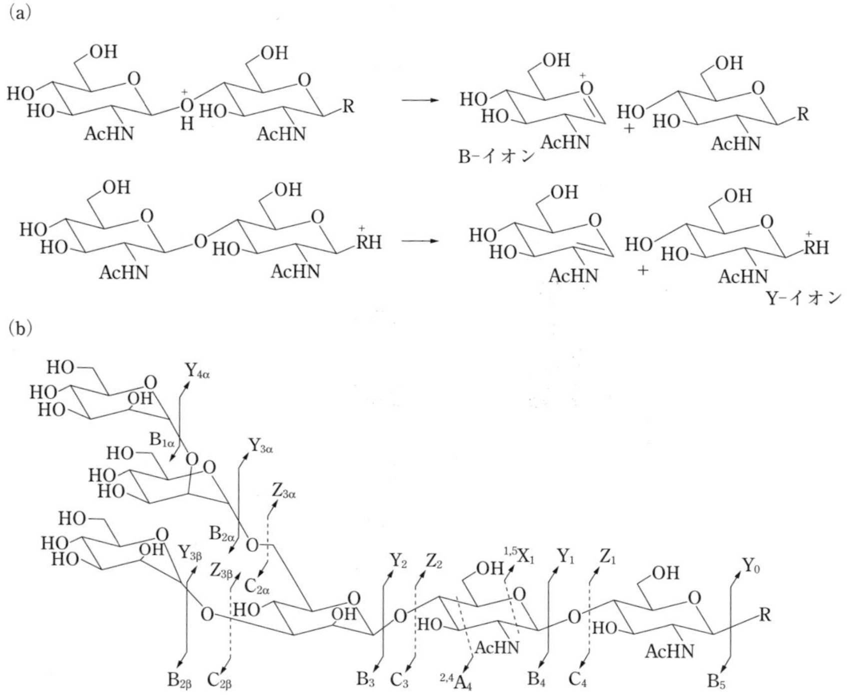

図 5.15　ポジティブイオンモードにおける B-イオンおよび Y-イオンの産生(a)，ならびに糖鎖の特徴的な開裂様式(b)
[N. Kawasaki, S. Itoh, A. Harazono, N. Hahii, Y. Matsuishi, T. Hayakawa, T. Kawanishi : *Trends Glycosci. Glycotech.*, **17**, 193 (2005) を一部改変]

b. おわりに

　LC/MS によって得られた TICC および各ピークの統合マススペクトルから糖鎖の分布を把握することができるが，糖鎖のイオン化効率は構造によって異なるので，ピーク面積比やピーク強度は結合比を正確に反映していないことに留意する．装置の仕様によっては，ポジティブイオンモード，あるいはネガティブイオンモードで検出されない糖鎖があることや，分析中にシアル酸や硫酸基が解離するケースがあることにも注意が必要である．また，単糖組成が判明しても，可能な組み合わせはたくさんあるので，構造解析においては，MS/MS だけでなく，エキソグリコシダーゼ消化法など他の分析法を組み合わせるのも一考である．プロダクトイオンスペクトル上のフラグメントのピーク強度から結合様式などを推定する例もみられるが，フラグメンテーションパターンは装置の仕様にも依存するため，一般化は難しい．

5.3.3 核磁気共鳴（NMR）法

　NMR法は分子の構造情報を原子レベルの分解能で得ることが可能な測定法である．試料を溶液状態のまま観測することができるため，有機化合物の構造決定ばかりでなく，生体高分子の立体構造情報の取得や相互作用解析にも不可欠な手法となっている．糖鎖のNMR測定では，各糖残基を構成する ^1H および ^{13}C の化学シフトやスピン結合の情報から，構造決定を行うことができる．さらに重要な点は，NMRが水溶液中の糖鎖の立体構造や動的な性質を含めた情報を与え得ることである[19,20]．ただし，糖鎖は官能基の多様性に乏しく，^1H を取り巻く環境に変化が少ないことから，NMRシグナルの重なりが激しい．このため，複雑な構造をもつ糖鎖のNMRスペクトルの帰属には細心の注意が必要である．

a. 試料の調製

　NMRの難点は感度の低さであり，測定には可能な限り多量の試料を用いることが望ましい．近年では超高磁場装置や低温プローブの普及が進み，測定感度を大きく向上させることができるようになった．加えて適切な試料調製により，ピコモル（pmol）量の糖鎖であってもプロトンNMRの計測が実現されている例もある[21]．しかし二次元NMRを用いたコンホメーション解析を行うためには，一般に数mgの試料量が必要になる．

　試料は重水素化された溶媒に溶解し，専用の試料管へ入れる．この際，気泡や不溶物の混入は分解能を著しく損なうので注意しなければならない．重水（D_2O）は糖鎖のNMR測定において最も一般的に使用される溶媒であるが，糖鎖のシグナルは重水中に含まれるHDOのピーク付近に観測されるため，溶媒のシグナルに隠れてしまう可能性がある．このため高純度の重水を用いるとともに，試料に会合した水や器具表面の水分など，系中への水の混入には十分注意する．また，酸性条件下ではシアル酸の脱離が起こる可能性も考慮する必要がある．試料管の直径は使用するプローブに合わせて選択する．試料量が少ない場合にはミクロ試料管を用いるのがよい．測定試料のスペクトルを文献値やデータベースと比較するためには，使用する溶媒や化学シフトの基準物質，水溶液のpHなどをあらかじめ確認し，一致させておく．

b. 溶媒シグナルの消去

　巨大な溶媒シグナルは装置のダイナミックレンジを制限し，小さなシグナルの検出を阻害してしまう．糖鎖のシグナルを的確に観測するためには，残存する水のシグナルを消去する必要がある．これには事前飽和（presaturation）法やWATERGATE（water suppression through gradient tailored excitation）法などを用いればよい．ただしこの際，水のシグナルの近くにある糖鎖のシグナルも減弱することがあるので注意する．水の化学シフトは試料温度によって大きく変化するため，測定温度を変えることで糖鎖のシグナルとの重なりを避けられる場合もある．

c. 一次元 ^{1}H-NMR と構造解析

糖鎖の ^{1}H-NMR では多くのシグナルが 3〜4 ppm の狭い範囲に重なりあって観測され，一見複雑なスペクトルを与える．一方，この領域とは別に特徴的な化学シフトを示し，他のシグナルとはよく分離されて観測される ^{1}H 群は structural reporter group ともよばれ，構造解析の有力な手がかりとなる[22]．代表的なものはアノメリックプロトンであり，おもに 4 ppm よりも低磁場領域に観測される．多くの糖鎖に関して，^{1}H と ^{13}C の化学シフトは GLYCOSCIENCES.de（http://www.glycosciences.de/）に代表されるデータベースに登録されており，実験により得られたいくつかのシグナルの化学シフトをこれらの情報と比較することで，既知の糖鎖構造の決定や未知試料の構造解析に役立てることができる．さらに，ジメチルスルホキシド（DMSO）などの有機溶媒中で観測可能となるヒドロキシ基の ^{1}H は，糖残基の結合情報や水素結合に関する情報を与え得る．

多くの糖残基では，化学シフトに加えてアノメリックプロトンのスピン結合定数 $^3J_{HH}$ の値に基づいてアノマーを識別することができる．これは，ビシナルカップリングのスピン結合定数が，3 本の結合が形成する 2 面角に依存するためである．また還元末端に還元基（CHO）を残した糖では，アノマーの異性化速度は一般に NMR のタイムスケールより遅く，両アノマーの混合物としてスペクトルが観測されることに注意する．

d. 二次元 NMR を用いた糖鎖シグナルの帰属

糖鎖のコンホメーション解析を行うためには，二次元 NMR を用いてすべてのシグナルを帰属し，各原子および原子間の情報を抽出できるようにする必要がある．単糖単位を構成する ^{1}H と ^{13}C はスピン結合を介して連結され，同一のスピン系に属しているため，特定の化学結合を介した原子核間の相関を利用した二次元 NMR 法を組み合わせることで，糖鎖の NMR シグナルの帰属を行うことができる（図 5.16）．^{1}H-^{1}H COSY（correlation spectroscopy）はカップリングしている二つの ^{1}H 間の相関を観測する手法であり，2 本または 3 本の化学結合を介して連結した ^{1}H 間の情報を与える．すなわち 1 位と 2 位の ^{1}H（H1/H2）など，互いにスピンカップリングした ^{1}H の組み合わせを決定することができる．ある ^{1}H と，同一のスピン系に属するすべての ^{1}H と

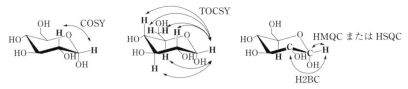

図 5.16 同種核相関および異種核相関の例
各手法により観測されるアノメリックプロトンとの相関を示した.

の間の相関を観測する TOCSY (total correlation spectroscopy) では，混合時間の調整により H1 から H6 までの間のすべての相関ピークが得られる.

^{1}H と ^{13}C の相関をとる異種核相関法は，同種核の場合と比較して感度に劣るが，多くの有益な情報を与え得る. 直接結合した ^{1}H と ^{13}C（H1/C1 など）の相関を観測する手法が ^{1}H–^{13}C HMQC (heteronuclear multiple-quantum coherence) または HSQC (heteronuclear single-quantum coherence) である. 両者からは同じ情報が得られるが，観測する ^{13}C のシグナルが広い周波数に分布する場合には，HMQC の方が良好なスペクトルを与える場合がある. 一方 HSQC は，一般に f_1 軸（^{13}C）の分解能において優れている. H2BC (heteronuclear 2-bond correlation) はその名のとおり，H1/C2 のように 2 本の結合を介した異種核間の情報を与える. したがって HMQC（HSQC）と H2BC を組み合わせることで，1 位から 6 位までの ^{1}H と ^{13}C を連鎖的に帰属することが可能である. さらに，HMBC (heteronuclear multiple-bond correlation) は，一つの ^{1}H から 2 本以上の結合を隔てて隣接する ^{13}C の相関をとることができる. ただし，このロングレンジ相関は多くの要因の影響を受けるため，HMBC スペクトルの交差ピークの有無や強度が，単純に原子間の距離を表すとは限らないので注意を要する. 水素原子をもたない炭素原子核，すなわちシアル酸のカルボキシ基の情報を得るためには HMBC を用いるとよい. またグリコシル結合まわりの糖残基間の相関を得られれば，結合様式の決定に役立てることができる.

これらの異種核相関法ではスペクトル幅の広い ^{13}C を利用することで，一次元 NMR では分離できないシグナルの重なりを大幅に軽減できるという利点がある. 図 5.17 (a) に lyso-GM1 の ^{1}H-NMR と ^{1}H–^{13}C HSQC スペクトル（部分）を示す. HSQC スペクトルには著者らが行ったシグナルの帰属結果を記載してある. Lyso-GM1 は βGal1-3βGalNAc1-4[αNeuAc2-3]βGal1-4βGlc からなる五糖構造をもつ糖脂質であり，水中で自己会合してミセルを形成するためピークが広幅化し，^{1}H-NMR ではすべてのシグナルを分離することはできない. 一方 HSQC スペクトルの横軸は ^{1}H の化学

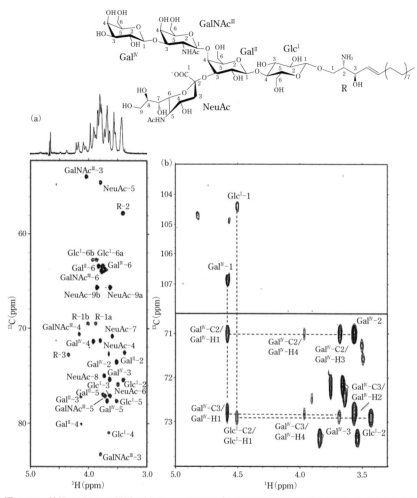

図 5.17 糖鎖シグナルの帰属の例：Lyso-GM1 の ^{1}H-NMR および ^{1}H-^{13}C HSQC スペクトル（a）と HSQC-TOCSY スペクトル（b）
いずれも JEOL 社製 ECA-920 で測定．試料濃度 6 mmol L^{-1}, 10 mmol L^{-1} リン酸カリウム重水溶液，pH 7.2, 測定温度 37 ℃，ミクロ試料管（株式会社シゲミ）を使用．

シフト，縦軸は ^{13}C の化学シフトを表しており，一次元では分離しきれなかったシグナルを個別に観測できていることがわかる．このように帰属を完成した HSQC スペクトルは糖鎖の各原子の情報を与えるマップとして，相互作用解析などの基本スペクトルとなる．シグナルの帰属の確認は HSQC-TOCSY を用いて行った．HSQC-TOCSY

では二つの手法を組み合わせることで，異種核相関法の分離能を同種核相関に利用することができる．スペクトルでは HSQC と同様の相関（H1/C1 など）に加え，隣接する原子間での交差ピーク（H1/C2，H1/C3 など）が得られるため，スピン結合をたどることで帰属を確認した．図 5.17(b) では Gal^{IV} の 1 位から 2 位，3 位との相関，および Glc^{I} の 1 位と 2 位の相関を点線で示した．

e. 糖鎖のコンホメーション解析

NOESY（nuclear Overhauser effect spectroscopy）の計測により，原子間の距離を反映する核オーバーハウザー効果（NOE）を系統的に収集することができる．NOE は双極子-双極子相互作用に基づく現象で，NOESY スペクトル中に交差ピークが観測されれば対応する二つの ^{1}H は空間的に近接していることがわかる．分子量 1000～2000 程度の糖鎖で NOE が得られない場合には ROESY（rotating-frame Overhauser effect spectroscopy）を使用する．NOE に基づく原子間の距離情報は糖残基の連結様式を決定するほか，コンホメーション決定に大きな役割を果たす．

図 5.18(a) に lyso-GM1 の NOESY スペクトル（部分）を示す．Gal^{II} の 4 位と NeuAc

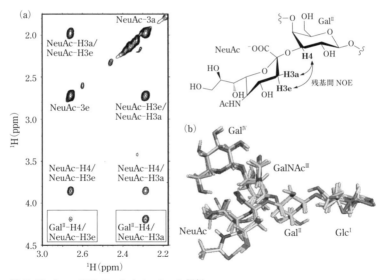

図 5.18 Lyso-GM1 のコンホメーション解析
(a) NOESY により観測された NOE の例（使用装置および試料は図 5.17 と同様）
(b) NOE 情報に基づいて決定した糖鎖部分の立体構造
AMBER10（GLYCAM 力場）による分子動力学計算から得られた安定構造のうち，原子間距離の拘束条件を最も満たすものから 10 個を重ね合わせた．

[M. Yagi-Utsumi, T. Kameda, Y. Yamaguchi, K. Kato：*FEBS Lett.*, **584**, 832（2010）]

の 3 位の ^{1}H 間に交差ピークが観測されており，これら二つの原子は空間的に近い距離にあることがわかる．糖鎖の解析において特に重要なのは，こうした糖残基間の NOE 情報である．また，シグナルの相対的な強度は定性的な距離情報を与え，NeuAc 3 位の二つの ^{1}H（H3a と H3e）では，H3a の方が H3e よりも Gal^{II} の 4 位に近いことがわかる．より定量的な距離情報を取得する手法の一つは，混合時間を順次変化させた複数の NOESY を計測することである．混合時間に対して交差ピークの強度をプロットし，過渡的 NOE の強度が直線的に増大する領域からその傾きを求めれば，既知の 2 原子間距離をリファレンスとして ^{1}H 間の距離を見積もることができる[23]．筆者らはこうして得られた距離情報を制限項として分子動力学計算を行うことにより，水中での lyso-GM1 の糖鎖の立体構造を決定した（図 5.18(b)）[24]．

この他，グリコシド結合周りの 2 面角を反映するスピン結合定数，原子間の距離と磁場に対する角度を反映する RDC（residual dipolar coupling）なども，糖鎖の立体構造に関する有用情報を与える[25]．RDC の測定には糖鎖の磁場配向を誘起するために，バイセルなどが利用されている．

f．発展的手法

糖鎖に ^{13}C 安定同位体標識を施すことで，感度の向上のみならず，多くの有益な情報を得られるようになる[26,27]．例えば，$^3J_{CH}$ や $^3J_{CC}$ などのスピン結合定数を用いることで，2 面角に関する情報量は大きく増大する．また緩和解析は，糖残基や特定の原子ごとの動的な性質に関する情報を与える有力な手法である．糖鎖は ^{1}H の密度が低く空間的に近接できる原子数が少ないため，観測可能な NOE の数は多くない．この問題を解決するために，常磁性効果の応用などが進められている[28]．

NMR は糖鎖の構造解析に有効なばかりでなく，水溶液中での糖鎖の揺らぎの定量的理解や，糖鎖-タンパク質間相互作用の解析などに不可欠な実験手法である．糖鎖の NMR はタンパク質の場合と比べて未開拓な部分も多いが，高感度・高分解能測定を可能にする装置や実験手法の開発が進んでおり[29,30]，今後ますます発展すると考えられる．

5.3.4 キャピラリー電気泳動法

キャピラリー電気泳動（CE）法の特徴は高速液体クロマトグラフィー（HPLC）を凌ぐ分離能の高さと高速性にある．特に，N-アセチルノライミン酸（NeuAc）を含む糖鎖や硫酸基により修飾を受けたオリゴ糖は HPLC による分離が困難な場合が多いが，CE では短時間で高分解能分離が達成できる．CE ではキャピラリーゾーン電気泳

動(CZE),キャピラリーゲル電気泳動(CGE),ミセル動電クロマトグラフィー(MEKC)などの分離モードを利用でき,分離モードを適切に選択することにより単糖分析から各種オリゴ糖の分析,さらに糖タンパク質のグライコフォームを直接分離することも可能である[31~34].一方,CE は現在最も高感度検出が期待できる方法の一つであり,レーザー励起蛍光検出法を組み合わせて 10^{-15}~10^{-18} mol という超微量の糖鎖を検出することができ,生体組織や細胞などから得られた超微量の複合糖質試料中の糖鎖解析にも対応できる.

本項では,CE の基本原理などについては専門書に譲り,CE によるヒアルロン酸オリゴ糖の分析,血清糖タンパク質糖鎖の解析,糖タンパク質のグライコフォーム解析について紹介する.

a. キャピラリーゲル電気泳動によるオリゴ糖の分析

CE では主として試料イオンの質量電荷比に基づき分離が達成されるが,泳動用緩衝液に高分子ゲルマトリックスを添加し,分子ふるい効果により試料を分離する CGE は,核酸の高分解能分離技術として広く使用されている.糖鎖工学の分野においても,CGE は糖タンパク質糖鎖やグリコサミノグリカン類などの様々な複合糖質糖鎖の高分解能分離に有効である.

CGE に用いるゲルマトリックスとして,ポリアクリルアミド,ポリエチレンオキシド(PEO),ポリエチレングリコール(PEG),ヒドロキシプロピルメチルセルロース(HPMC)などを試料の分子サイズにより使い分けることができる.糖タンパク質糖鎖や酸性オリゴ糖の分離には PEO あるいは PEG が適しており,いずれもポリアクリルアミドや HPMC に比べ粘性が低く扱いやすい.CGE に用いるキャピラリーは,キャピラリーの内壁が化学的に修飾され,電気浸透流が発生しないものを用いる.キャピラリー内壁を不活性化した市販のキャピラリーの他,内壁をポリアクリルアミドにより修飾して用いることもできる.なお,CGE では試料の電荷を駆動力として電気泳動を行うため,N-アセチルノイラミン酸やグルクロン酸などの酸性糖を含まない中性糖からなるオリゴ糖の分析では,2-アミノ安息香酸(2-AA)や 8-アミノピレン-1,3,6-トリスルホン酸(APTS)などの負電荷をもつ誘導体化試薬で誘導体化した糖鎖を試料とする[35].

【実験例 5.9】 キャピラリーゲル電気泳動によるヒアルロン酸オリゴ糖の分離[36]

Strepotoccus zooepidemicus 由来ヒアルロン酸 1 mg を 50 mmol L^{-1} 酢酸緩衝液(pH 5.0)1 mL に溶解し,同じ緩衝液に溶解したウシ精巣由来ヒアルロニダーゼ溶液(1000 U mL^{-1},10 μL)を加え,37 ℃ で 24 h 酵素反応を行う.沸騰水浴中で 10 min 加熱後

5 min 遠心分離し,上清を回収して分析用試料とする.装置は紫外部吸収検出器を備えた CE 装置を用い,検出は 200 nm の紫外部吸収を用いる.キャピラリーは内壁をジメチルポリシロキサンで修飾した DB-1 キャピラリー(キャピラリー GC 用の製品を利用できる.内径 100 μm,全長 30 cm,有効長 20 cm)を用い,泳動用緩衝液として,10% PEG70000 を含む 50 mmol L^{-1} トリスホウ酸緩衝液(pH 8.3)を用いる.PEG は泳動用緩衝液に溶解し,超音波洗浄機を用いて十分に脱気してから使用する.キャピラリーは試料注入前に蒸留水,PEG を含まない緩衝液でそれぞれ 3 min 洗浄後,PEG を含む緩衝液をキャピラリー内に充填する.分析試料を加圧法(1 psi)により 10 s キャピラリー内に注入し,試料導入側を陰極,検出器側を陽極として 6 kV の電圧を印加し 30 min 電気泳動を行う.

ヒアルロン酸オリゴ糖を CGE により分析した結果を図 5.19 に示す.CGE モードを利用すれば重合度 150,分子量として約 30000 までのヒアルロン酸を重合度の小さなものから順に分離することができる.ゲルマトリックスとして使用する PEG は分子量 20000～100000 の製品が利用でき,分離したい試料サイズにより使い分ける.なお,PEG は紫外部吸収をもたないため,0.01～1 mg mL^{-1} の濃度のコンドロイチン硫酸類

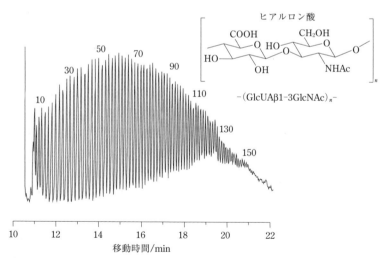

図 5.19 キャピラリーゲル電気泳動(CGE)によるヒアルロン酸オリゴ糖の分析
分離条件 キャピラリー:DB-1 キャピラリー(内径 100 μm,全長 30 cm,有効長 20 cm),検 出:紫外部吸収検出(200 nm),泳動用緩衝液:10% PEG70000 を含む 50 mmol L^{-1} トリスホウ酸緩衝液(pH 8.3),印加電圧:6 kV,試料注入:加圧法(1 psi,10 s).

やポリシアル酸などの酸性多糖由来オリゴ糖を，蛍光標識することなく直接分析することも可能である．

【実験例 5.10】 ヒト血清糖タンパク質由来 N-グリコシド結合型糖鎖の分析

ヒト血清 50 μL を限外沪過フィルター (MWCO 3000, 1.5 mL) を用いて，15000 rpm で 15 min 限外沪過を行う．フィルター上に蒸留水 150 μL を加え，さらに 15000 rpm で 30 min 限外沪過を行う．フィルター上の溶液を 1.5 mL チューブに回収し，フィルター上に蒸留水 200 μL を加え，フィルターをよく洗い最初に回収した液と合わせ減圧濃縮乾固し，血清総タンパク質分画とする．血清総タンパク質に蒸留水 70 μL，10% 硫酸ドデシルナトリウム (SDS) 溶液 8 μL，2-メルカプトエタノール 1 μL を加え，100 ℃ で 10 min 煮沸しタンパク質を変性可溶化する．溶液に 8 μL の 10% NP-40 溶液と 5 μL の 1 mol L^{-1} リン酸緩衝液 (pH 7.5) を加えた後，N-グリカナーゼ F 溶液 2 μL (1 unit μL^{-1}) を加え 37 ℃ で 24 h 酵素反応を行う．酵素反応後，冷エタノール 300 μL を加え，15000 rpm で 15 min 遠心分離して上清を回収し減圧濃縮乾固する．凍結乾燥物に 200 μL の 2-AA 試薬（用時調製：2-AA 30 mg と NaBH$_3$CN 30 mg を 4% 酢酸ナトリウムと 2% ホウ酸をメタノール溶液 1 mL に溶解する）を加えて，80 ℃ で 1 h 反応を行う．反応後，200 μL の蒸留水を加え，あらかじめ 50% メタノール水溶液で平衡化した Sephadex LH-20 カラム（内径 1 cm，長さ 30 cm）によるサイズ排除クロマトグラフィーで分画し，最初に溶出される蛍光性分画を回収し，減圧濃縮乾固する．回収した 2-AA 化糖鎖は，蒸留水 (100 μL) に溶解し分析用試料とする．

2-AA 誘導体化されたオリゴ糖はレーザー励起蛍光検出器を備えた CE 装置を用いて分析する．キャピラリーは内壁をジメチルポリシロキサンで修飾された GC 用 DB-1 キャピラリー（内径 100 μm，全長 50 cm，有効長 40 cm）を用い，泳動用緩衝液として 5% PEG70000 を含む 50 mmol L^{-1} トリスホウ酸緩衝液 (pH 8.3) を用い，試料導入側を陰極，検出器側を陽極として 25 kV の電圧を印加し 30 min 電気泳動を行う．

ヒト血清糖タンパク質由来 N-グリコシド結合型糖鎖を分析すると，10～30 min の間にすべてのオリゴ糖のピークが観察される（図 5.20）．CGE モードでは質量電荷比の小さなものほど速く電気泳動され，非還元末端に NeuAc をもつシアロ糖鎖は 10～18 min，高マンノース型とアシアロ糖鎖は 18 min 以降に観察される．11.5 min に観察される最も含量の高い糖鎖は非還元末端に NeuAc を 2 残基もつ複合型二本鎖糖鎖であり，さらに速く泳動される 10～11 min の糖鎖は NeuAc を 3 残基以上もつ複合型三あるいは四本鎖糖鎖である．14～16 min には非還元末端に NeuAc を 1 残基のみもつ複合型二本鎖糖鎖，24～26 min には還元末端 GlcNAc に α1-6 結合した Fuc をもつア

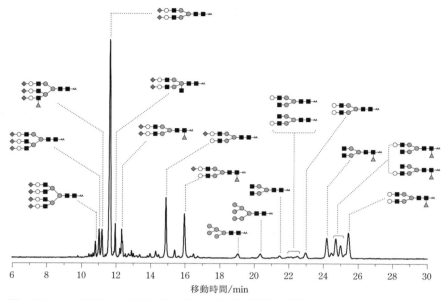

図 5.20 ヒト血清糖タンパク質由来 *N*-グリコシド結合型糖鎖の分析
◆：NeuAc, ○：Gal, ■：GlcNAc, ●：Man, ▲：Fuc.
分離条件 キャピラリー：DB-1 キャピラリー（内径 100 μm，全長 50 cm，有効長 40 cm），検出：レーザー励起蛍光検出（励起波長 325 nm，蛍光波長 405 nm），泳動用緩衝液：5% PEG70000 を含む 50 mmol L^{-1} トリスホウ酸緩衝液（pH 8.3），印加電圧，25 kV，試料注入：加圧法（1 psi, 10 s）．

シアロならびにアガラクト糖鎖が観察される．HPLC を用いた場合，シアロ糖鎖とアシアロ糖鎖混合物の一斉分離は難しいが，CE を用いれば短時間でこれらの糖鎖を分離することが可能であり，組織や培養細胞から調製した糖鎖混合物の分離分析にも応用可能である．なお，血清や細胞など脂質を多く含む試料を分析する場合，キャピラリー内壁へ脂質などの疎水性成分が吸着し分離能が低下する場合があるため，試料溶液を逆相カートリッジに通し脂質を除いておくと再現性の高い結果が得られる．

b. キャピラリー電気泳動法による糖タンパク質のグライコフォーム分離

糖タンパク質に結合する糖鎖は通常構造の異なる複数のオリゴ糖からなり，さらにコアタンパク質上に複数の糖鎖付加位置をもつため，糖鎖と糖鎖付加位置の組み合わせからなるグライコフォームとよばれるタンパク質のマルチフォームを与える．これらのグライコフォームを解析するうえでも CE は極めて有力な手段である．本項では，CE を用いる糖タンパク質のグライコフォーム分析法について述べる．

CE を用いる糖タンパク質のグライコフォーム分離では，キャピラリー内壁へのタンパク質の吸着を抑えるため化学修飾キャピラリーを用い，緩衝液については糖タンパク質の等電点（pI）を考慮して，比較的等電点に近い最適な分離を示す pH で分析を行う必要がある．また，緩衝液に HPMC のような親水性のポリマーを添加し，キャピラリー内壁へのタンパク質の吸着を防ぐことが，高い分離能の達成と再現性を確保するために重要である．

【実験例 5.11】　ヒト α1-酸性糖タンパク質のグライコフォーム分離[37,38]

ヒト α1-酸性糖タンパク質は 0.1〜1 mg mL^{-1} の濃度となるように蒸留水に溶解する．装置は紫外部吸収検出器を備えた CE 装置を用い，検出は 200 nm の紫外部吸収を用いる．キャピラリーは内壁をジメチルポリシロキサンで修飾された DB-1 キャピラリー（内径 100 μm，全長 30 cm，有効長 20 cm）を用い，0.1% ヒドロキシプロピルメチルセルロース 4000（HPMC4000）を含む 20 mmol L^{-1} 酢酸緩衝液（pH 4.2）を泳動用緩衝液として用いる．試料導入側を陰極，検出器側を陽極として 10 kV の電圧を印加し 10 min 電気泳動を行う．なお，分析温度は 25 ℃ とする．

ヒト AGP は分子内の 5 カ所に N-グリコシド結合型糖鎖の結合部位をもつ等電点 1.8〜2.6 の酸性糖タンパク質であり，主要な糖鎖として図 5.21 に示すシアロ糖鎖を含有している．ヒト AGP はこれらの糖鎖と糖鎖結合部位の組み合わせからなるグライコ

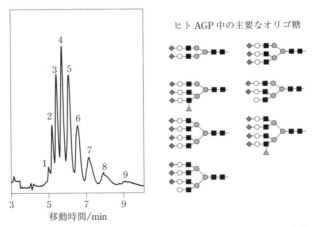

図 5.21　ヒト α1-酸性糖タンパク質（AGP）のグライコフォーム分離
分離条件　キャピラリー：DB-1 キャピラリー（内径 100 μm，全長 30 cm，有効長 20 cm），検　出：紫外部吸収検出（200 nm），泳動用緩衝液：0.1% HPMC4000 を含む 20 mmol L^{-1} 酢酸緩衝液（pH 4.2），印加電圧：10 kV，試料注入：加圧法（1 psi, 5 s）.

フォームを形成し，CE で解析すると糖鎖不均一性の違いに基づく 9 本のピークが観察される．ピーク 1～4 などの泳動速度の速いものほど，三本鎖や四本鎖などの分岐度が高くシアル酸含量が高いグライコフォームであり，一方ピーク 7～9 などの泳動速度の遅いものほどシアル酸含量が低いグライコフォームである．

電気浸透流のない化学修飾キャピラリーを用いた場合，緩衝液の pH をシアル酸を含むタンパク質の等電点より約 1.5 高く設定することで糖鎖の不均一性に基づいて高い分離を達成できる．例えば，ヒトエリスロポエチン（pI 4.2～4.3）では pH 5.7～5.8，ヒトトランスフェリン（pI 5.5）では pH 7.0 の酢酸緩衝液を用いることで糖鎖不均一性に基づくグライコフォーム分離を達成できる．

5.3.5 マイクロチップ電気泳動法

1990 年代初頭に μ-TAS（micro total analysis system，マイクロタス）の概念が提唱されて以来，微小な基板上における分析技術およびその集積化技術は著しい発展を遂げている．マイクロチップ電気泳動（MCE：microchip electrophoresis）法は数 cm 角の基板に，幅 50～200 μm，深さ 5～150 μm の流路系を構築し，試料の導入と分離・検出を一度に行えるようにしたものであり，μ-TAS における重要な分離技術である．MCE の最大の利点は，分析時間が数秒から数分と極めて高速である点であるが，これらに加えて低コスト化，小型化，様々な付加機能の集積化が推し進められている．今後は，糖鎖分析を含め様々な生物学分野や臨床分野への発展が期待されている．本項では糖分析に関する MCE の概要を説明するとともに，糖分析への応用例を述べる．

a. MCE の原理と操作法

MCE はポリマーやガラス基板に作製した流路の中で電気泳動を行うものである．装置の基本的な構成および原理はキャピラリー電気泳動（CE）法と同じである．MCE と CE の大きな違いは試料の導入方法にある．CE では圧力導入が一般的であるのに対して，MCE では電気的に試料を導入する．図 5.22 に MCE 分析の手順を示す．まず，泳動液で満たしたリザーバーを加圧することで流路を泳動液で満たし，各リザーバー（b～d）にも泳動液を満たす．次に試料リザーバー（a）を試料溶液で置換し，(B) のように電圧を印加すると a から b へと試料成分が電気的に導入される．次に印加電圧を切り替える（C）と，流路交差部を流れていた試料成分が分離流路へと移動し，電気泳動によって分離され，検出部で検出される．この際，a と b のリザーバーにも電圧を印加し，a-b 間に残った余分な試料を流路交差部から遠ざける．

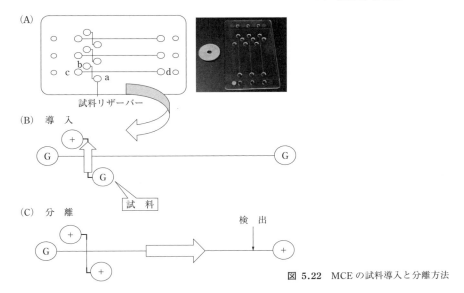

図 5.22 MCE の試料導入と分離方法

b. 基盤の性質と特徴

マイクロチップの素材によっては試料の吸着が問題となる．材質は大きく分けるとガラス・石英製とポリマー系に分類される．

（ⅰ）石英製マイクロチップの性質と特徴　ガラスや石英製のマイクロチップの最大の特徴は電気浸透流が発生することである．測定後に 0.1 mol L^{-1} 水酸化ナトリウムなどで洗浄を行えば電気浸透流の再現性を高めることができる．また，素材がキャピラリーと同じなので CE で開発された様々な分離モードをそのまま流用できる．

（ⅱ）ポリマー系チップの性質と特徴　ポリマー系マイクロチップにはポリメチルメタクリレート（PMMA），ポリジメチルシロキサン（PDMS），シクロオレフィンポリマーなどがある．一般的に加圧成型による大量生産が可能なために安価に生産されている．このため，マイクロチップの使い捨てが可能となり，生体成分などバイオハザードの危険性がある試料の分析に利用される．ポリマー系マイクロチップは材質によって固有の吸着特性をもつので，疎水性の高い試料の分析では吸着などが起こり得る．流路表面への吸着を防ぐにはヒドロキシプロピルセルロース（HPC），ポリエチレングリコール（PEG）などの中性高分子を緩衝液に添加すると流路表面が親水性高分子で被覆され，吸着を抑制できる．また，ポリマー製マイクロチップで電気浸透流を発生させるためにはアニオン性高分子のナフィオンなどを含む泳動液を用いる．

8-アミノピレン-1,3,6-トリスルホン酸 (APTS) など強酸性試薬で誘導体化を行った糖試料の分析では HPC や PEG を緩衝液に添加すると非特異的吸着と電気浸透流を同時に抑制できるので再現性よく測定を行うことが可能となる．

c. 検出方法

MCE 分析はマイクロチップを自作することが多く，論文に発表される分析例のほとんどが顕微鏡に光源，検出器と外部電源を組み合わせた自作装置で行われている．検出は CE で用いられている光学的な検出法が用いられ，糖分析では蛍光・紫外 (UV) 吸収，屈接率，化学発光に基づく検出法などを利用する．ここでは MCE における糖質の検出に広く応用されているレーザー励起蛍光法 (LIF：laser induced fluorescence) および蛍光検出法，紫外・可視吸光 (UV-VIS：ultraviolet visible) 検出法について紹介する．

(i) **LIF および蛍光検出**　LIF は高感度な検出法であり，MCE の検出法として初期の段階から利用されてきた．励起光源には様々な波長の半導体レーザーや，発光ダイオード (LED) が用いられる．検出には光電子増倍管，CCD カメラ，ホトダイオードアレイなどが使用される．研究レベルでは鏡頭部に光検出モジュールを取り付けた蛍光顕微鏡に光源のビーム系を流路幅（～50 μm）に絞って用いる．まず，レーザーを光源に用い 4-フルオロ-7-ニトロベンゾフラザン (NBD-F) で誘導体化したアミノ糖の分析例を図 5.23 に示す．4 種類のアミノ糖は 1 分以内に分離し，検出下限は 8 fmol である．ヘキソサミンのピークが広がっているがこれはアノマーの分離によるものである．

(ii) **UV-VIS 検出**　マイクロチップの流路は流路幅に対して深さが浅いものが多く UV 検出では，光路長が短くなるので十分な感度が得られない．また材質がポリマー，パイレックスガラスなどでは紫外域の波長を吸収するので利用できない．しかし UV 検出は，汎用性に優れ，その利用価値は高い．

d. 糖分析への応用

以下に市販装置と自作装置を使った分析例を紹介する．

(i) **DNA 分析装置を用いた例**　DNA 分析装置では蛍光試薬のインターカレーターとして臭化エチジウムを用い泳動ゲルを使って分子サイズに従って DNA を分離する．APTS や NBD などの可視部の蛍光試薬で誘導体化した糖については DNA 分析装置を使って分析することができる．図 5.24 の装置は DNA 分析キットとして PMMA 製のマイクロチップとともに販売された．光源には LED を使用し，励起波長 473 nm，蛍光検出波長 580 nm である．分析条件の設定と解析には付属のソフトを用いるが，泳

5.3 糖鎖解析技術   223

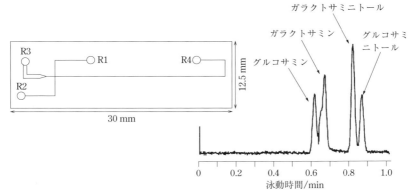

図 5.23 4-フルオロ-7-ニトロベンゾフラザン（NBD-F）誘導体化ヘキソサミン類の MCE 分析と用いた石英製マイクロチップの図
分析条件 試　料：NBD-F 誘導体化グルコサミン，ガラクトサミン，ガラクトサミニトール，グルコサミニトール，マイクロチップ：島津石英製チップ，装　置：正立性蛍光顕微鏡の後部にレーザーを接続し鏡頭に光検出モジュールを取り付けた自作装置，緩衝液：2% アセトニトリル含有 100 mmol L^{-1} フェニルボロン酸（pH 7.5），印加電圧：20 s 試料を導入し，R1：R2：R3：R4＝540 V：0 V：430 V：1000 V，分離時，R1：R2：R3：R4＝450 V：450 V：500 V：0 V.

[S. Suzuki, N. Shimotsu, S. Honda, A. Arai, H. Nakanishi：*Electrophoresis*, **22**, 4023（2001）]

図 5.24 DNA 分析キット（日立 SV1100 型コスモアイ）

動時間や相対強度の補正を簡単に行うことができる反面，定量分析は難しい．以下に具体的な操作を示す．

【測定手順】
① 図 5.22(A) に従って流路およびリザーバーを緩衝液と試料で満たす．
② マイクロチップを本体付属の位置決めガイドに従って測定部に乗せる．
③ 試料導入と分析時の時間と電位設定などを入力し，分析を開始する．
④ 試料導入後に分析が始まるとリアルタイムで測定波形が表示され，泳動終了後は自動で測定が終了し，解析ソフトが起動して分析結果が表示される．

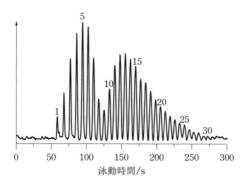

figure 5.25 APTS 誘導体化イソマルトオリゴ糖の MCE 分析
各ピーク上の数字はオリゴ糖の重合度を示す．重合度順にピークが現れ，30 糖以上を検出できた．
分析条件　試　料：APTS 誘導体化イソマルトオリゴ糖，マイクロチップ：日立 PMMA 製チップ，装　置：日立 SV1100 型コスモアイ，泳動液：25 mmol L^{-1} リン酸緩衝液（pH 2.0）+0.5% PEG，印加電圧：80 s 試料を導入し，a：b：c：d=0 V：100 V：0 V：0 V，分離時，a：b：c：d=0 V：200 V：200 V：1000 V.

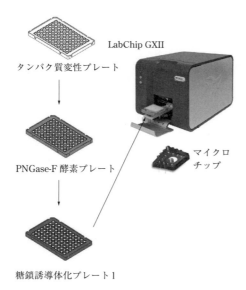

図 5.26　キャリパーライフサイエンス Labchip GXⅡ と糖鎖分析用の各プレート

⑤　この装置を用いて APTS 誘導体化糖を分析した例を図 5.25 に示す．

（ⅱ）　**糖鎖分析専用装置**　マイクロチップ電気泳動装置として市販されているものの中には糖分析用キットが提供されているものがある（図 5.26）．近年，抗体医薬品の糖鎖分析が重視されている．この糖タンパク質には複合型の二本鎖糖鎖が含まれ，フコース，N-アセチルグルコサミンなどの結合によって活性が変化する．また天然型には見られない高マンノース型糖鎖も含まれる．本キットではペプチド：N-グリコシダーゼを作用させることで糖鎖を遊離させ，精製した後，蛍光誘導体化を行うが，こ

のすべての過程を 96 穴のタイタープレート上で行うことができる.以下に本装置を用いた場合の操作手順を示す.

【測定手順】

① 変性プレートの各ウェルに試料 8 μL を加え,1200 g で 1 min 遠心分離後,シールで覆い,70 ℃,10 min 加熱する.

② ペプチド:N-グリコシダーゼプレートと変性プレートを 1200 g で 1 min 遠心分離後,変性プレートの試料をペプチド:N-グリコシダーゼプレートに移し,付属のプレートシェイカーで混合する.混合した後,再び 1200 g で 1 min 遠心分離し,蒸発を防ぐためのシールを被せて 37 ℃,1 h 加温する.

③ ペプチド N-グリコシダーゼプレートと蛍光誘導体化用プレートを 1200 g で 1 min 遠心分離後,ペプチド N-グリコシダーゼプレートの試料を蛍光誘導体化用プレートに移し,プレートシェイカーで混合する.混合した後,再び 1200 g で 1 min 遠心分離し,55 ℃,2 h 加熱する.

④ 乾固した試料に 100 μL の水を加えプレートシェイカーで 1 min ほど攪拌する.

⑤ マイクロチップの各リザーバーに試料,緩衝液,あるいはゲルを注入する.

⑥ MCE 装置を使って,糖鎖分析用の測定条件を選択し分析を行う.

⑦ ヒト免疫グロブリン(IgG)の糖鎖を分析した例を図 5.27 に示す.

(iii) 自作装置の組み立てと分析 国内外の様々な企業から電気泳動用マイクロチップが販売されており,様々な形状のものが入手可能である.これらチップを使っ

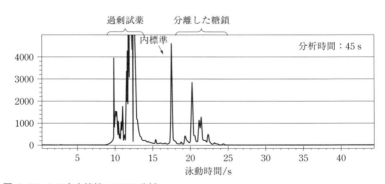

図 5.27 IgG 含有糖鎖の MCE 分析
　試料調製から 96 穴のプレートでの測定までを 8 h 以内で行うことができ,実際の測定は約 45 s で完了する.また標準品における糖鎖の検出感度は 1 ng 相当である.
　分析条件　試　料:IgG,装　置:キャリパーライフサイエンス Labchip GXⅡ,その他は ProfilePro Glycan Profiling Kit を利用した.

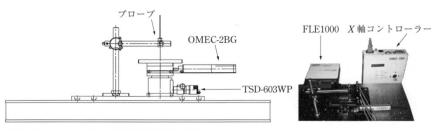

図 5.28 マイクロチップ電気泳動装置の組立て
ステージ (TSD-603WP, OMEC-2BG, シグマ光機株式会社) と LED レーザー光源 (FLE1000, 日本板硝子株式会社), 電源 (Shimazu MCE2010).

て分析を行うためには MCE 装置を自作する必要がある. 研究者の多くは蛍光顕微鏡の光学系を改造して用いるが, 市販の装置を組み合わせて用いることも可能である. ここでは産業技術総合研究所健康工学研究部門が開発した測定用装置について紹介する (図 5.28). 本装置は光学研究用のフラットボード上にコントローラー制御の X 軸と手動の Z 軸のフラットスチールステージを組み合わせてマイクロチップを固定し, 市販の LED 励起レーザー光源をもつ蛍光検出モジュールを接続する. ここで紹介した装置は光ファイバーを採用しており, 直径 100 μm の蛍光の変化を測定できる. 一方, 電源には印加チャンネル数が多く, 電圧のステップ切り替えが可能なものが市販されている.

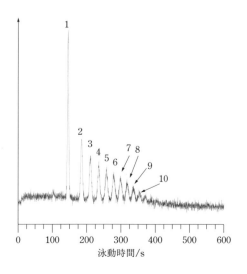

図 5.29 7-アミノ-4-メチルクマリン (AMC) 誘導体化イソマルトオリゴ糖の MCE 分析
各ピーク上の数字はオリゴ糖の重合度を示す. AMC は電荷をほとんど帯びないため塩基性条件下でイソマルトオリゴ糖とホウ酸が酸性錯体を形成することを利用し検出を行った.
分析条件 試 料:AMC 誘導体化イソマルトオリゴ糖, マイクロチップ:日立 PMMA 製チップ, 装 置:シグマ光機(株)ステージと日本板硝子(株) LED レーザー光源 (出力波長:350 nm, 検出波長:420 nm), 泳動液:50 mmol L^{-1} ホウ酸ナトリウム緩衝液 (pH 9.5) + 1% HPC, 印加電圧:120 s 試料を導入し, a:b:c:d=0V:150V:0V:0V, 分離時, a:b:c:d=0V:200V:200V:800V.

【測定手順】
① 流路を緩衝液で満たした後，ステージにマイクロチップを固定し，蛍光検出プローブの先端をマイクロチップの分析流路の終端付近にセットする．
② X 軸コントローラーを使って蛍光強度をモニターする．流路上では通常，蛍光が減少する．この減少位置の中央，すなわち流路の中央に集光させる．次に Z 軸を調整してレーザーの焦点を合わせる．
③ 各電極層に白金電極をセットした後，電圧を印加する．

図 5.28 に示した装置を用いて，7-アミノ-4-メチルクマリン誘導体化イソマルトオリゴ糖の分離例を図 5.29 に示す．

参 考 文 献

1) H. Narimatsu：*Glycoconjugate J.*, **21**, 17 (2004).
2) H. Ito, A. Kameyama, T. Sato, K. Kiyohara, Y. Nakahara, H. Narimatsu：*Angew. Chem., Int. Ed.*, **44**, 4547 (2005).
3) H. Ito, A. Kameyama, T. Sato, H. Narimatsu：*Methods Mol. Biol.*, **534**, 283 (2009).
4) H. Ito, Y. Chiba, A. Kameyama, T. Sato, H. Narimatsu：*Methods Enzymol.*, **478**, 127 (2010).
5) T.H. Plummer, Jr., J.H. Elder, S. Alexander, A.W. Phelan, A.L. Tarentino：*J. Biol. Chem.*, **259**, 10700 (1984).
6) N. Takahashi, H. Nishibe：*J. Biochem.*, **84**, 1467 (1978).
7) N. Takahashi, H. Nishibe：*Biochim. Biophys. Acta*, **657**, 457 (1981).
8) S. Takasaki, T. Mizuochi, A. Kobata："Methods in Enzymology" (V.Ginsburg, ed.), vol. 83, p.263, Academic Press (1982).
9) D.M. Carlson：*J. Biol. Chem.*, **243**, 616 (1968).
10) Y. K. Matsuno, K. Yamada, A. Tanabe, M. Kinoshita, S. Z. Maruyama, Y. S. Osaka, T. Masuko, K. Kakehi：*Anal. Biochem.*, **362**, 245 (2007).
11) K. Yamada, S. Hyodo, Y. K. Matsuno, M. Kinoshita, S. Z. Maruyama, Y. S. Osaka, E. Casal, Y. C. Lee, K. Kakehi：*Anal. Biochem.*, **371**, 52 (2007).
12) 長谷純宏 編著："ピリジルアミノ化による糖鎖解析"，大阪大学出版会 (2009).
13) 高橋禮子 編著："生物化学実験法 23．糖蛋白質糖鎖研究会"，学会出版センター (1996).
14) 第十七改正日本薬局方：単糖分析及びオリゴ糖分析/糖鎖プロファイル法．
15) N. Tomiya, J. Awaya, M. Kurono, S. Endo, Y. Arata, N. Takahashi：*Anal. Biochem.*, **171**, 73 (1988).
16) R.B. Trimble, A. L. Tarentino：*J. Biol. Chem.*, **266**, 1646 (1991).
17) B. Domon, C.E. Costello：*Glycoconj. J.*, **5**, 397 (1988).
18) N. Kawasaki, S. Itoh, A. Harazono, N. Hahii, Y. Matsuishi, T. Hayakawa, T. Kawanishi：*Trends Glycosci. Glycotechnol.*, **17**, 193 (2005).
19) S. W. Homans："Carbohydrates in Chemistry and Biology" (B. Ernst, G.W. Hart, P. Sinaÿ, eds.), Vol. 2, p.947, Wiley-VCH (2000).
20) G. Widmalm："Comprehensive Glycoscience" (J.P. Kamerling, G.-J. Boons, Y.C. Lee, A. Suzuki, N. Taniguchi, A.G.J. Voragen, eds.), Vol. 2, p.101, Elsevier (2007).
21) M. Fellenberg, A. Çoksezen, B. Meyer：*Angew. Chem. Int. Ed.*, **49**, 2630 (2010).
22) J.F.G. Vliegenthart："Comprehensive Glycoscience" (J. P. Kamerling, G.-J. Boons, Y. C. Lee, A. Suzuki, N. Taniguchi, A. G. J. Voragen, eds.), Vol. 2, p.133, Elsevier (2007).
23) Y. Yamaguchi, K. Kato："Experimental Glycoscience, Glycochemistry" (N. Taniguchi, A. Suzuki, Y.

Ito, H. Narimatsu, T. Kawasaki, S. Hase, eds.), p.121, Springer (2008).
24) M. Yagi-Utsumi, T. Kameda, Y. Yamaguchi, K. Kato：*FEBS Lett.*, **584**, 831 (2010).
25) J.H. Prestegard, X. Yi："NMR Spectroscopy and Computer Modeling of Carbohydrates" (J.F.G. Vliegenthart, R. J. Woods, eds.), p.40, American Chemical Society (2006).
26) K. Kato, S. Yanaka, H. Yagi："Experimental Approaches of NMR Spectroscopy" (Nuclear Magnetic Resonance Society of Japan, ed.), p.415, Springer Nature Singapore (2018).
27) Y. Yamaguchi, H. Yagi, K. Kato："NMR in Glycoscience and Glycotechnology" (K. Kato, T. Peters, eds.), p.194, RSC Publishing (Cambridge), (2017).
28) K. Kato, T. Yamaguchi：*Glycoconj. J.*, **32**, 505 (2015).
29) K. Kato, H. Sasakawa, Y. Kamiya, M. Utsumi, M. Nakano, N. Takahashi, Y. Yamaguchi：*Biochim. Biophys. Acta*, **1780**, 619 (2008).
30) S. Meier, B.O. Petersen, J.Ø. Duus, O. W. Sørensen：*Carbohydr. Res.*, **344**, 2274 (2009).
31) K. Kakehi, S. Honda：*J. Chromatogr. A*, **720**, 377 (1996).
32) K. Kakehi, M. Kinoshita, M. Nakano：*Biomed. Chromatogr.*, **16**, 103 (2002).
33) F. Lamari, M. Militsopoulou, X. Gioldassi, N.K. Karamanos：*Fresenius J. Anal. Chem.*, **371**, 157 (2001).
34) S. Suzuki, S. Honda：*Electrophoresis*, **19**, 2539 (1998).
35) S. Kamoda, C. Nomura, M. Kinoshita, S. Nishiura, R. Ishikawa, K. Kakehi, N. Kawasaki, T. Hayakawa：*J. Chromatogr. A*, **1050**, 211 (2004).
36) K. Kakehi, M. Kinoshita, S. Hayase, Y. Oda：*Anal. Chem.*, **71**, 1592 (1999).
37) K. Kakehi, M. Kinoshita, D. Kawakami, J. Tanaka, K. Sei, K. Endo, Y. Oda, M. Iwaki, T. Masuko：*Anal. Chem.*, **73**, 2640 (2001).
38) K. Sei, M. Nakano, M. Kinoshita, T. Masuko, K. Kakehi：*J. Chromatogr. A*, **958**, 273 (2002).

第 **6** 章

糖質をめぐる最近の話題

6.1 糖鎖チップ

　2〜10個程度の糖分子から構成されるオリゴ糖鎖や，プロテオグリカンの高分子硫酸化糖鎖（以下，糖鎖と略）は様々な生理機能に関係しており，細胞の接着やシグナル伝達において必須の役割を演じている[1]．糖鎖とタンパク質，細胞，ウイルスなどとの直接的な結合には，各々の糖鎖の特異的構造が重要であり，構造明確な糖鎖を使用することが分子レベルでの解析には求められている．しかし，構造が明確な糖鎖を十分量得ることは容易ではない．この問題を解決すべく，構造明確な糖鎖をナノメータースケールで金属（金）に固定化したバイオデバイス（シュガーチップと命名）を開発し，表面プラズモン共鳴（SPR：surface plasmon resonance）測定装置のセンサーチップとして使用した[2]．SPRは分子間相互作用を解析する技術として広く使用されている．測定媒体である金属薄膜に光をある角度から入射させると，金属薄膜の表面の表面プラズモン波と金属薄膜に対して垂直方向のエバネッセント波が生じ，それらが共鳴する．これを表面プラズモン共鳴現象とよび，金属固有の誘電率や金属界面の屈折率の変化に影響されるので，反射光の強度あるいは表面プラズモン共鳴角（共鳴が起こるときの反射角の角度）の変化を測定することによって，界面で起こる変化を測定できる．したがって，解析対象物を蛍光剤などのプローブ分子で化学修飾する必要がないため，網羅的な相互作用解析が簡単に行え，化学修飾による解析対象物の変化（変性）を考える必要がない，さらにリアルタイムでの解析が可能となる．このような優れた特徴をもつSPRと筆者らが開発したシュガーチップを組み合わせた分析法は，糖鎖ベースでの新薬開発スクリーニング法や，新しい検査・診断法を生み出す可能性を有している．

6.1.1 シュガーチップ

糖鎖を SPR のセンサーチップである金薄膜チップ上に効率よく固定するために，分子内環状 S-S 結合と芳香族アミノ基を有する種々のリンカー化合物を開発した（図6.1）．これら化合物中の芳香族アミノ基に，還元末端を有する糖鎖を還元アミノ化反

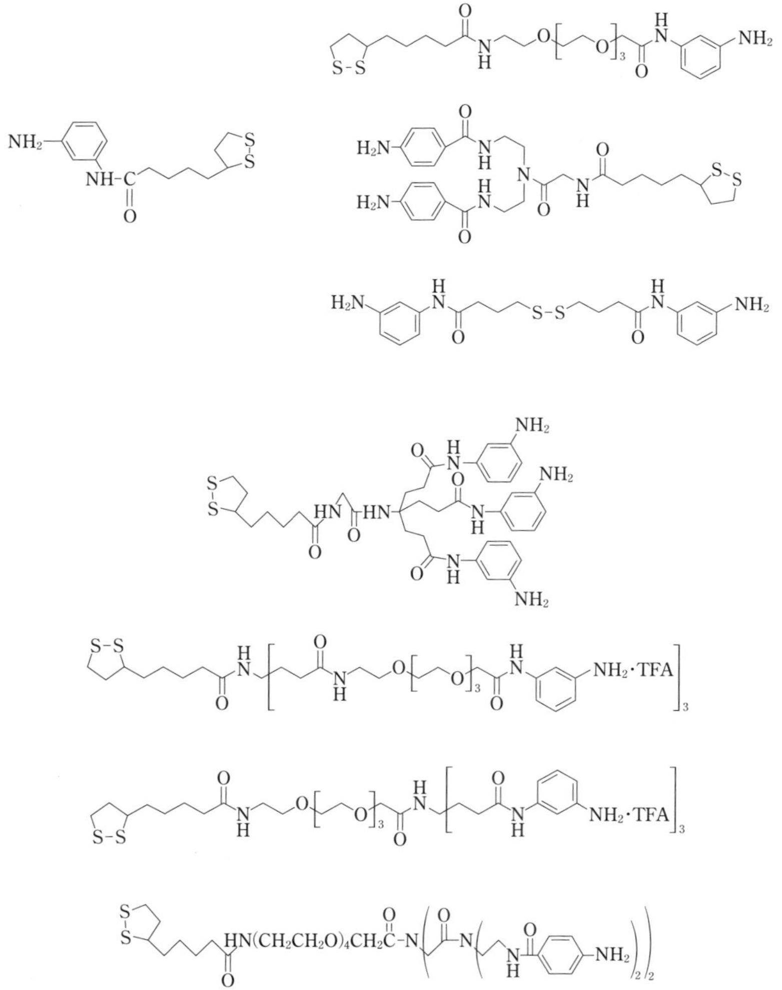

図 6.1 開発したリンカー化合物

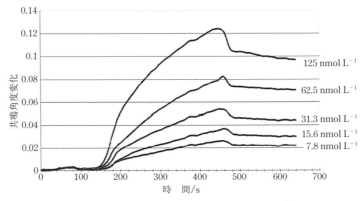

図 6.2　SPR センサーグラム（流速：15 μL min^{-1}）

応によって導入し，1～最大 8 個の糖鎖を有する複合体（糖鎖リガンド複合体）を合成した．そして，糖鎖リガンド複合体を調製する際に，還元末端の糖鎖は還元アミノ化反応によって糖鎖構造が消失するが，多数のヒドロキシ基がある親水性リンカーとして作用し，疎水性相互作用によるタンパク質と芳香族部位，あるいはチップの金基板との非特異的吸着を低減させるように合成した糖鎖リガンド複合体の溶液に，オゾンによって表面を洗浄した金薄膜をコーティングしたガラスチップを浸漬することによって Au−S 結合で金薄膜に糖鎖を固定化し，シュガーチップを調製した[3]．

図 6.2 に硫酸化多糖であるコンドロイチン硫酸 E を固定化したチップを用いて，フィブロネクチンの結合を観測した例を示す．フィブロネクチンの濃度依存的に結合が起こっていることが，SPR のセンサーグラムから確認された．分子設計した．陰性対照としてウシ血清アルブミン（BSA）をこのチップに流してもセンサーグラムに変化はなく，予想どおり非特異的吸着はほぼ無視できた．このことは，本法で糖鎖を固定化すると，差動をとる必要がないことを意味しており，後述するアレイ型シュガーチップへの応用を容易とした．現在では，1 枚のシュガーチップをマイクロ流路で 12 チャンネルに区切り，同時に 12 検体を測定可能な SPR 測定装置（12chSPR，株式会社モリテックス製）を使用して，種々のタンパク質やウイルスとの相互作用を測定している．

次に合成した糖鎖リガンド複合体をアレイ型のシュガーチップの調製に応用した．東洋紡から市販されている Multi SPRinter™ の約 1 cm^2 のチップには最大 96 個の糖鎖を固定化することができる．1 スポット当たり 1 μL 以下の糖鎖リガンド複合体の溶液

図 6.3(a)　アレイ型シュガーチップに固定化した糖鎖

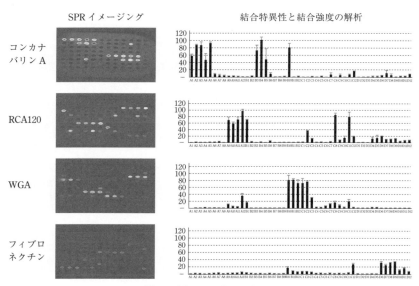

図 6.3(b)　SPR イメージング

をチップに自動スポッターを用いて糖鎖を固定化し，アレイ型シュガーチップを調製した．これを用いてSPRイメージングを行った例を図6.3に示す．結合があるとSPRイメージングで白く可視化されるので，光度から結合量を定量化することもでき，タンパク質の特異的結合を迅速・簡便に分析できる系を構築できた．このアレイ型シュガーチップはタンパク質やウイルスなどの結合糖鎖のスクリーニングといった網羅的な解析に使用している．

シュガーチップの検査・診断技術への展開例：インフルエンザウイルス株の類型化

インフルエンザウイルスは，通常その抗原性の違いにより類別され，同様の抗原性をもったウイルスが同一シーズン中に同一地域では流行する．しかし，たとえ曝露を受けても抗体をもたないヒトが必ず感染するわけではなく，また十分抗体価が高いヒトでも感染が成立することも多く，感染成立の機序は明らかでない．ヒト型インフルエンザウイルス（A/H3N2）は，シアル酸を含む三糖構造に対して株ごとで異なった親和性で結合すると報告された[4]．筆者らは，この報告に基づき，インフルエンザウイルスの糖鎖結合性を用いてウイルス株を類型化することを試みた．すなわち，インフルエンザウイルスを242株培養し，8種類の糖鎖に対する相対結合性をアレイ型シュガーチップとSPRイメージングによって測定した（測定例を図6.4に示す）．計1976個のデータを得，インフォマティックスの手法ですべてを独立データとしてデータベースおよび株の類似性評価アルゴリズムを開発した．このアルゴリズムの予測率は81％であり，2010年度大流行したパンデミックウイルス（H1N1pdm）は2007年に大阪で単離された株と類似性が高いことが示唆された．

謝　辞：本研究の一部は，科学技術振興機構（JST）のプレベンチャー事業（平成15〜18年度）および革新的ベンチャー活用開発事業（平成19〜21年度），兵庫COEプログラム（平成19〜20年度），鹿児島産業支援センター起業家応援プログラム（平成18年度）の援助を受け遂行した．

6.2　レクチンアフィニティーマイクロチップ電気泳動法

レクチンは糖質の化学構造を変化させることなく特異的に相互作用する非免疫系タンパク質群の総称である．特に植物レクチンは物理的・化学的に安定で，多量に調製できることからアフィニティークロマトグラフィーの認識分子として利用されてきた．レクチンによる糖鎖の認識様式は多様で，複雑な構造をもつ糖タンパク質糖鎖を構造別に分離できる．キャピラリー電気泳動の一変法として生まれたレクチンを用い

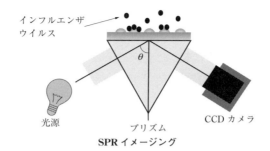

SPR イメージング

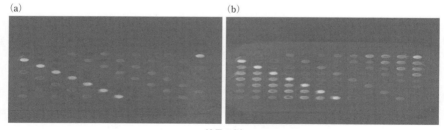

チップに固定化した糖鎖

結果の例
(a) ヒト型インフルエンザウイルス (A/H1N1):2007 年大阪
(b) ヒト型インフルエンザウイルス (A/H3N2):2007 年沖縄

図 6.4 インフルエンザウイルスが結合する糖鎖の探索

るアフィニティーキャピラリー電気泳動（ACE：affinity capillary electrophoresis）法は糖の解析法として利用されている．この方法では泳動液にレクチンを混合し，その含量に応じてピークの泳動時間やピークの形状が変化することから糖鎖の分離と構造情報を同時に解析できる．現在，マイクロチップ電気泳動（microchip electrophoresis）を用いたレクチンアフィニティー電気泳動法の応用例は少ないが，汎用性，装置の小型化などを考えると今後普及することが予想される．本節では，レクチンを用いたACE法からアフィニティーマイクロチップ電気泳動（AMCE：affinity microchip electrophoresis）法までを述べる．

6.2.1 ACE法による糖鎖のプロファイリング

ACE法は生物学的な親和性を利用する分離法であり，構造特異的な分離に加えて，結合定数の算出にも利用される．おもに3種類の方法があり，(1) 泳動液にリガンド分子を添加する方法，(2) リガンドと試料を混合した後にキャピラリー電気泳動（CE）で複合体を分離する方法，(3) キャピラリーの管壁にリガンド分子を固定化する方法がある．ACE法はタンパク質と医薬品の結合解析にも適用できるほど，極めて弱い結合の解析が可能なうえ，分離と解析を同時に達成できるので，複雑な混合物中から認識に関わる分子のみを特異的に検出することも可能である．試料成分と会合分子の泳動速度に差があるほど，解析精度が高くなる．糖鎖のプロファイリングを目的としたレクチンは多い．表4.5に示した代表的なレクチンの一覧を参照してほしい．

例えば，コンカナバリンA（Con A：concanavalin A）を用いれば，高マンノース型や二本鎖複合型の糖鎖を捕捉できる．また，WGA（wheat germ agglutinin）はバイセクティングGlcNAc含有糖鎖や非還元末端にGlcNAcをもつ糖鎖を認識する．この他にもシアル酸に特異的なレクチンやフコース認識レクチンなどがあるので，レクチンごとの分離データから糖鎖ピークの構造の解析が可能となる．糖質をターゲットにしたACE法はレクチンを含む緩衝液中で蛍光標識した糖鎖を電気泳動し，その相互作用の強さにより個々の糖鎖構造を解析する[5]．ミルクオリゴ糖に適用した例を図6.5に示す．ここで用いられているUEA（*Ulex europaeus* agglutinin）はα-L-Fuc認識レクチン，PA-I（*Pseudomonas aeruginosa* lectin）はα-D-Gal認識レクチンである．図6.5のピークの帰属を表6.1に示す．XI，XIIはウシ初乳中オリゴ糖の一種で構造不明のものである．7種類のレクチンを用いた結果，XIはレクチンにSBA（soy bean agglutinin）を用いた場合，顕著にピークの変化が起こっていることがわかる．このことからXIは非還元末端にはα-GalNAcを有することが予想された．

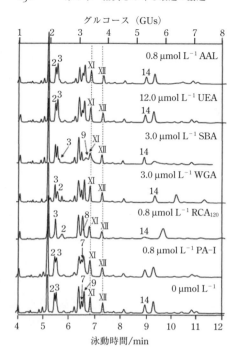

図 6.5 3-アミノ安息香酸 (3-AA) 誘導体化ウシ初乳中オリゴ糖の ACE 分析
分析条件 試 料:3-AA 誘導体化ウシ初乳中オリゴ糖,キャピラリー:eCAP N-CHO (内径 50 μm, 全長 30 cm, 有効長 20 cm), 緩衝液:0.5% ポリエチレングリコールを含む 100 mmol L^{-1} トリス酢酸緩衝液 (pH 7.4), 印加電圧:18 kV, 試料注入量 (0.5 psi, 5 s), 励起波長:325 nm, 検出波長:405 nm.
[K. Nakajima, M. Kinoshita, N. Matsushit, T. Urashima, M. Suzuki, A. Suzuki, K. Kakehi: *Anal. Biochem.*, **348**, 105 (2006)]

表 6.1 ウシ初乳中オリゴ糖の構造

	オリゴ糖名称	構 造
2	ラクトサミン	Galβ1-4GlcNAc
3	*N*-アセチルガラクトサミニルグルトース	GalNAcβ1-4Glc
7	イソグロボトリオース	Galα1-3Galβ1-4Glc
9	α-3-*N*-アセチルガラクトサミニルラクトース	GalNAcα1-3Galβ1-4Glc
14	ラクト-*N*-ノボペンタオース-I	Galβ1-4GlcNAcβ1-6(Galβ1-3)Galβ1-4Glc

6.2.2 マイクロチップ電気泳動法とレクチンアフィニティー電気泳動法

　マイクロチップ電気泳動と他の電気泳動の最大の相違点は,流路の合流や分岐が自由にレイアウトできることである.その結果,測定に必要なプロセスをすべてチップ上に集積することができる.測定に伴って必要となる一連の手法や作業がチップ上に集約されれば,装置が小型化し,糖鎖解析が必要な様々な用途に応用が可能となる.

その反面，CEに匹敵するほどの分離，すなわち糖鎖のように複雑な試料を分離することが可能なマイクロチップを作製するには，高度なチップ加工技術が必要であり，現状の市販装置では困難なことも多い．糖鎖解析においてはレクチンをマイクロチップの流路中に固定化すればレクチンに目的糖鎖のみを保持できるため 1 本の流路で試料の特異的濃縮・抽出を同時に行える可能性がある．以下にマイクロチップ電気泳動でレクチンを糖鎖解析に応用した例を述べる．

（i）糖質分析におけるレクチンを用いたアフィニティーマイクロチップ電気泳動法　ACE 法においてレクチンは何らかの手法で固定化するか，緩衝液に混合して用いる．マイクロチップの素材には石英製とポリマー製のマイクロチップがあるが，いずれのマイクロチップを用いるにせよタンパク質の吸着を避けるのは難しいので何らかのコーティングが必要になる．ヒドロキシプロピルセルロース (HPC) などのポリマーを緩衝液に添加すると吸着を防止できるが，高濃度のポリマーを添加するとレクチンが変性してしまうおそれがあるので注意を要する．HPC 濃度は泳動液として 0.1%，あらかじめ流路をコーティングする場合でも 0.5% で十分である．高濃度のポリマーを添加したい場合は Triton X-100，Tween 20，NP-40 を用いるとよい．流路をコーティングすればタンパク質のアイソフォーム分析にも応用が可能である．この一例として肝細胞がんの腫瘍マーカーの一種である α-フェトプロテインのアイソ

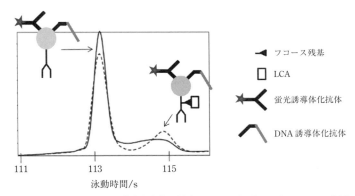

図 6.6　添加する LCA の濃度を変えた場合の α-フェトプロテインの MCE 分析
　　　図の実線は LCA の濃度が 0.75 mg mL^{-1}，点線は 2 mg mL^{-1} の場合である．点線のほうが L3 のピークがシャープであることから流路中で LCA との相互作用が起こっていることがわかる．

［R. Bharadwaj, C.C. Park, I. Kazakova, H. Xu, J.S. Paschkewitz：*Anal. Chem.*, **80**, 129（2008）］

フォーム分析を行った結果を図 6.6 に示す.

この方法は，石英製のマイクロチップを中性高分子でコーティングすることで，試料の吸着および電気浸透流を同時に抑制した．試料に蛍光誘導体化抗体と DNA 誘導体化抗体を導入し，サンドイッチ法を用いて検出している．レクチンには α-L-Fuc が結合した構造を認識する LCA (*Lens culinaris* agglutinin) を用いている．LCA を様々な濃度で緩衝液に添加することで α-フェトプロテインの L1 (LCA 非結合性), L2 (LCA 弱結合性) および L3 (LCA 結合性) の三つのアイソフォームのうち α1-6Fuc 結合を有する L3 が緩衝液中の LCA との相互作用により泳動が遅延している．この他に，ポリマー製チップの流路を疎水的に改質するヒドロキシプロピルセルロース (HM-HEC) でコーティングすれば，糖鎖のような複雑な試料を分離しても再現性よく分離度の高いデータを得ることができる．

(ii) レクチン固定法　現在，マイクロチップ電気泳動に応用されている固定化用の担体としてはモノリスとアクリルアミドゲルがある．モノリスの作製はエチレンジメタクリレート，グリシジルメタクリレート，レクチン溶液を混合し，紫外線を照射してレクチンをモノリス中に封止させる．この方法で幅 70 μm，深さ 20 μm，直径 500 μm のモノリスをマイクロチップの流路中に作製し，試料溶液を導入するとモノリス中のレクチンと相互作用が起こり，モノリス層をもたない通常の MCE 分析と比較すると各種糖タンパク質のピーク面積の減少，およびピークの消失が観察された．レクチンの固定化は簡単であるが，モノリスの作製には数日を要する．一方，現在筆者らが用いているレクチン固定化アクリルアミドゲル層（以下，レクチン固定化ゲル層と称す）による AMCE 法では，市販の交差型マイクロチップの流路交差部にレクチン固定化ゲル層を作製することで目的糖鎖のオンライン濃縮および精製を行うことがで

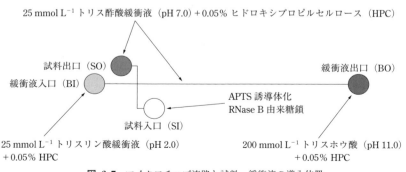

図 6.7　マイクロチップ流路と試料，緩衝液の導入位置

きる（図 6.7）．本項では，レクチンに Con A を，試料に APTS 誘導体化ウシ膵臓リボヌクレアーゼ B 由来糖鎖モデルを用い，詳細な手順を紹介する．

【実験例 6.1】 レクチン固定化アフィニティーマイクロチップ電気泳動法

① 16% アクリルアミド，4% ビスアクリルアミド，1% リボフラビン，5.8% トリス酢酸緩衝液（pH 7.0），0.75% テトラメチルエチレンジアミン（TEMED）でゲル溶液を調製する．

② ゲル溶液に Con A を加えて濃度が 5 mg mL^{-1} となるようにする．

③ Con A が流路表面に吸着することを防ぐためブロッキング試薬でマイクロチップ流路を満たす．

④ 緩衝液出口（BO）に Con A ゲル溶液を注入し，加圧することでレーン全体を Con A ゲル溶液で満たす．

⑤ 流路交差部中央に検出用の半導体レーザーを照射し，流路交差部のみのレクチンゲル溶液を固化させる．なお，レクチンゲル溶液はレーザーを照射して 10 s で固化しはじめ，5 min 以内に流路交差部全体を固化させることができる．またこのときのレーザーのビーム系は流路系の半分（ここでは 50 μm）程度になるように調整する．

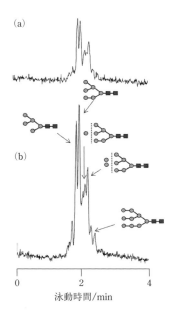

図 6.8 レクチン固定化アフィニティーマイクロチップ電気泳動法を APTS 誘導体化 RNase B に応用した例

分析条件 試　料：APTS 誘導体化 RNase B，レクチン：5 mg mL^{-1} Con A，マイクロチップ：市販の PMMA 製チップ，装　置：正立性蛍光顕微鏡の後部に半導体レーザーを接続し鏡頭に光検出モジュールを取り付けた自作装置，緩衝液：SO：25 mmol L^{-1} トリス酢酸緩衝液（pH 7.0）+ 0.05% HPC，BI：50 mmol L^{-1} リン酸緩衝液（pH 2.0）+ 0.05% HPC BO：200 mmol L^{-1} ホウ酸緩衝液（pH 11.0）+ 0.05% HPC，印加電圧：導入時，BI：BO：SI：SO = ground：300 V：float，float，分離時，BI：BO：SI：SO = ground：800 V：200 V：200 V，導入時間：3 min.

⑥ 試料入口（SI），試料出口（SO），緩衝液入口（BI）に 25 mmol L^{-1} トリス酢酸緩衝液（pH 7.0）を満たし，BO を減圧することで余分なレクチンゲル溶液を緩衝液で置換・洗浄する．

⑦ SI を 8-アミノピレン-1,3,6-トリスルホン酸（APTS）誘導体化 RNase B，SO を 25 mmol L^{-1} トリス酢酸緩衝液（pH 7.0），BI を 50 mmol L^{-1} リン酸緩衝液（pH 2.0），BO を 200 mmol L^{-1} ホウ酸緩衝液（pH 11.0）緩衝液で満たし，SI に 0 V を SO に 300 V を印加することで試料を流路交差部に導入させる．流路交差部では Con A と相互作用を示す APTS 誘導体（ここでは高マンノース型の糖鎖）のみがレクチン固定化ゲル層に捕捉され，過剰の APTS 試薬などは Con A に捕捉されることはなく SO へと泳動される．試料導入は 3 min ほど行う．

⑧ BI：BO：SI：SO＝ground：800 V：200 V：200 V を印加することでゲル層中のレクチンを変性させつつ分離チャネルで精製・濃縮した試料を分離する．

⑨ 得られた結果を図 6.8 に示す．本法を用いると，濃縮効率は 100 倍であり，濃縮前後で分離に変化は見られなかった．

6.3　多糖誘導体による光学分割

多糖やタンパク質，核酸は鏡像異性体の一方のみからなる光学活性高分子である．これらは一方向巻きらせん構造に代表される高度に制御された高次構造を有し，生命を維持するうえで重要な役割を担っている．そしてこれら高分子が光学活性であるがゆえに生体は鏡像異性体（enantiomer）を識別する能力を有し，鏡像異性体の一方が薬として作用するのに対して，もう一方が副作用を引き起こすといった現象が生じる．医薬品に限らず，鏡像異性体間で異なった生理活性を示すキラル化合物は数多く存在するため，鏡像異性体間の体内動態の差異を明確にすることは必要不可欠であり，鏡像異性体を簡便かつ実用的に分割する手法の開発が求められてきた．鏡像異性体を分割する"光学分割（chiral separation）"の手法にはジアステレオマー法や優先晶出法，クロマトグラフィーを用いる方法などがあげられるが，なかでも高速液体クロマトグラフィー（HPLC：high-performance liquid chromatography）による光学分割は微量分析から工業規模の分離まで適用可能な手法として発展し，様々なキラル固定相の開発が進められてきた．本節では，天然の光学活性高分子である多糖の HPLC 用キラル固定相（chiral stationary phase）への応用について，その概要と最近の展開について述べる．

6.3.1 HPLC用キラル固定相[6~8]

　HPLC用キラル固定相は低分子系と高分子系の2種類に大別される．光学活性な低分子をシリカゲル表面に化学結合させた低分子系キラル固定相の能力はもとの低分子の不斉識別能に依存する．一方，高分子系キラル固定相では高分子鎖に沿った不斉空間で起こる規則的な相互作用の繰り返しで光学分割されるため，その能力はモノマー単位だけでなく高次構造にも強く依存し，キラル固定相の開発では高分子の高次構造制御が重要なポイントとなる．現在，最も広く利用されているキラル固定相は多糖であるセルロースやアミロースの誘導体であり，HPLCによる鏡像異性体混合比の決定では，用いられる固定相の約9割は多糖誘導体型であるともいわれる．セルロースやアミロースは高次構造が極めて高度に制御された入手の容易な光学活性高分子であり，またヒドロキシ基の誘導体化により様々な能力を賦与することも可能であることから，まさにキラル固定相に適した材料といえる．

6.3.2 多糖誘導体型市販キラル固定相[6~10]

　セルロースやアミロースはヒドロキシ基をエステルやカルバメートへと誘導体化することで高い光学分割能をもつキラル固定相へと変換でき，これまでに数多くの誘導体の合成と光学分割能評価が行われてきた．現在，市販されている多糖誘導体型キラルカラムに用いられているセルロース，アミロース誘導体を図6.9に示す．同じ多糖でもエステル，カルバメートの違い，またフェニル基上の置換基の種類や位置によって光学分割能は大きく異なる．また，セルロースとアミロースはともに同じ繰返し単位からなる単純多糖であるが，前者はβ-1,4，後者はα-1,4とグリコシド結合の仕方が違うため，同じ誘導体化が施されていても高次構造は大きく異なり，不斉空間も異なる．この多糖誘導体型固定相の適用範囲は広く，ヘキサン-アルコール系の順相から，水-アセトニトリルやメタノールなどの逆相でも使用でき，様々な官能基を有するキラル化合物や官能基をもたない炭化水素の分離まで対応している[9]．市販カラムの中では**1h**と**2l**をシリカゲルにコーティングした担持型が広く用いられ，およそ8割のキラル化合物の分離が可能であると報告されている．また近年，耐溶剤型カラムが市販されるようになり，その重要性が高まってきている．

6.3.3 多糖誘導体型キラル固定相の新しい展開

　現在，多糖誘導体型キラル固定相について，特異的な能力をもつ誘導体の合成・評

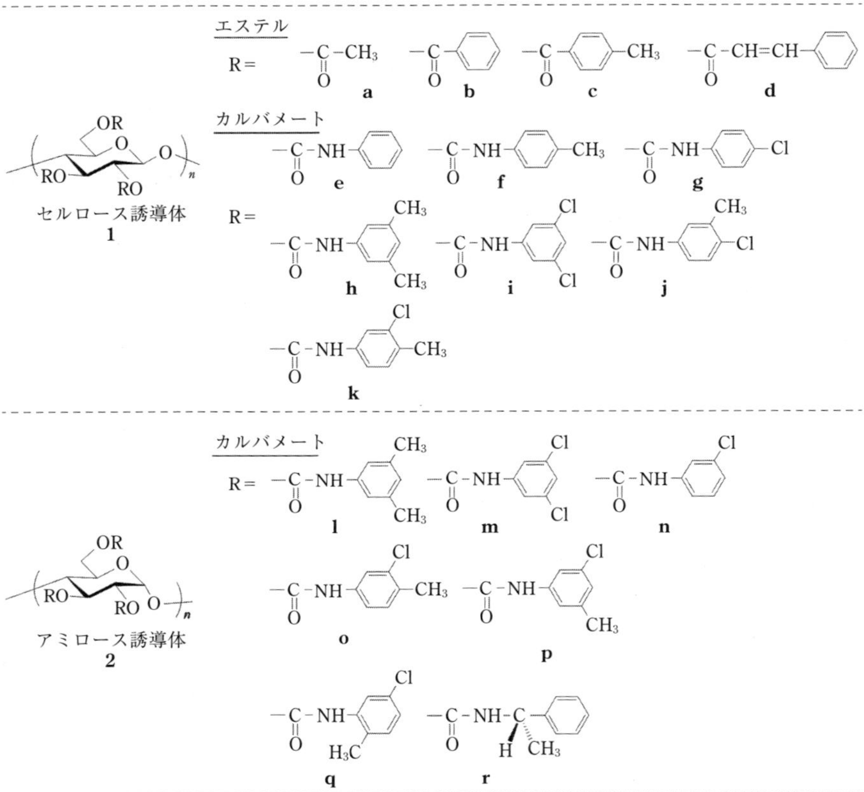

図 6.9 市販キラルカラムに用いられている多糖誘導体

価や, 現在あるキラル充填剤の価値を高めるための研究が行われている.

a. 新規多糖誘導体

(i) 位置特異的誘導体 現在, 市販カラムに用いられているセルロースやアミロース誘導体はすべて, グルコース環の 2,3,6 位の三つのヒドロキシ基に同じ置換基を導入したものである. 一方, 三つのヒドロキシ基に異なる置換基を位置特異的に導入した誘導体は, 第一級のヒドロキシ基である 6 位をかさ高いトリフェニルメチル基で保護することで 2,3 位と 6 位を区別したものの合成が可能である. さらに近年, アミロースの 2 位のみをエステル化する手法が見出され, 2 位をエステル, 3,6 位をカルバメートに変換した誘導体の合成と光学分割能評価が報告されている[11,12]. 位置特異的な誘導体化は合成できる誘導体の種類を飛躍的に増大させることができ, また各置換

基の役割など多糖誘導体の不斉識別機構の解明にも役立つと考えられる.

(ⅱ) **シクロアルキルカルバメート**　多糖誘導体のヒドロキシ基に導入する置換基は，規則的な高次構造を保つためにある程度のかさ高さが必要であり，高い光学分割能を有する誘導体のほとんどは側鎖に芳香環を有している．一方，芳香環をもつ多糖誘導体は芳香環の UV 吸収が分析の妨げとなるため薄層クロマトグラフィー（TLC：thin-layer chromatography）用キラル固定相に用いることは困難である．しかし，芳香環をもたないシクロアルキル基を有する誘導体（図 6.10）が高い光学分割能を有することが見出され，また TLC プレートに用いても HPLC と同様の条件で光学分割が可能であり，これを UV 照射により確認することができた[13]．今後，短時間での鏡像異性体の分離や，HPLC による光学分割の分離条件検討にも役立つと期待される．

(ⅲ) **他の多糖誘導体**　セルロース，アミロース以外の多糖については，キチン，キトサン，キシラン，デキストランなどについて様々な誘導体が合成されており，いずれも 3,5-ジメチルおよび 3,5-ジクロロフェニルカルバメート誘導体が高い光学分割能を示すことがわかっている．また，キトサン誘導体についてはアミノ基特異的な反応を利用して 2 位にイミド基を有する誘導体の合成・評価も行われている（図 6.11）[14]．キチン，キトサン誘導体は溶解性が低く耐久性の高い充填剤を得られる利点があり，セルロースやアミロース誘導体の担持型カラムでは使用することができないクロロホルムやテトラヒドロフランなどを溶離液に用いた光学分割が可能である．

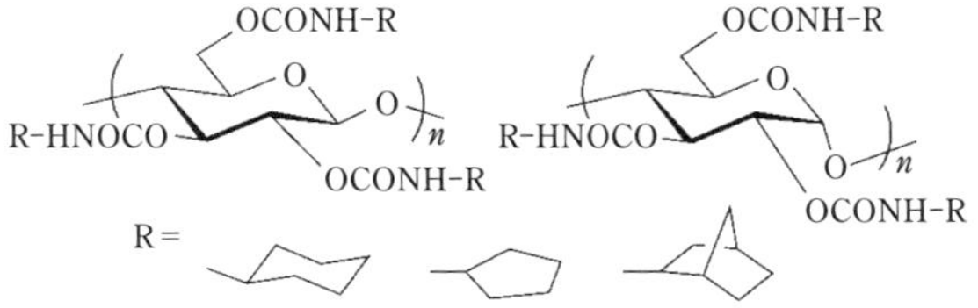

図 6.10　シクロアルキルカルバメート誘導体

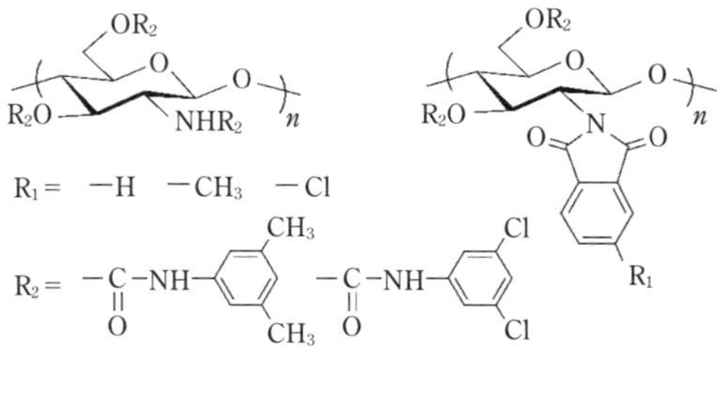

図 6.11　キトサン誘導体

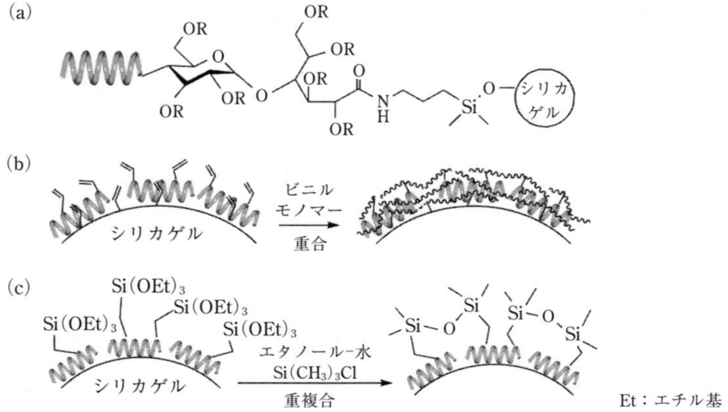

図 6.12 多糖誘導体のシリカゲル上への固定化

b. 耐溶剤型キラル固定相 [15〜18]

多糖誘導体の担持型充填剤は，多糖誘導体が膨潤・溶解する溶媒を移動相に用いることができない．そこで多糖誘導体をシリカゲル上に固定化する様々な方法が研究されてきた．最初の報告例では，ジイソシアナートを用いて多糖誘導体のヒドロキシ基とシリカゲル表面に導入したアミノ基を化学結合させる方法がとられたが，担持型と比べて光学分割能の低下がみられた．次に酵素重合を利用しアミロースを末端一点でシリカゲルに化学結合させた充填剤が調製された（図6.12(a)）．この方法は高次構造を崩さず固定化できる利点があるが，アミロースにのみ適用可能であり，固定化の手法が煩雑である．その他，担持型の固定相を光照射により不溶化する報告もあるが機構は明らかではない．あらゆる多糖誘導体に適用できる方法としては，ビニル基を導入した多糖誘導体をシリカゲル上でビニルモノマーとラジカル共重合する方法が考案された（図6.12(b)）．また，多糖誘導体に少量のトリエトキシシリル基を導入し，シリカゲル上で重縮合させることで多糖誘導体を不溶化させる方法（図6.12(c)）も見出され，高い光学分割能を保ったまま高効率での固定化が可能となった．この手法の応用により多糖誘導体のみからなる充填剤の調製も行われている[18]．多糖誘導体をシリカゲル上に固定化した耐溶剤型カラムでは，シリカゲルベースのカラムで用いられる溶媒ならば使用することができる．HPLCによる光学分割では移動相により分割結果が大きく異なるため，様々な溶媒を使用できる耐溶剤型カラムは光学分割の可能性を飛躍的に高める．また試料の溶解性が高い溶媒を移動相や試料溶液に使うことがで

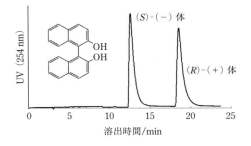

図 6.13 1,1′-ビ-2-ナフトールの光学分割
カラム：Chiralpak® IA（株式会社ダイセル），溶離液：ヘキサン-ジクロロメタン（50：50），流速：1 mL min⁻¹

きるため鏡像異性体を大量に分割する際にも有用であり，分取生産性の著しい向上も期待できる．そこで近年，耐溶剤型カラムの応用として鏡像異性体分取に有用な中圧用キラルカラムやシリカゲル TLC のキラル版であるキラル TLC プレートが開発された[15]．6.3.3 項 a.(ii) で述べたように，現在市販されている多糖誘導体型キラルカラムの固定相は芳香環を有しており，TLC においてはその UV 吸収がスポット検出の妨げになる．しかし，開発されたキラル TLC プレートでは多糖誘導体の層の上に UV 光による検出のためのドット状シリカゲル層を塗布することでこの問題が克服され，さらには画像解析ソフトを利用したおおよその光学純度分析が可能であることも見出されている．今後，中圧用キラルカラムとキラル TLC プレートの組み合わせが，光学活性体取得から光学純度分析に至るまでを可能にする方法として広まっていくことも期待される．

図 6.13 に 2l の耐溶剤型カラムを用いた光学分割の一例を示す．担持型では用いることのできないジクロロメタンを溶離液に加え完全分割が達成されている．2004 年に初の耐溶剤型カラムが発売されて以降，現在ではセルロース誘導体 **1h～j** とアミロース誘導体 **2l～p** および **2r** の 9 種類が市販に至っており，その有用性から今後も様々な耐溶剤型カラムが開発・市販され，普及していくだろう．

c. 超臨界流体クロマトグラフィー

多糖誘導体型固定相は超臨界流体クロマトグラフィー（SFC：supercritical fluid chromatography）でもその有用性を発揮することから，SFC 専用カラムも発売されている．SFC による光学分割では移動相におもに二酸化炭素が用いられる．超臨界流体は液体に比べて粘性が低く拡散速度が速いことからカラム効率が向上し，高速分離が可能である．また有機溶媒の使用量削減，分取液からの試料回収の簡便さなどの利点があることから，特に大量分取への応用が広がっている．

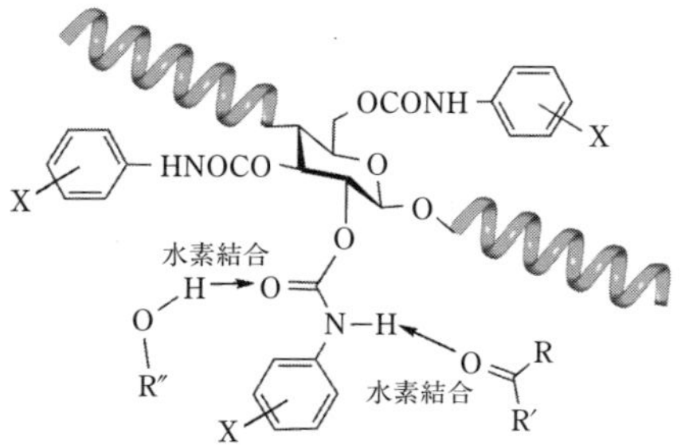

図 6.14 カルバメート部位と鏡像異性体との相互作用

6.3.4 多糖誘導体の不斉識別機構[7,8,10]

多糖誘導体はポリマー表面をフェニル基に覆われ，内部のカルバメートやエステル部位とキラル化合物がおもに水素結合を介して相互作用すると考えられる（図6.14）．その詳細な機構が，クロロホルムに可溶な誘導体についてNMRを用いて分子レベルで解明が行われている．また，クロロホルムに不溶な誘導体についてはコンピュータシミュレーションによるアプローチも行われている．不斉識別機構の解明は新たなキラル固定相の設計や分離の予測などにも役立つことが期待される．

6.3.5 おわりに

多糖誘導体型キラル固定相による光学分割は，キラル化合物の分析に欠かせない手法としてすでに様々な分野で広く利用されていると同時に，医薬関連物質の工業規模での分離にも利用されている．今後，耐溶剤型カラムの普及や分離技術の進歩によりその重要性はますます高まっていくであろう．また，不斉識別機構の解明が進むことで，分離目的に応じたキラル充填剤の設計やカラム選択が可能になると期待される．

6.4 NMRによる糖鎖-タンパク質相互作用の解析

情報分子としての糖鎖の機能はタンパク質との相互作用を通じて発現されている．例えば，細胞内において生み出された糖タンパク質の運命（フォールディング，輸送，分解）は，ポリペプチド鎖上に提示されているN型糖鎖のプロセシング中間体と，一連の細胞内レクチンとの相互作用を通じて決定されている．一方，細胞表層の糖鎖は，タンパク質との相互作用を通じて分化やがん転移に際しての細胞間のコミュニケーションを媒介しており，また細菌毒素やウイルスの受容体ともなっている．したがっ

て，糖鎖が担う生物学的メッセージを理解するためには，糖鎖とタンパク質の相互作用を詳細に理解することが不可欠である．こうした知見は，糖鎖認識系を標的とする創薬の基盤を与えることも期待される．ただし，糖鎖とタンパク質の相互作用は一般に弱く，解離定数はしばしば mmol L^{-1} 程度になる．核磁器共鳴（NMR：nuclear magnetic resonance）はこのような弱い相互作用系を対象に詳細な情報を与えることができる極めて有効な方法である．ただし，NMR 計測を実施するためには高濃度の試料溶液を調製する必要があるので，糖鎖は化学合成によって調製し，タンパク質はリコンビナント体を用いることが一般的である．

6.4.1 解析の原理と得られる情報のあらまし

糖鎖とタンパク質の相互作用系を対象にした NMR 解析の原理は，両者の結合に伴う (1) 糖鎖の運動性（並進拡散あるいは回転ブラウン運動）の低下，(2) 鎖とタンパク質の原子間距離の近接，(3) 糖鎖とタンパク質のコンホメーションの変化を検出することに基づいている[19]．例えば，レクチンを加えた際の糖鎖の NMR 信号強度の減弱や化学シフトの変化が起こるか否かということを指標に，両者の結合性の有無を判定することができる．さらに，滴定実験における化学シフトなどの変化を計測することを通じて結合親和性を定量的に評価することも可能である．

結合性を示す糖鎖が明らかとなった場合には，より詳細な NMR 解析を通じて原子レベルの情報を取得する道が開かれる．すなわち，糖鎖とタンパク質の双方において相互作用にあずかる部位を同定し，糖鎖とタンパク質の相互作用様式を明らかにすることができる．原理的には，核オーバーハウザー効果（NOE：nuclear Overhauser effect）を利用して原子間距離の情報を系統的に収集し，糖鎖とタンパク質の複合体の三次元構造を決定することも可能である．ただし，当然のことながらこれは多大な時間と労力を伴う作業である．実際的には，タンパク質に結合している糖鎖の側の構造情報のみ迅速・簡便に得たいという状況もおとずれよう．こうした目的には以下に述べる飽和移動差スペクトル（STD：saturation transfer difference）法[20] と転移 NOE（trNOE：transferred NOE）法[21] が適している．これらはいずれも，糖鎖がタンパク質に結合している状態と遊離の状態の間を適度な速さで行き来していることを前提としており，遊離の糖鎖に由来する信号を通じて結合状態の情報を与えるものである（図6.15）．そのためタンパク質の立体構造情報や信号帰属はかならずしも必要ない．これらの方法は，低分子ライブラリーの中から標的タンパク質に結合性を有する化合物をスクリーニングする目的にも用いられる[22]．

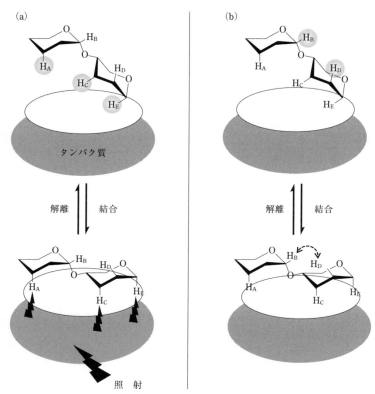

図 6.15 STD 法 (a) と trNOE 法 (b) のスキーム
STD 法では遊離状態の糖鎖の H_A, H_C, H_E に対応するピークの強度が減弱する．trNOE 法では遊離状態の糖鎖の H_C と H_D の間に負の NOE が観測される．

6.4.2 飽和移動差スペクトル法

　糖鎖とタンパク質が複合体を形成している状態で，タンパク質に由来する ^1H シグナルをラジオ波照射して飽和させると，その影響はタンパク質内のみにとどまらず，磁気双極子-双極子相互作用を通じてそれと結合している糖鎖の ^1H に伝搬し，シグナル強度の減弱を引き起こす．糖鎖への磁化移動の効率はタンパク質からの距離に依存しているため，照射条件を適切に選べば糖鎖の中で相互作用部位に由来する ^1H シグナルを選択的に飽和することができる．その効果は糖鎖がタンパク質から遊離したのちもしばらくの間は残っているので，過剰量の糖鎖の存在下でタンパク質のシグナル

を照射すれば，遊離糖鎖のシグナル中でタンパク質との相互作用部位に由来するものにのみ選択的な強度減弱がもたらされることが期待される．実際には，タンパク質のシグナルを選択的に照射した条件下で計測したスペクトルと，試料中の ^1H の共鳴条件から外れた周波数で照射して計測したスペクトルの差をとることによって，糖鎖に伝播した飽和の影響を個々の ^1H について調べることができる．これにより，糖鎖の中でタンパク質との相互作用に直接あずかる部位（グライコトープ）を迅速に同定することが可能となる．

6.4.3 転移 NOE 法

 低分子量の糖鎖と高分子量のタンパク質の相互作用系では，遊離の状態に比べて結合状態の方が磁化移動の効率が高く，強い負の NOE（trNOE）を与える．このことを利用すれば目的のタンパク質に対する糖鎖の結合性を簡便に判定することができる．適切な交換条件下ではタンパク質と結合した状態の原子間距離を反映する NOE を遊離の糖鎖の信号を通じて観測することができる．すなわち，遊離の糖鎖の分子内 trNOE を解析することにより，タンパク質と結合した状態における糖鎖のコンホメーションを知ることができる．ただし混合時間を長くとると，実際には近距離にない糖鎖の ^1H の間にタンパク質を経由した間接的な NOE が観測されてしまうことがある．ROESY（rotating-frame Overhauser effect spectroscopy）を測定すればこうした間接的な NOE をピークの符号の違いに基づいて区別することができる[23]．

 trNOE は糖鎖分子内においてのみならず，分子間においても観測される場合がある．糖鎖とタンパク質の間の trNOE を観測することにより，両者の結合様式に関する情報を得ることができる．ただしこの場合には観測された trNOE ピークに関してタンパク質側の化学シフトの帰属を確定しておく必要がある．

6.4.4 安定同位体標識

 複雑な生体分子の NMR 研究を行うためには試料に ^{13}C や ^{15}N などの安定同位体標識を施すことが有効である．単純タンパク質の安定同位体標識に関しては大腸菌や無細胞系を用いて組換えタンパク質を安定同位体標識体として調製する方法が広く用いられている．糖鎖に関しても化学合成や真核細胞の代謝系を利用して安定同位体標識を行って相互作用解析を行った研究例が報告されている[24,25]．安定同位体標識を利用することより，異種核相関 NMR の高感度での計測が可能となり，NOE 情報の取得も容易になる．図 6.16 は，^{13}C 標識を施した糖ペプチドを用いてタンパク質と結合した

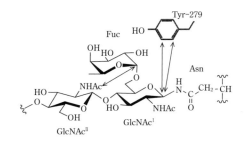

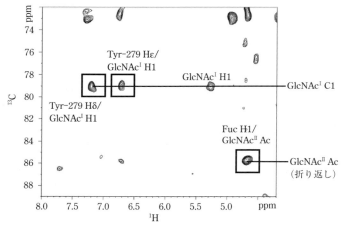

図 6.16 安定同位体標識を利用した NOE 観測
^{13}C 標識した N 型糖鎖 Manα1-6（Manα1-3）Manβ1-4GlcNAcβ1-4（Fucα1-6）GlcNAcβ1 を含む糖ペプチドと Fbs1 の糖鎖結合ドメインの複合体の HMQC-NOESY により検出された NOE の例.
[Y. Yamaguchi, K. Kato : "Modern Magnetic Resonance"(G.A. Webb, ed.), Vol.1, p.224, Springer (2006)]

状態における分子内および分子間の NOE を観測した例を示している.

6.4.5 発展的手法

5.3.3 項で述べたように，糖鎖は水溶液中で NOE シグナルを観測することが可能な ^{1}H の数がかならずしも多くない．そのため，常磁性効果や残余磁気双極子カップリングを利用した糖鎖とタンパク質と相互作用解析も報告されている[26,27]．

NMR 法は，糖脂質のクラスターとタンパク質との相互作用系を対象とした場合でも有益な情報を与える．例えば，安定同位体標識技術と超高磁場装置を組み合わせ，

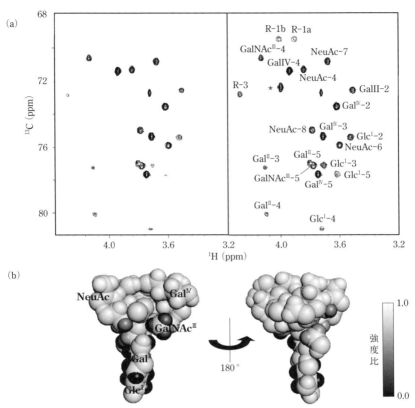

図 6.17 スピンラベルを利用した Aβ と lyso-GM1 ミセルの相互作用解析
(a) Aβ に導入したスピンラベルをアスコルビン酸で還元する前（左）と後（右）での lyso-GM1 ミセルの ^{1}H–^{13}C HSQC スペクトルの比較（＊はアスコルビン酸に由来するピーク）
(b) スピンラベルによるピーク強度の減弱を lyso-GM1 の糖鎖構造上にマッピングした結果（lyso-GM1 の構造式と残基・原子の番号表記については図 5.17 を参照）.

[M. Yagi-Utsumi, T. Kameda, Y. Yamaguchi, K. Kato：*FEBS Lett.*, **584**, 834（2010）を改変]

常磁性効果, 飽和移動などを利用してアミロイド β（Aβ）と lyso-GM1 ミセルとの相互作用様式を明らかにした研究例がある[28,29]. 図 6.17 は C 末端にスピンラベルを導入した Aβ との相互作用により lyso-GM1 ミセルにもたらされた常磁性緩和促進の影響を示している. これにより, Aβ に導入した不対電子は lyso-GM1 セルの糖鎖の還元末端の空間的近傍に存在していることが明らかとなった. このように NMR 法は, 巨大で流動性を帯びたクラスターを構成する糖脂質分子とタンパク質との過渡的な相互作用を捉えることにも応用が可能である.

参 考 文 献

1) A. Varki : "Essentials of Glycobiology" (A.Varki, R. Cummings, J. Esko, H. Freeze, G. Hart, J. Marth, eds.), pp.57-68, and references therein, Cold Spring Harbor (1999).
2) 隅田泰生 : "糖鎖科学の新展開――機能解明・次世代型材料・医薬品開発に向けて" (谷口直之, 伊藤幸成 編), pp.471-481, エヌ・ティー・エス (2005).
3) Y. Suda, A. Arano, Y. Fukui, S. Koshida, M. Wakao, T. Nishimura, S. Kusumoto, M. Sobel : *Bioconjugate Chem.*, **17**, 1125 (2006).
4) K. Ryan-Poirier, Y. Suzuki, W. J. Bean, D. Kobasa, A. Takada, T. Ito, Y. Kawaoka : *Virus Res.*, **56**(2), 169 (1998).
5) S. Yamamoto, C. Shinohara, E. Fukushima, K. Kakehi, T. Hayakawa, S. Suzuki : *J. Chromatogr. A*, **1218**, 4772 (2011).
6) J. Shen, Y. Okamoto : *Chem. Rev.*, **116**, 1094 (2016).
7) T. Ikai, Y. Okamoto : *Chem. Rev.*, **109**, 6077 (2009).
8) C. Yamamoto, Y. Okamoto : *Bull. Chem. Soc. Jpn.*, **77**, 227 (2004).
9) E. Yashima, C. Yamamoto, Y. Okamoto : *Synlett*, **1998**, 344 (1998).
10) 小林一清, 正田晋一郎 監修 : "糖鎖化学の最先端技術", p.154, シーエムシー出版 (2005).
11) S. Kondo, C. Yamamoto, M. Kamigaito, Y. Okamoto : *Chem. Lett.*, **37**, 558 (2008).
12) J. Shen, T. Ikai, Y. Okamoto : *J. Chromatogr. A*, **1217**, 1041 (2010).
13) T. Kubota, C. Yamamoto, Y. Okamoto : *J. Am. Chem. Soc.*, **122**, 4056 (2000).
14) C. Yamamoto, M. Fujisawa, M. Kamigaito, Y. Okamoto : *Chirality*, **20**, 288 (2008).
15) 大西 敦, 大西崇文, 濵嵜亮太 : 有機合成化学協会誌, **75**, 548 (2017).
16) T. Ikai, C. Yamamoto, M. Kamigaito, Y. Okamoto : *J. Chromatogr. B*, **875**, 2 (2008).
17) T. Ikai, C. Yamamoto, M. Kamigaito, Y. Okamoto : *Chem. Rec.*, **7**, 91 (2007).
18) T. Ikai, C. Yamamoto, M. Kamigaito, Y. Okamoto : *Chem.-Asian J.*, **3**, 1494 (2008).
19) Y. Yamaguchi, K. Kato : "Experimental Glycoscience―Glycochemistry" (N. Taniguchi, A. Suzuki, Y. Ito, H. Narimatsu, T. Kawasaki, S. Hase, eds.), p.121, Springer (2008).
20) M. Mayer, B. Meyer : *J. Am. Chem. Soc.*, **123**, 6108 (2001).
21) J. Jiménes-Barbero, T. Peters : "NMR Spectroscopy of Glycoconjugates" (J. Jiménes-Barbero, T. Peters, eds.), p.289, Wiley-VCH (2006).
22) B. Meyer, T. Peters : *Angew. Chem. Int. Ed.*, **42**, 864 (2003).
23) S.R. Arepalli, C.P. J. Glaudemans, G.D. Daves, Jr., P. Kovac, A. Bax : *J. Magn. Reson. B*, **106**, 195 (1995).
24) Y. Yamaguchi, K. Kato : "Modern Magnetic Resonance" (G.A. Webb, ed.), Vol.1, p.223, Springer (2006).
25) Y. Yamaguchi, K. Kato : *Methods Enzymol.*, **478**, 305 (2010).
26) T. Zhuang, H.-S. Lee, B. Imperiali, J. H. Prestegard : *Protein Sci.*, **17**, 1220 (2008).
27) Á. Canales, Á. Mallagaray, M. Á. Berbís, A. Navarro-Vázquez, G. Domínguez, F. J. Cañada, S. André, H.-J. Gabius, J. Pérez-Castells, J. Jiménez-Barbero : *J. Am. Chem. Soc.*, **136**, 8011 (2014).
28) M. Utsumi, Y. Yamaguchi, H. Sasakawa, N. Yamamoto, K. Yanagisawa, K. Kato : *Glycoconj. J.*, **26**, 999 (2009).
29) M. Yagi-Utsumi, T. Kameda, Y. Yamaguchi, K. Kato : *FEBS Lett.*, **584**, 831 (2010).

索　引

[欧文索引]

A

2-AA ⇨ 2-アミノ安息香酸
3-AA ⇨ 3-アミノ安息香酸
AAL（*Aleuria aurantia* agglutinin）　　　99
ACE（affinity capillary electrophoresis）　　235
AGC（auto glyco cutter）　　　193
AGP（α1-acid glycoprotein）　86, 100, 103, 219
AMCE（affinity microchip electrophoresis）
　　　　　　　　　　　　　　　　　235
ANTS ⇨ 8-アミノナフタレン-1,3,6-トリスルホン酸
2-AP ⇨ 2-アミノピリジン
APTS ⇨ 8-アミノピレン-1,3,6-トリスルホン酸
Asn 結合型糖鎖　　　14

B

B イオン　　　207
Bitter-Muir の改良法　　　123
BSM（bovie submaxillary gland mucin）　　82

C

CAE（capillary affinity electrophoresis）　　102
CBQCA ⇨ 3-(4-カルボキシベンゾイル)キノリン-2-カルボキシアルデヒド
CE（capillary electrophoresis）　6, 26, 41, 214
CID（collision-induced dissociation）　59, 204
Con A（concanavalin A）　　　97, 235
COSY（correlation spectroscopy, 2D shift correlated spectroscopy）　　57, 210
CTH ⇨ セラミドトリヘキソシド

D

DMB（1,2-diamino-4,5-methylenedioxybenzene）　　79, 200
DMB 誘導体化　　　82
DSA（*Datura stramonium* agglutinin）　　99

E

EGCase（endoglycoceramidase）　　18
Ehrlich 試薬　　　124
Ehrlich 法　　　30
Elson-Morgan 反応　　　124
Elson-Morgan 法　　　31, 167
EOF（electro-osmotic flow）　　7
EPO（erythropoietin）　　81
ESI（electrospray ionization）　　58
ESI-MS　　　61, 201
ESI-MS/MS スペクトル（肺炎球菌の血清型莢膜多糖の）　　62

F

Folch 分配法　　　142

G

GAG（glycosaminoglycan）　25, 65, 76, 115
Gb3 ⇨ グロボトリアオシルセラミド
Gb4 ⇨ グロボシド
GC ⇨ ガスクロマトグラフィー

H

HMQC（heteronuclear multiple-quantum coherence）　　211

HOHAHA (homo-nuclear Hartmann-Hahn experiment) 57
HPAEC-PAD (high performance anion exchange chromatography-pulsed amperometric detection) 26, 38, 55
——による単糖の分析 40
HPLC (high-performance liquid chromatography) 5, 240
——などにおける誘導体化 13
HSQC (heteronuclear single-quantum coherence) 211

I

iGb4 ⇨ イソグロボシド
IgG 89, 90, 107

L

LCA (Lens culinaris agglutinin) 98, 238
LC/MS ⇨ (高速) 液体クロマトグラフィー質量分析法
LIF (laser induced fluorescence) 222
LPS (lipopolysaccharide) 159, 161
Lyso-Gb3 150

M

MAL (Maackia amurensis Lectin) 99
MALDI (matrix-assisted laser desorption/ ionization) 59, 106
MALDI-TOF-MS 59, 105
MCE (microchip electrophoresis) 220
MS^n 解析 ⇨ タンデム質量分析
MurNAc ⇨ N-アセチルムラミン酸

N

N-結合型糖鎖 14
——の化学的切り出し 16, 190
——の構造 75
——の酵素的切り出し 16, 189
ヒト組織球性リンパ腫細胞に観察される—— 114
NBD-F ⇨ 4-フルオロ-7-ニトロベンゾフラザン

NeuAc ⇨ N-アセチルノイラミン酸
NMR (nuclear magnetic resonance) 55, 209, 247
NMR スペクトル 71, 126
NOE (nuclear Overhauser effect) 57, 213
NOESY (2D nuclear Overhauser effect spectroscopy) 57

O

O-結合型糖鎖 14, 76
——の化学的切り出し 16, 192
——の構造 76
——の酵素的切り出し 16
——遊離のためのインラインフローシステム 193
O 抗原 159, 163

P

PA 化 84
PA-I (Pseudomonas aeruginosa lectin) 235
PAS 染色法 108
PCA (perchloric acid) 11
PEG ⇨ ポリエチレングリコール
PG (proteoglycan) 25, 115
PHA-E4 (Phaseolus vulgaris agglutinin-E4) 98
PMP (3-methyl-1-phenyl-5-pyrazolone) 37, 79
PMP 誘導体化 80
単糖の—— 37

R

RCA (Ricinus communis agglutinin) 99

S

Savag 法 66
SBA (soy bean agglutinin) 235
Ser/Thr 結合型糖鎖 14
SFC (supercritical fluid chromatography) 245
Smith 分解 49, 51
SNA (Sambucus nigra agglutinin) 99
SPE (solid phase extraction) 12
SPR (surface plasmon resonance) 229
STD (saturation transfer difference) 247

Svennerholm 表記	*140*
Svennerholm 法	*30*

T

TCA（trichloroacetic acid）	*11*
TCA 処理	*66*
TFA 化 ⇨ トリフルオロアセチル化	
TFA 誘導体	*5*
TIC ⇨ トータルイオンカレントクロマトグラム	
TLC（thin-layer chromatography）	*33*
TLC プレート	*245*
TLR4（Toll-like receptor 4）	*159*
TMS 化 ⇨ トリメチルシリル化	
TMS 誘導体	*5, 13*
TOCSY（total correlation spectroscopy）	*211*
trNOE（transferred NOE）	*247*

U

UEA（*Ulex europaeus* agglutinin）	*99, 235*

V

VVA（*Vicia villosa* agglutinin）	*100*

W

Westphal 法	*162*
WGA（wheat germ agglutinin）	*235*

Y

Y イオン	*207*

[和文索引]

あ

アスパラギン（Asn）結合型糖鎖 　14
アセチル化 　4
N-アセチル化 　63
α-N-アセチルガラクトサミニダーゼ 　94
N-アセチルノイラミン酸（NeuAc） 　214
β-N-アセチルヘキソサミニダーゼ 　93
　　——の特異性 　94
N-アセチルヘキソサミン 　76
N-アセチルムラミン酸（MurNAc） 　165
アセチル誘導体 　5
アセトリシス 　52, 69, 70
　　——の速度 　69
アノメリックプロトン 　127
アフィニティーキャピラリー電気泳動（ACE） 　235
アフィニティーマイクロチップ電気泳動（AMCE） 　235
2-アミノアクリドン 　196
2-アミノアクリドン誘導体化 　130
2-アミノ安息香酸（2-AA） 　83, 85
3-アミノ安息香酸（3-AA） 　236
2-アミノ安息香酸誘導体化糖鎖 　85
アミノ化糖の蛍光誘導体化 　200
アミノ基誘導体化試薬 　200
アミノ糖 　15, 24, 63, 123
　　——の分離 　34
8-アミノナフタレン-1,3,6-トリスルホン酸（ANTS） 　84
2-アミノピリジン（2-AP） 　83, 85, 193, 195, 197
2-アミノピリジン誘導体化糖鎖 　85
8-アミノピレン-1,3,6-トリスルホン酸（APTS） 　45, 84, 88, 196, 198
8-アミノピレン-1,3,6-トリスルホン酸誘導体化糖鎖 　88
7-アミノ-4-メチルクマリン誘導体化 　226
アミロース 　241
アラビノース 　26
アルカリ還元法 　16, 192
アルトロ系列 　141
アレイ型シュガーチップ 　231

アンスロン硫酸法 　29
安定同位体標識 　249
アントロン反応 　120
アントロン硫酸法 　125

い

イオン交換 　12
イオン交換クロマトグラフィー 　119
　　ホウ酸型—— 　35
イオン交換樹脂 　67
異種核相関 　211
イズロン酸 　26
イソガングリオ系列 　141
イソグロボ系列 　141
イソグロボシド（iGb4） 　153
位置特異的誘導体 　242
イデュルスルファーゼ 　204
陰イオン交換クロマトグラフィー 　19
インゲンマメレクチン（PHA-E4） 　98
インフルエンザウイルス 　233
　　——が結合する糖鎖の探索 　234

う

ウシ顎下腺ムチン（BSM） 　82
ウシ膵臓リボヌクレアーゼ B 　88
ウロン酸 　25, 26, 76, 123
　　——の分離 　34

え

エキソグリコシダーゼ 　17, 53, 90
液体クロマトグラフィー質量分析法（LC/MS） 　201
エタノール分画 　66, 119
N-グリコシド結合型糖鎖 ⇨ N-結合型糖鎖
エリスロポエチン（EPO） 　81
エレクトロスプレーイオン化（ESI） 　58
エレクトロスプレーイオン化質量分析法（ESI-MS） 　61, 201
塩化セシウム密度勾配平衡超遠心法 　66
遠紫外部検出法 　43
エンド-α-N-アセチルガラクトサミニダーゼ 　16
エンド-α-N-アセチルグルコサミニダーゼ 　16
エンド型グリコシダーゼ 　118

エンド-β-キシロシダーゼ	118
エンドグリコシダーゼ	16, 53, 91
エンドグリコセラミダーゼ（EGCase）	18
エンドトキシン	159
エンドトキシン測定法	159, 160

お

O-グリコシド結合型糖鎖 ⇨ O-結合型糖鎖	
オリゴ糖	1, 25, 47
オルシノール硫酸法	28, 78

か

過塩素酸（PCA）	11
化学的加水分解	13
核オーバーハウザー効果（NOE）	57, 213
核磁気共鳴（NMR）	55, 209, 247
核磁気共鳴スペクトル	71, 126
下降法	33
ガスクロマトグラフィー（GC）	167
過ヨウ素酸消費量	51
過ヨウ素酸酸化	49, 50
糖の――	28
過ヨウ素酸シッフ染色法 ⇨ PAS 染色法	
過ヨウ素酸-チオバルビツール酸法	28, 30
過ヨウ素酸-レゾルシノール法	126
ガラクツロン酸	26
α-ガラクトシダーゼ	93
α-ガラクトシダーゼ A	146
β-ガラクトシダーゼ	92
――の特異性	93
ガラクトシルセラミド	139, 142
ガラクトース	26
ガラ系列	141
カルバゾール	122
カルバゾール反応	120
カルバゾール法	30
カルバゾール硫酸法	123
カルボキシ基の誘導体化	199
3-(4-カルボキシベンゾイル)キノリン-2-カルボキシアルデヒド（CBQCA）	198
ガングリオ系列	141
ガングリオシド	139, 153, 155
――の染色操作	156
還元アミノ化蛍光誘導体化試薬	130
還元的アミノ化反応	196
還元誘導体	1
間接検出法	43

き

キシロース	26, 116
気相ヒドラジン分解（法）	83, 189
――の反応システム	191
キトサン誘導体	243
逆相モード	12
キャピラリーアフィニティー電気泳動（CAE）	102
キャピラリーゲル電気泳動	215
キャピラリー電気泳動（CE）	6, 26, 41, 214
鏡像異性体	240
キラルカラム	241
中圧用――	245
キラル固定相	240
耐溶剤型――	244
銀染色法	27

く

グライコフォーム	218
グライコフォーム分離	218
グラファイトカーボンカラム	201
N-グリカナーゼ F	76, 83, 188
グリコーゲン	26
グリコサミノグリカン（GAG）	25, 65, 76, 115
グリコサミノグリカン鎖の切り出し	116
グリコシダーゼ（エンド型）	118
N-グリコシド結合型糖鎖 ⇨ N-結合型糖鎖	
O-グリコシド結合型糖鎖 ⇨ O-結合型糖鎖	
グリコシド-N-ペプチダーゼ	16
グリコシルトランスフェラーゼ	180
グリコスフィンゴ糖脂質	17
――の酵素消化	18
グリコペプチダーゼ A	188
グリセロ糖脂質	139, 156
グルクロン酸	26
グルクロン酸抱合体	13
グルコサミン	167
グルコシルスフィンゴシン	144
グルコシルセラミド	142, 144
大脳皮質における――濃度	144

グルコース	23
D——の構造	23
D——の互変異性	23
グルコース-6-リン酸デヒドロゲナーゼ	31
グルコセレブロシダーゼ	142
グロボ系列	141
グロボシド（Gb4）	139, 152
グロボトリアオシルセラミド（Gb3）	146
尿中の——	147
クロム酸酸化	70
クローン病	163

け

蛍光誘導体化	44
アミノ化糖の——	200
蛍光誘導体化試薬	195
結合型糖質	14
ケラタン硫酸	116, 135
ケラト硫酸 ⇨ ケラタン硫酸	
ゲル化法	159
ゲル濾過クロマトグラフィー	67

こ

コア多糖	159
高圧濾紙電気泳動	33
光学活性高分子	240
光学純度分析	245
光学分割	240
交差ピーク	57
高速液体クロマトグラフィー（HPLC）	5, 240
高速液体クロマトグラフィー質量分析法（HPLC/MS，LC/MS）	7
酵素的加水分解	14
高マンノース型	14, 76
ゴーシェ病	142
固相抽出（SPE）	12
五炭糖 ⇨ ペントース	
コンカナバリン A（Con A）	97, 235
混成型	14, 76
コンドロイチナーゼ	132
コンドロイチナーゼ ABC	134
コンドロイチナーゼ B	134
コンドロイチン	130
——とヒアルロン酸由来不飽和二糖	130
コンドロイチン硫酸	117, 118, 127, 131
——とデルマタン硫酸由来不飽和二糖	133
——の構造多様性	132
——由来不飽和二糖	131, 132
コンドロイチン 4-硫酸	119
コンドロイチン 6-硫酸	119
コンドロイチン硫酸 A ⇨ コンドロイチン 4-硫酸	
コンドロイチン硫酸 B ⇨ デルマタン硫酸	
コンドロイチン硫酸 C ⇨ コンドロイチン 6-硫酸	

さ

サイズ排除クロマトグラフィー	20, 54, 68
酸加水分解	15, 61
酸化誘導体	1
酸性スフィンゴ糖脂質	153
α1-酸性糖タンパク質（AGP）	86, 100, 103, 219
三大栄養素	1
酸変性法	11

し

シアノアセタミドポストカラム誘導体化 HPLC	36
ジアミノベンゼン	200
1,2-ジアミノ-4,5-メチレンジオキシベンゼン（DMB）	79, 200
シアリダーゼ	96
——の特異性	97
シアル酸	15, 27, 126, 199, 200
——の遊離	15
シクロアルキルカルバメート	243
質量顕微鏡	158
質量分析法	58, 201
シフト相関二次元 NMR（COSY）	57, 210
シュガーチップ	229, 230
順相モード	12
衝突誘起解離（CID）	59, 204
生薬配糖体	174
除タンパク	10
除タンパク率（有機溶媒の血漿試料に対する）	11
試料の前処理	9
親水性相互作用クロマトグラフィー	55

索引　259

す

スピン結合定数	210
スフィンゴ糖脂質	139, 140
酸性――	153
中性――	142
スルファチド	139, 153
――の免疫染色	155
6-スルホキノボシルジアシルグリセロール	139

せ

セチルピリジニウム	121
セミノリピド	157
セラミドオリゴヘキソシド	139
セラミドトリヘキソシド（CTH）	146
セリン/トレオニン（Ser/Thr）結合型糖鎖	14
セルロース	241
セルロースアセテート膜電気泳動	120
セレブロシド	139, 142
――の抽出と分離	143
セロトニンアフィニティークロマトグラフィー	111, 112
センナ末	175

そ

側　鎖	14

た

対角ピーク	57
大脳皮質におけるグルコシルセラミド濃度	144
耐溶剤型キラル固定相	244
第四級アンモニウム塩による分画	67, 121
脱水誘導体	1
多　糖	1, 25, 63
――の抽出操作（一般的な）	65
多糖誘導体	240
タンデム質量分析	7, 59, 105
単糖（類）	1, 23, 24, 26
――の pK_a	39
――の PMP 誘導体化	37
HPAEC-PAD による――の分析	40
タンパク質分解	116

ち

中圧用キラルカラム	245
中性スフィンゴ糖脂質	142
中性糖	15, 125
――の多重展開例	34
超遠心法	68
――による分子量測定	68
チョウセンアサガオレクチン（DSA）	99
超臨界流体クロマトグラフィー（SFC）	245

て

デアミノノイラミン酸	27
テイ・サックス病	156
デルマタン硫酸	118, 119, 134
コンドロイチン硫酸と――由来不飽和二糖	133
転移 NOE 法	247, 249
電気浸透流（EOF）	7
電気的検出法	44
デンプン	26

と

糖	
――とホウ酸の反応	41
――の過ヨウ素酸酸化	28
――の分離法	31
――のメチル化	48
糖アルコールの分離	34
糖　衣	129
糖　鎖	14, 179, 188
――の切り出し	16, 17, 202
――のコンホメーション解析	209, 213
――の精製	19
糖タンパク質の――	14
糖鎖遺伝子	180
糖鎖遺伝子ライブラリー	182
糖鎖工学	179
糖鎖構造解析法	7
糖鎖自動切断装置（AGC）	193
糖鎖生物学	1

索引	
糖鎖遊離酵素	17
糖脂質	1, 17, 25, 138
——の基本糖鎖	141
——の生合成経路	140
——の分離・精製	142
糖質	1, 9
——に対するおもな前処理法	10
——の蛍光検出法	4
——の生体内機能に関する研究	2
——の比色定量法	3
糖質分解酵素	52, 53
糖タンパク質	1
——におけるポリペプチドと糖鎖の結合様式	74
——の加水分解	80
——の主要構成単糖	74
——の糖鎖	14
糖タンパク質解析	170
糖タンパク質糖鎖の分離分析に用いる誘導体化試薬	84
糖転移酵素 ⇨ グリコシルトランスフェラーゼ	
糖ペプチド	171
——の切り出し	16
特異抗体	154
トータルイオンカレントクロマトグラム（TIC）	205
トリクロロ酢酸（TCA）	11
トリクロロ酢酸処理	66
トリフルオロアセチル化	5
トリフルオロアセチル誘導体	5
トリマンノシルキトビオース	135
トリメチルシリル化	4, 13
——の操作手順図	13
トリメチルシリル誘導体	5, 13
Toll（トール）様受容体4（TLR4）	159

に

2段階誘導体化	199

ね

ネオラクト系列	141

の

濃硫酸によるフルフラールの生成	28

は

配位子交換クロマトグラフィー	35
肺炎球菌の血清型莢膜多糖	62
配糖体	173
配糖体分析	173
培養がん細胞	
——の糖タンパク質分画の調製	111
——の二次元分離	113
薄層クロマトグラフィー（TLC）	33
橋渡し構造	118
発色合成基質法	161
パルスアンペロメトリー検出	44
——を用いた高速陰イオン交換クロマトグラフィー（HPAEC-PAD）	26, 38, 55

ひ

ヒアルロニダーゼ	129
ヒアルロン酸	115, 129, 130, 215
ヒアルロン酸コート	129
比濁時間分析法	160
比濁法	125
ヒト組織球性リンパ腫細胞	114
ヒト糖鎖遺伝子のクローニング	183
ヒドラジン分解（法）	16, 117
1,1′-ビ-2-ナフトール	245
表面プラズモン共鳴	229
表面プラズモン共鳴現象	229
ピラノース	25
ピリジルアミノ化 ⇨ PA化	
ピーリング反応	76

ふ

ファブリー病	147, 150
フィブロネクチンの結合観測	231
α-フェトプロテイン	237
フェニルボロン酸	42
o-フェニレンジアミン	200
フェノール硫酸法	29, 77, 78

索　引

複合型	14, 76
複合糖質	1, 73
α-L-フコシダーゼ	95
——の特異性	95
不斉識別機構	246
フラノース	25
プリカーサーイオン	202
4-フルオロ-7-ニトロベンゾフラザン（NBD-F）	
	222
プレカラム誘導体化法	37
プロテアーゼ消化	117
プロテオグリカン（PG）	25, 115
プロナーゼ	16

へ

ヘキソキナーゼ	31
ヘキソース	5, 24
β脱離反応	117, 192
ヘテロ多糖	25
ペーパークロマトグラフィー ⇨ 沪紙クロマトグラフィー	
ヘパラン硫酸	118, 124, 128, 136
ヘパリンと——由来不飽和二糖	137
ヘパリン	21, 118, 124, 128, 136
——とヘパラン硫酸由来不飽和二糖	137
ヘパリンリアーゼ	137
ペプチドグリカン	165
ペプチドグリカン糖鎖構造の修飾	166
ペプチド-N-グリコシダーゼ	17
ベンジジン法	125
ペントース	5, 23

ほ

抱合体	7
ホウ酸型イオン交換クロマトグラフィー	35
ホウ酸モード	42
ホウ素化水素ナトリウム（$NaBH_4$）	5
飽和移動差スペクトル法	247, 248
ポストカラム誘導体化 HPLC システム	36
ポストカラム誘導体化法	169
ホモ多糖	25, 63
ポリエチレングリコール（PEG）	216

ま

マイクロチップ	221
マイクロチップ電気泳動（MCE）	220
前処理（法）	
試料の——	9
糖質に対するおもな——	10
マトリックス	59, 105
マトリックス支援レーザー脱離イオン化（MALDI）	59, 106
α-マンノシダーゼ	91
——の特異性	91
β-マンノシダーゼ	92
マンノース	26

む

ムコ系列	141
ムラミン酸	167
ムレイン	165

め

メタノリシス	15, 70, 167
——の操作手順例	15
メチル化（糖の）	48
3-メチル-1-フェニル-5-ピラゾロン（PMP）	
	37, 79
免疫染色	154
スルファチドの——	155

も

モノアイソトピックピーク	205
モル系列	141

ゆ

有機溶媒の血漿試料に対する相対的除タンパク率	11
有機溶媒変性法	10
誘導体化	12
誘導体化試薬（糖タンパク質糖鎖の分離分析に用いる）	84
遊離糖	171

ら

ラクト系列	141

り

リアーゼ	132
リソソーム病	153
リピド A	159, 162
リポ多糖（LPS）	159, 161
——の加水分解	162
——の構造	160
——の抽出	162
リムルス反応カスケード	161
N-硫酸化グルコサミン	124
N-硫酸化ヘキソサミン	46
硫酸基	45, 124
——の同定法	45
硫酸結合位置	46
硫酸バリウム	125
リン酸-フェニルヒドラジン法	169, 170, 173
リン酸の同定法	46

れ

レクチン	96, 233
——の種類	98
——の特異性	98
レクチンアフィニティークロマトグラフィー	100
——の操作手順例	19
レクチンアフィニティーマイクロチップ電気泳動	233
レクチン固定化アクリルアミドゲル	238
レクチンブロット法	109
レーザー励起蛍光法（LIF）	222
レゾルシノール塩酸法	78
レゾルシン-Cu^{2+}-塩酸法	30
レンズマメレクチン（LCA）	98, 238

ろ

六炭糖 ⇨ ヘキソース	
沪紙クロマトグラフィー	32
ロジゾン酸法	46, 125

試料分析講座
糖 質 分 析

令和元年 6 月 30 日　発　行

編　者　　公益社団法人　日本分析化学会

発行者　　池　田　和　博

発行所　　丸善出版株式会社
　　　　　〒101-0051　東京都千代田区神田神保町二丁目17番
　　　　　編集：電話（03）3512-3263／FAX（03）3512-3272
　　　　　営業：電話（03）3512-3256／FAX（03）3512-3270
　　　　　https://www.maruzen-publishing.co.jp

Ⓒ 公益社団法人 日本分析化学会，2019
組版印刷・中央印刷株式会社／製本・株式会社 松岳社
ISBN 978-4-621-30393-1　C 3343　　　　Printed in Japan

本書の無断複写は著作権法上での例外を除き禁じられています．